丛书总主编　陈宜瑜

丛书副总主编　于贵瑞　何洪林

中国生态系统定位观测与研究数据集

森林生态系统卷

江西大岗山站

（2005—2015）

王　兵　牛　香　王　南　宋庆丰　主编

中国农业出版社

北　京

图书在版编目（CIP）数据

中国生态系统定位观测与研究数据集．森林生态系统卷．江西大岗山站：2005-2015 / 陈宜瑜总主编；王兵等主编．—北京：中国农业出版社，2022.9

ISBN 978-7-109-29982-5

Ⅰ．①中… Ⅱ．①陈… ②王… Ⅲ．①生态系统—统计数据—中国②森林生态系统—统计数据—江西—2005-2015 Ⅳ．①Q147②S718.55

中国版本图书馆CIP数据核字（2022）第167024号

审图号：GS（2019）1831号

ZHONGGUO SHENGTAI XITONG DINGWEI GUANCE YU YANJIU SHUJUJI

中国农业出版社出版

地址：北京市朝阳区麦子店街18号楼

邮编：100125

责任编辑：李昕昱　　文字编辑：张田萌

版式设计：李　文　　责任校对：吴丽婷

印刷：中农印务有限公司

版次：2022年9月第1版

印次：2022年9月北京第1次印刷

发行：新华书店北京发行所

开本：889mm×1194mm　1/16

印张：19.75

字数：570千字

定价：88.00元

中国生态系统定位观测与研究数据集

中国生态系统定位观测与研究数据集
森林生态系统卷·江西大岗山站

编 委 会

PREFACE 1 序 一

进入20世纪80年代以来，生态系统对全球变化的反馈与响应、可持续发展成为生态系统生态学研究的热点，通过观测、分析、模拟生态系统的生态学过程，可为实现生态系统可持续发展提供管理与决策依据。长期监测数据的获取与开放共享已成为生态系统研究网络的长期性、基础性工作。

国际上，美国长期生态系统研究网络（US LTER）于2004年启动了Eco Trends项目，依托US LTER站点积累的观测数据，发表了生态系统（跨站点）长期变化趋势及其对全球变化响应的科学研究报告。英国环境变化网络（UK ECN）于2016年在*Ecological Indicators*发表专辑，系统报道了UK ECN的20年长期联网监测数据推动了生态系统稳定性和恢复力研究，并发表和出版了系列的数据集和数据论文。长期生态监测数据的开放共享、出版和挖掘越来越重要。

在国内，国家生态系统观测研究网络（National Ecosystem Research Network of China，简称CNERN）及中国生态系统研究网络（Chinese Ecosystem Research Network，简称CERN）的各野外站在长期的科学观测研究中积累了丰富的科学数据，这些数据是生态系统生态学研究领域的重要资产，特别是CNERN/CERN长达20年的生态系统长期联网监测数据不仅反映了中国各类生态站水分、土壤、大气、生物要素的长期变化趋势，同时也能为生态系统过程和功能动态研究提供数据支撑，为生态学模型的验证和发展、遥感产品地面真实性检验提供数据支撑。通过集成分析这些数据，CNERN/CERN 内外的科研人员发表了很多重要科研成果，支撑了国家生态文明建设的重大需求。

近年来，数据出版已成为国内外数据发布和共享，实现“可发现、可访问、可理解、可重用”（即 FAIR）目标的重要手段和渠道。CNERN/CERN 继 2011 年出版“中国生态系统定位观测与研究数据集”丛书后再次出版新一期数据集丛书，旨在以出版方式提升数据质量、明确数据知识产权，推动融合专业理论或知识的更高层级的数据产品的开发挖掘，促进 CNERN/CERN 开放共享由数据服务向知识服务转变。

该丛书包括农田生态系统、草地与荒漠生态系统、森林生态系统以及湖泊湿地海湾生态系统共 4 卷（51 册）以及森林生态系统图集 1 册，各册收集了野外台站的观测样地与观测设施信息，水分、土壤、大气和生物联网观测数据以及特色研究数据。本次数据出版工作必将促进 CNERN/CERN 数据的长期保存、开放共享，充分发挥生态长期监测数据的价值，支撑长期生态学以及生态系统生态学的科学研究工作，为国家生态文明建设提供支撑。

孙鸿烈

2021 年 7 月

PREFACE 2

序 二

科学数据是科学发现和知识创新的重要依据与基石。大数据时代，科技创新越来越依赖于科学数据综合分析。2018 年 3 月，国家颁布了《科学数据管理办法》，提出要进一步加强和规范科学数据管理，保障科学数据安全，提高开放共享水平，更好地为国家科技创新、经济社会发展提供支撑，标志着我国正式在国家层面加强和规范科学数据管理工作。

随着全球变化、区域可持续发展等生态问题的日趋严重以及物联网、大数据和云计算技术的发展，生态学进入“大科学、大数据”时代，生态数据开放共享已经成为推动生态学科发展创新的重要动力。

国家生态系统观测研究网络（National Ecosystem Research Network of China，简称 CNERN）是一个数据密集型的野外科技平台，各野外台站在长期的科学研究中，积累了丰富的科学数据。2011 年，CNERN 组织出版了“中国生态系统定位观测与研究数据集”丛书。该丛书共 4 卷、51 册，系统收集整理了 2008 年以前的各野外台站元数据，观测样地信息与水分、土壤、大气和生物监测以及相关研究成果的数据。该丛书的出版，拓展了 CNERN 生态数据资源共享模式，为我国生态系统研究、资源环境的保护利用与治理以及农、林、牧、渔业相关生产活动提供了重要的数据支撑。

2009 年以来，CNERN 又积累了 10 年的观测与研究数据，同时国家生态科学数据中心于 2019 年正式成立。中心以 CNERN 野外台站为基础，生态系统观测研究数据为核心，拓展部门台站、专项观测网络、科技计划项目、科研团队等数据来源渠道，推进生态科学数据开放共享、产品加工和分析应用。为了开发特色数据资源产品、整合与挖掘生态数据，国家生态科学数据中心立足国家野外生态观测台站长期监测数据，组织开展了新一版的观测与研究数据集的出版工作。

本次出版的数据集主要围绕“生态系统服务功能评估”“生态系统过程与变化”等主题进行了指标筛选，规范了数据的质控、处理方法，并参考数据论文的体例进行编写，以翔实地展现数据产生过程，拓展数据的应用范围。

该丛书包括农田生态系统、草地与荒漠生态系统、森林生态系统以及湖泊湿地海湾生态系统共 4 卷（51 册）以及图集 1 本，各册收集了野外台站的观测样地与观测设施信息，水分、土壤、大气和生物联网观测数据以及特色研究数据。该套丛书的再一次出版，必将更好地发挥野外台站长期观测数据的价值，推动我国生态科学数据的开放共享和科研范式的转变，为国家生态文明建设提供支撑。

2021 年 8 月

FOREWORD

前 言

我国“十四五”规划提出力争2030年前实现“碳达峰”、2060年前实现“碳中和”的重大战略决策。为实现碳达峰、碳中和的战略目标，既要实施碳强度和碳排放总量双控制，同时要提升生态系统碳汇能力。森林作为陆地生态系统的主体，具有显著的固碳作用，在“碳达峰、碳中和”战略目标的实现过程中发挥着重要作用。中央全面深化改革委员会第十三次会议审议通过的《全国重要生态系统保护和修复重大工程总体规划（2021—2035年）》中，明确提出“加强生态保护和修复领域科技创新，开展生态保护修复基础研究、技术攻关、装备研制、标准规范建设，推进服务于生态保护和修复的国家重点实验室、生态定位观测研究站、国家级科研示范基地等科研平台建设。”

森林生态系统定位观测研究工作是通过森林生态系统长期野外观测与研究，结合室内模拟试验、遥感、模型模拟和传感器网络等高新技术手段，实现对森林生态系统和环境状况的长期、综合观测和研究，该研究不仅为生态学的发展作出贡献，还为《全国重要生态系统保护和修复重大工程总体规划（2021—2035年）》中提出的青藏高原生态屏障区、黄河重点生态区（含黄土高原生态屏障）、长江重点生态区（含川滇生态屏障）、东北森林带、北方防沙带、南方丘陵山地带和海岸带等重点区域生态保护和修复工作提供重要的科技支撑；同时，为《中国农村扶贫开发纲要（2011—2020年）》提出的11个集中连片特殊困难地区和3个已明确实施特殊扶持政策地区的精准扶贫作出贡献，也为改善我国生态系统管理状况、保证自然资源可持续利用、促进社会经济可持续发展提供科学技术支撑。

我国森林生态站建设始于20世纪50年代末，国家结合自然条件和林业建设的实际需要，在川西、小兴安岭、海南尖峰岭等典型生态区域开展了专项半定位观测研究，并逐步建立了森林生态站，标志着我国生态系统定位观测研究的开始。1978年，林业部首次组织编制了全国森林生态站发展规划草案。随后，在林业生态工程区、荒漠化地区等典型区域陆续补充建立了多个生态站。1998年起，国家林业局逐步加快了生态站网建设进程，新建了一批生态站，形成了初具规模的生态站网站点布局。2003年3月，召开了全国森林生态系统定位研究站工作会议，正式研究成立中国森林生态系统定位研究网络（Chinese Forest Ecosystem Research Network，CFERN），明确了生态站网络在林业科技创新体系中的重要地位，标志着生态站网络建设进入了加速发展、全面推进的关键时期。目前，中国森林生态系统定位研究网络发展迅速，已基本形成横跨30个纬度的全国性观测研究网络，以及由北向南以热量驱动和由东向西以水分驱动的生态梯度十字网，是目前全球范围内单一生态类型、生态站数量最多的国家生态观测网络，一些生态站还被全球陆地观测系统（GTOS）收录，并且与国际长期生态学研究网络（ILTER）、英国环境变化研究网络（ECN）、亚洲通量观测网络（AsiaFlux）等建立了合作交流关系。

江西大岗山森林生态系统国家野外科学观测研究站（简称大岗山国家野外站）创建于1980年，是中国森林生态系统定位观测网络的主要台站，也是科学技术部批准的第一批国家重点野外科学观测研究站之一。自1980年建站以来，大岗山国家野外站针对我国中亚热带典型森林生态系统（常绿阔叶林、杉木人工林、毛竹林、针阔混交林）开展了结构与功能规律的长期连续定位观测与研究。经过40多年的建设和发展，大岗山国家野外站积累了丰厚的森林生态站网络建设、运行和管理经验，是国内外唯一以毛竹林生态系统结构、功能及生态过程为研究对象的国家级森林生态站。一方面单个森林生态站持续开展了长时间序列的观测和科学研究，另一方面通过森林生态站网络平台的建设，实现了具有明确顶层设计的空间尺度扩展观测与科学研究，更加深入地揭示了自然环境的演化规律，并取得了一批创新性科研成果。

第一，大岗山国家野外站所处的区域位于《全国重要生态系统保护和修复重大工程总体规划（2021—2035年）》中的南方丘陵山地带，面临的生态环境问题为土壤质量下降明显，生产力逐年降低；丘陵坡地林木资源砍伐严重，植被覆盖度低，暴雨频繁、强度大，地表水蚀严重。森林生态站以增强森林生态系统质量和稳定性为导向，在全面保护常绿阔叶林等原生地带性植被的基础上，科学实施森林质量精准提升、中幼林抚育和退化林修复，改良土壤，减少地表径流，有助于我国南方生态安全屏障的建设。

第二，大岗山国家野外站位于《国家储备林建设规划（2018—2035年）》中的湘鄂赣罗霄山基地，本区域内多年平均降水量在1 590.9 mm，以培育中短周期用材林为主，其中杉木为主要发展树种之一。森林生态站通过对杉木种源结构/过程和功能全指标观测研究，揭示不同杉木种源在本地的适应性，筛选出最适宜的杉木种源组合，尤其是在中幼龄林阶段生长较快的种源，为推进国家储备林建设提供技术支撑。

第三，大岗山国家野外站处于我国14个连片特困地区中的罗霄山区，本区面临着贫困人口多、产业基础弱、基础设施保障不力、生态环境脆弱等一系列亟待解决的问题和挑战。森林生态站通过长期定位观测，为退耕还林工程、天然林保护等生态修复工程提供技术支撑，提升区域内生态承载力，稳固生态环境安全。同时，开展区域内生态产品价值化实现路径研究，力争通过生态效益补偿、生态保护补偿、生态权益交易、生态产业开发、生态资本收益等方式实现生态产品价值转化，为生态产品市场化扶贫措施提供科技支撑。

第四，实现碳达峰、碳中和，是我国基于推动构建人类命运共同体的责任担当和实现可持续发展的内在要求作出的重大战略决策。"森林全口径碳汇"的创新性理念，是大岗山国家野外站长期观测研究的成果，能够真实地反映林业在生态文明建设战略总体布局中的作用和地位。地处罗霄山脉的大岗山国家野外站，作为国家林草生态综合监测站体系的重点森林生态站之一，服务于国家"碳达峰、碳中和"战略的森林植被全口径碳汇监测与评估。

为了进一步加强数据社会服务力度，在"生态系统网络的联网观测研究及数据共享系统建设"等项目的资助下，编制了《中国生态系统定位观测与研究数据集·森林生态系统卷·江西大岗山站（2005—2015）》一书，包含了2005—2015年水分监测数据集、土壤监测数据集、气象监测数据集、生物监测数据集和台站特色研究数据集的架构性内容。本书实质是对网络数据集使用的简要说明，并为数据引用提供一个标准化的依据。该书公布的实体数据来源可靠、产权明确、数据质量控制严谨，对科研、管理、技术人员也具有明显的参考价值，并可直接引用。

本数据集是在大岗山国家野外站全体监测人员、技术人员、科研人员以及协作共建单位的通力合作下圆满完成的，其中也凝聚着老一辈科学家多年来的汗水与心血，还有中国林业科学研究院亚热带林业实验中心的精诚合作，是他们的辛勤劳动为本数据集的顺利完成并出版提供了保障，在此一并表示感谢！未来，大岗山国家野外站将站在"两个一百年"奋斗目标的历史交互点上，大力提升生态台站观测和研究能力，谋划未来发展蓝图，力争2030年成为国际一流野外科学观测研究站，为大岗山国家野外站建站五十周年夯实数据基础。

江西大岗山森林生态系统国家野外科学观测研究站

CONTENTS

目录

第1章 台站介绍

1.1 大岗山国家野外站简介

1.1.1 概述

江西大岗山森林生态系统国家野外科学观测研究站（以下简称大岗山国家野外站）位于江西省新余市分宜县中国林业科学研究院亚热带林业实验中心年珠实验林场，地理坐标为 27°30′E—27°50′E、114°30′N—114°45′N，属罗霄山脉北端的武功山支脉，主要山脊线呈南北走向，西南面与宜春市袁州区和吉安市安福县接壤，东北面与分宜县的部分乡镇紧邻（图 1-1）。站区地势西高东低，地形起伏较大，相对高差达 1 000 m，最高海拔 1 091.8 m。该地区属中亚热带季风湿润气候类型，主要植被类型为常绿阔叶林、毛竹林和杉木林等，年平均气温为 16.8 ℃，7 月平均气温 28.8 ℃，1 月平均气温 5.2 ℃，全年平均日照时数为 1 657.0 h，太阳总辐射年平均为 486.6 kJ/cm²，多年年平均降水量为 1 590.9 mm，年均蒸发量为 1 503.8 mm，土壤类型为红壤。

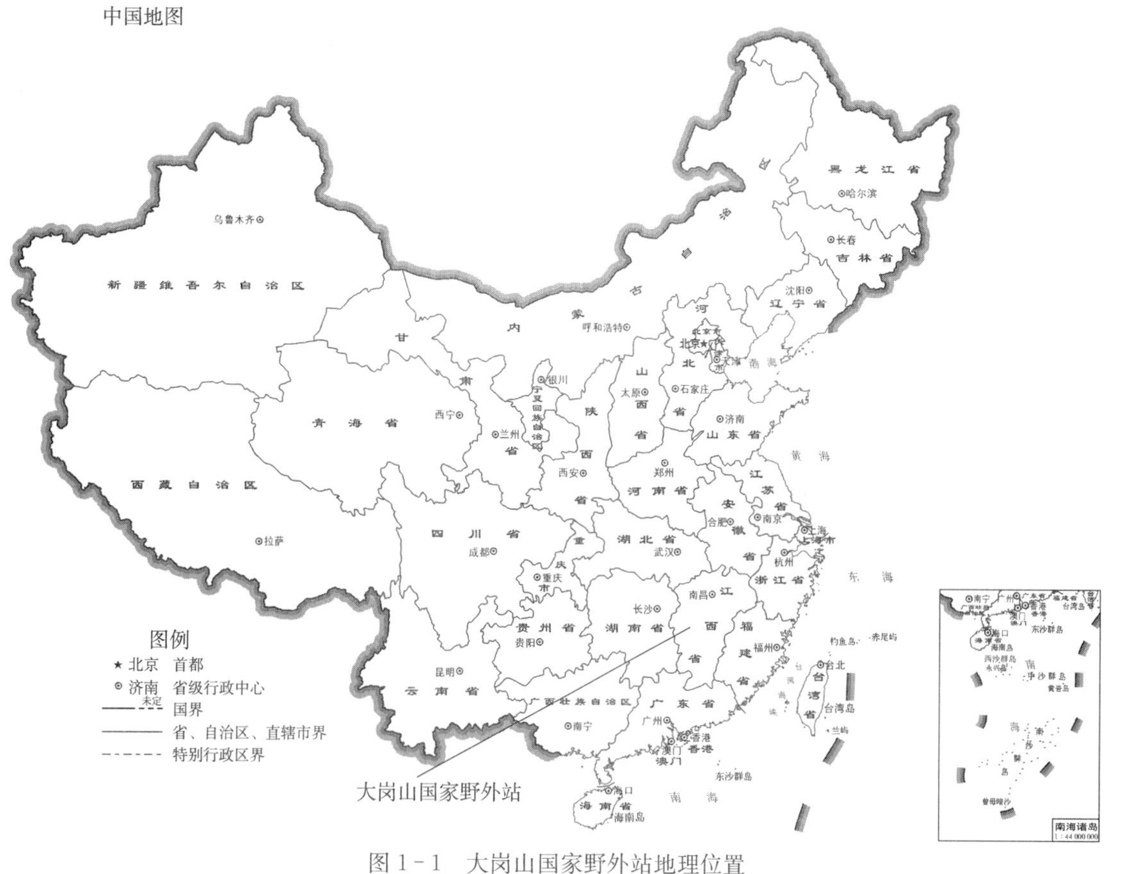

图 1-1 大岗山国家野外站地理位置

大岗山国家野外站依托中国林业科学研究院森林生态环境与自然保护研究所，并与中国林业科学研究院亚热带林业实验中心实施共建、共管，发挥各自优势，保障其安全、稳定的运行。大岗山国家野外站现有多林型嵌套式综合流域面积 41.3 hm^2，布设有测流堰 4 座，分别为常绿阔叶林集水区、杉木人工林集水区、针阔混交林集水区和多植被综合流域集水区；另外，还布设有坡面径流场 7 座，分别设置在常绿阔叶林、杉木林和针阔混交林内。流域内的主要植被类型有杉木人工林、毛竹林、常绿阔叶林、桤木林、马尾松人工林、鹅掌楸林等，在不同林分类型中布设有中长期固定标准地 48 个，其中包括：公顷级样地 4 个，分别设置在常绿阔叶林、杉木人工林、针阔混交林和毛竹林，面积为 6 hm^2（图 1-2）。嵌套式综合流域中建设有 3 座综合观测铁塔，分别布设在常绿阔叶林、杉木人工林和毛竹林内。站内还建设有毛竹林水量平衡场 1 座，面积 100 m^2，长期连续观测地表径流、壤中流和基流；同时建设有杉木种源林碳氮水耦合大型试验场，本试验场以来自全国不同产地的 183 个杉木种源为研究对象，开展杉木种源林水分利用机制、不同时间尺度杉木种源林单株/林分的水肥利用效率、水文功能性状与水分利用效率耦合等方面研究；地面标准气象观测场 1 座，长期观测各气象因子、空气负氧离子浓度以及森林环境空气质量的变化（图 1-3）。

图 1-2　大岗山国家野外站杉木人工林和毛竹林标准地

图 1-3　大岗山国家野外站毛竹林水量平衡场和标准气象观测场

站内现有野外监测仪器：大口径闪烁仪 1 套，接收端位于常绿阔叶林综合观测铁塔；美国 LI-COR开路式涡动相关测量系统 1 套；美国 Campbell 公司 EC150 开路式涡动相关测量系统 1 套；Flow32 包裹式树干液流测量系统 1 套、Probe 12-DL 插针式树干液流测量系统 1 套、LI-8100 开路式土壤碳通量测量系统1套、LI－6400R便携式光合仪1套、TCR802全站仪1套、LI－3000C便携式叶面积仪1套、植物冠层分析仪2套、快速植物胁迫测量仪1套、HOBO自动气象站2套、Campbell自动气象站1套、德国Parsive雨滴谱仪1套、YSI 6600V2多参数水质监测仪1套、S185机载画幅式高光谱成像仪1套、1S2便携式地物光谱仪1台、TRIME土壤剖面含水量测量系统1套、自计式水位计6套、HOBO雨量筒4套、原位式空气负氧离子监测仪3套、便携式空气负氧离子监测仪4套、芬兰AQT400空气质量监测系统1套、根系生长监测系统2套、人工气候室2套。室内分析仪器：Skalar连续流动分析仪1套；BaPS土壤氮循环监测系统1套；LINTAB 5年轮分析仪1套；森林空气质量监测系统1套；水量平衡及水质在线监测系统2套；凯氏定氮仪、紫外分光光度计、火焰光度计、pH计等小型设备30余套。

1.1.2　研究方向和研究内容

按照中华人民共和国国家标准（GB/T 33027—2016、GB/T 35377—2017、GB/T 38582—2020、GB/T 40053—2021）与行业标准的规定，对常绿阔叶林、毛竹林和杉木种源林等进行结构/过程和功能全指标观测，开展生态系统结构和功能动态变化规律的研究。研究定位：①南方山地红壤区生态修复技术研发与示范推广；②湘赣罗霄山区国家储备林基地精准化森林经营技术提升研究；③集中连片特困区（罗霄山区）的生态修复技术与生态产品市场化扶贫措施的科技支撑；④服务于国家“碳达峰、碳中和”战略的罗霄山区森林植被全口径碳汇监测与评估。建设定位：通过生态站建设与发展，大岗山国家野外站进一步改善科研条件，提升科学研究和学科建设水平，将其建设成国内设施设备一流、研究水平一流，集科学研究、人才培养、国际交流、成果示范为一体的多功能平台，成为我国森林生态站的典范。

大岗山国家野外站主要研究方向有以下几个方面。

（1）生态系统水量空间分配格局

主要研究森林生态系统水量空间分量的变化强度、时空尺度上生态过程与水量空间分配格局动态变化的耦合演进规律、森林植被水文生态效益的多尺度评价与尺度转换等（图1－4）。

（2）生态系统服务维持机制及其功能精准提升

主要研究人工林碳汇功能精准提升的经营技术、不同森林经营措施配比处理下碳汇功能的强弱、林草植被水土保持与生态效益监测与评价等（图1－5）。

（3）碳-氮-水循环耦合机制

主要研究森林生态系统内部能量、水分和养分循环耦合作用、环境驱动以及生物调控机制等（图1－6）。

大岗山国家野外站主要研究内容：①杉木种源林（站内杉木人工林，涉及全国183个种源）结构/过程和功能全指标观测研究；②大岗山林区水量空间分配格局研究；③人工林碳汇功能精准提升的经营技术研究；④景观尺度碳-氮-水耦合的塔群观测研究；⑤大岗山林区生物多样性动态变化特征及生态功能精准提升技术；⑥森林氧吧环境功能监测与生态系统服务维持机制；⑦集中连片特困区（罗霄山区）的生态修复技术与生态产品价值化实现路径设计。

图 1-4 水量空间分配格局观测研究示意

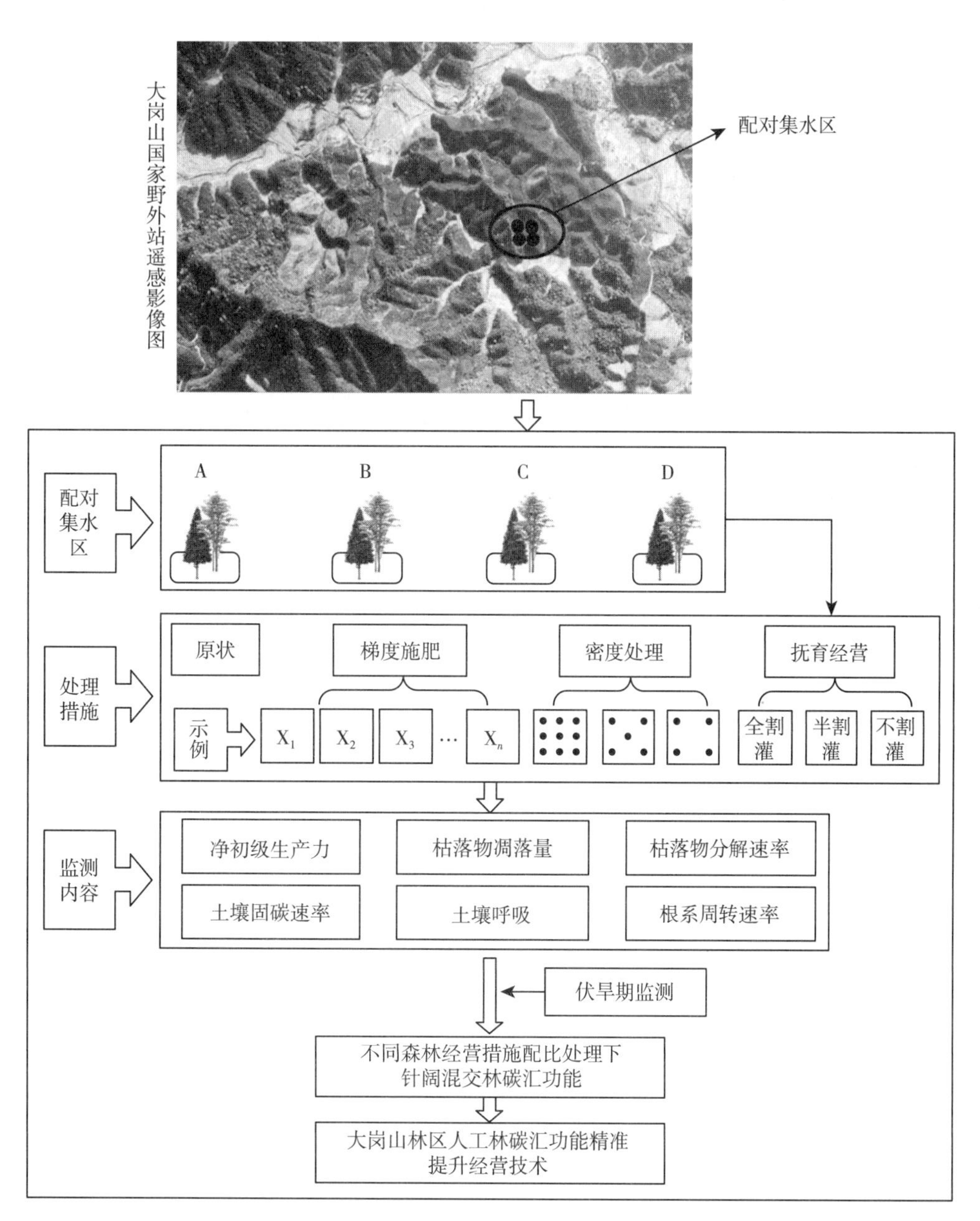

图1-5　人工林碳汇功能精准提升经营技术研究思路

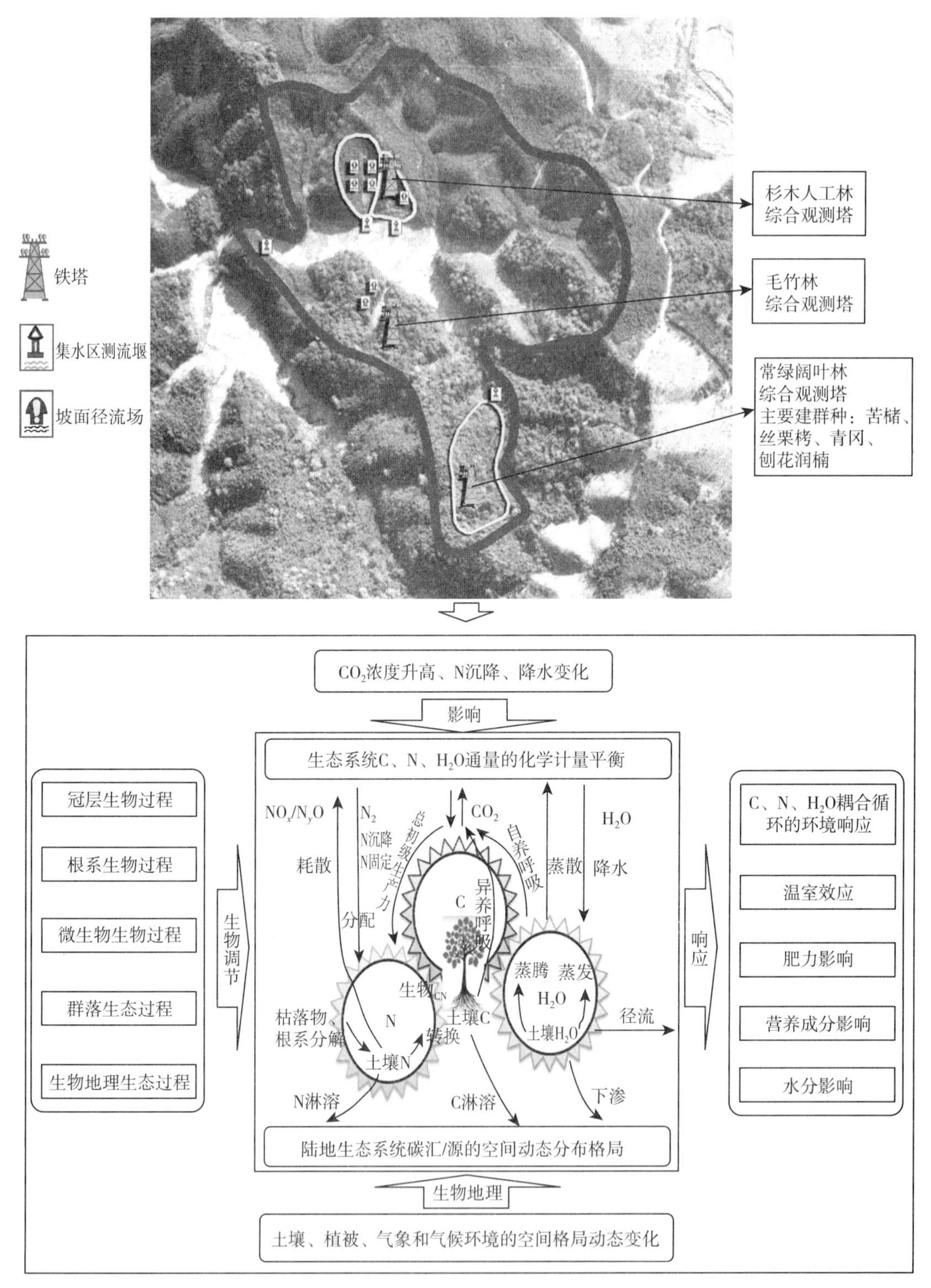

图 1-6 景观尺度碳-氮-水耦合的塔群观测研究示意

1.1.3 研究成果

以大岗山国家野外站为依托的研究成果主要集中于国家标准制定、生态效益监测与评估、杉木人工林全指标观测、森林水量空间分布等方面。悬挂在大岗山国家野外站大门上的对联，“眼觑千古之上绘华夏森林生态山水丹青，心契造化之微雕国家野外台站标准蓝图”，十分贴切地体现了大岗山国家野外站多年来的研究成果。

何为“眼觑千古之上”？科研工作要视野宏大。

大岗山国家野外站在国内率先开展数字化森林生态站构建技术研究，并依托中国森林生态系统定位观测研究网络（CFERN），构建了具备“一站多能、以站带点”功能的生态站网络布局；规划退耕还林工程生态监测体系，首次摸清了集中连片特困地区退耕还林工程生态效益的物质量和价值量，完成了一系列退耕还林工程生态效益监测国家报告；构建天然林保护修复生态功能监测网络布局，为天然林保护修复等国家重点生态工程提供科学数据和技术支撑；首次提出生态系统服务评估分布式测算方法，推动了生态效益补偿由政策性补偿向基于生态功能评估的定量化补偿的转变，提出林业发展在实现面积和蓄积双增长的基础上，要注重提升生态服务能力，实现“三增长”；出版的“中国山水林田湖草生态产品监测评估及绿色核算”系列丛书被列入“十四五”时期国家重点出版项目；持续举办学术年会，为政府决策和科技创新提供有力支撑。

何为“心契造化之微”？科研成果要服务大局。

依托大岗山国家野外站牵头制定了国家标准4项，为我国森林生态系统长期观测研究与服务功能评估奠定了科学基础，为林草助力“双碳”目标提供了理论依据和技术支撑；构建了生态连清体系，并将生态连清体系与国家森林资源连续清查结果相耦合，科学回答了“绿水青山”价值多少“金山银山”；出版了研究生教育教材《森林生态学方法论》，填补了森林生态学理论体系的空白，完善了森林生态学教材体系，为森林生态学的发展作出了重要贡献，成为森林生态学科体系完善和成熟的重要标志；提出“生态GDP”概念，推行生态GDP核算制度，助力我国建立科学、公正、公平的绿色经济评价体系制度；完成中国林草资源及生态状况、全国林草生态综合监测评价报告，首次建立了天空地立体化、国家和地方一体化、遥感图斑监测和地面抽样调查技术相结合的综合监测评价技术体系，首次全面客观综合评价了森林、草原、湿地等资源保护、建设、管理成效，具有划时代的里程碑意义。

同时基于研究定位，大岗山国家野外站在全面保护常绿阔叶林等原生地带性植被的基础上，科学实施森林质量精准提升、中幼林抚育和退化林修复，助力我国南方生态安全屏障的建设，为南方红壤生态脆弱区研发保护与修复寻找“特效药”；通过对试验场内来自全国不同产地的183个杉木种源水分利用效率、养分利用效率的研究，揭示不同种源碳氮水循环的耦合机制，筛选优质种源，为罗霄山区国家储备林工程提供“听诊器”；构建森林生态产品价值化实现路径，开展油茶全产品链监测与多功能经营和罗霄山区林业生态工程生态扶贫研究，为罗霄山脉集中连片特困区精准生态扶贫寻找“印钞机”；基于碳通量塔群长时间尺度观测研究成果及全口径碳中和观测研究经验积累，提出森林全口径碳中和新概念，为绿色碳中和创新森林全口径碳捕获“显微镜”。

1.1.4　合作交流

本站所有资源均向社会共享，近年来吸引了国内外许多科研机构和高校的科研人员来站利用本站的实验场地及设施设备开展学科研究。经统计：共有1 500多位来自中国科学院、中国林业科学研究院、北京大学、南京大学、武汉大学、北京林业大学、东北林业大学、内蒙古农业大学、山东农业大学、江西农业大学、河北农业大学、广东省林业科学研究院、湖南省林业科学院、浙江省林业科学研究院等多家单位的科研人员先后来站进行参观、考察和学习。挪威皇家科学院院士Jan Mulder教授、美国林务局专家Gary Zhiming Wang教授、挪威生命科学大学Peter Dörsch教授、加拿大水文学家T. Lien Chow教授和Adam Wei教授先后在大岗山国家野外站长期开展客座研究。除此之外，来自全国近50个森林生态站的技术人员和科研人员到站调研学习，并开展了生态站标准化建设和管理、基于“空-天-地”一体化的生态监测技术方法、先进监测仪器设备的应用维护等方面的合作交流。

1.2 数据集整理规范

本数据集包括水文、土壤、气候、生物和台站特色研究五个部分。为充分发挥数据在时间序列定位研究中的宝贵价值，对台站的历史数据加以整理和分析，并将有价值的数据出版，这既是台站长期定位观测成果的展示，也能为相关科学研究提供数据保障。

1.2.1 数据整理目的

（1）规范整理

大岗山国家野外站将不同格式的数据归并到目前实行的指标体系中。

（2）数据出版

大岗山国家野外站长期监测研究数据加以整理并以数据集形式向外发布。

（3）综合应用

以整理和出版的数据为基础，为跨台站和跨时间尺度的生态学研究提供数据支持。

1.2.2 基本原则

（1）来源清晰

所有历史数据建立相对应的元数据目录，并出版元数据目录。

（2）结构一致

以中国生态系统研究网络（CERN）目前实行的表和字段为准，保留所有表和字段，对于公共字段，建立通用表，如建立植物名录数据表格等。

（3）数据综合

标语出版和应用，对分层、分时监测数据加以必要的综合整理。

（4）数据问题明确

数据及其处理记录到专门的数据质量评估中。

（5）数据质量可靠

出版的数据做到质量有保证，不允许出现错误数据。

（6）结论可靠

某些数据经过综合后以图表、文字等形式给出一些结论性内容。

1.2.3 数据集出版主要内容

大岗山国家野外站数据集出版的主要内容：

（1）数据库目录

描述大岗山国家野外站现有的数据库数据以及有关摘要和收集年限。

（2）元数据

描述大岗山国家野外站长期定位的观测场地、采样点、采样方法等。

（3）长期观测数据

依据中华人民共和国国家标准《森林生态系统长期定位观测指标体系》（GB/T 35377—2017）的长期观测数据包括森林水文、森林土壤、森林气象和森林生物 4 个部分的观测数据。

（4）长期定位研究数据

除（3）观测指标外，大岗山国家野外站收集的其他相关研究数据。

1.2.4　数据集出版说明

本数据集是大岗山国家野外站 2005—2015 年的监测和实验数据，收集了站内水、土、气、生的大部分监测数据和研究数据，是大岗山国家野外站全体工作人员无私的奉献和默默无闻的工作的结果，代表了大岗山国家野外站集体的研究成果。其他单位或个人需要引用和参考，请注明数据集索引出处。

第2章

主要样地和观测设施

2.1 概述

大岗山国家野外站共设有采样地26个，涵盖的森林类型有杉木人工林、常绿阔叶林、针阔混交林、毛竹林4种，其中长期样地19个、永久样地7个；观测设施包括坡面径流场、综合测流堰、人工气候室、地面标准气象观测场、水量平衡场和综合观测铁塔，共计17处。具体采样地与观测设施信息见表2-1。

表2-1 大岗山国家野外站采样地与观测设施一览表

	采样地名称	采样点代码
采样地	杉木林永久样地001	0136145_YD_001
	杉木纯林长期样地002	0136145_YD_002
	常绿阔叶混交林长期样地001	0136145_YD_003
	常绿阔叶混交林长期样地002	0136145_YD_004
	常绿阔叶混交林永久样地003	0136145_YD_005
	常绿阔叶纯林永久样地004	0136145_YD_006
	常绿阔叶纯林永久样地005	0136145_YD_007
	常绿阔叶混交林永久样地006	0136145_YD_008
	常绿阔叶混交林永久样地007	0136145_YD_009
	常绿阔叶混交林长期样地008	0136145_YD_010
	常绿阔叶混交林长期样地009	0136145_YD_011
	常绿阔叶混交林永久样地010	0136145_YD_012
	常绿阔叶混交林长期样地011	0136145_YD_013
	常绿阔叶混交林长期样地012	0136145_YD_014
	常绿阔叶纯林长期样地013	0136145_YD_015
	杉木纯林长期样地003	0136145_YD_016
	杉木纯林长期样地004	0136145_YD_017
	杉木纯林长期样地005	0136145_YD_018
	杉木纯林长期样地006	0136145_YD_019
	针阔混交林长期样地001	0136145_YD_020
	针阔混交林长期样地002	0136145_YD_021
	针阔混交林长期样地003	0136145_YD_022
	毛竹林长期样地001	0136145_YD_023

（续）

	采样地名称	采样点代码
采样地	毛竹林长期样地 002	0136145 _ YD _ 024
	毛竹林长期样地 003	0136145 _ YD _ 025
	毛竹林长期样地 004	0136145 _ YD _ 026
观测设施	常绿阔叶林坡面径流场 001	0136145 _ JLC _ 001
	常绿阔叶林坡面径流场 002	0136145 _ JLC _ 002
	针阔混交林坡面径流场 001	0136145 _ JLC _ 003
	针阔混交林坡面径流场 002	0136145 _ JLC _ 004
	针阔混交林坡面径流场 003	0136145 _ JLC _ 005
	针阔混交林坡面径流场 004	0136145 _ JLC _ 006
	杉木林坡面径流场	0136145 _ JLC _ 007
	常绿阔叶林测流堰	0136145 _ CLY _ 001
	针阔混交林测流堰	0136145 _ CLY _ 002
	杉木纯林测流堰	0136145 _ CLY _ 003
	多林型综合测流堰	0136145 _ CLY _ 004
	人工气候室	0136145 _ SS _ 001
	地面标准气象观测场	0136145 _ SS _ 002
	毛竹林水量平衡场	0136145 _ SS _ 003
	常绿阔叶林综合观测铁塔	0136145 _ SS _ 004
	毛竹林综合观测铁塔	0136145 _ SS _ 005
	杉木林综合观测铁塔	0136145 _ SS _ 006

2.2　采样地和观测设施介绍

2.2.1　采样地

大岗山国家野外站采样地分布在杉木人工林、常绿阔叶林、针阔混交林和毛竹林 4 种林型中；其中，杉木人工林采样地占地 72 050 m^2，常绿阔叶林占地 25 500 m^2，针阔混交林占地 1 425 m^2，毛竹林占地 3 925 m^2，占地总面积达 10.29 hm^2，经度范围：114°33′10″E—114°34′58″E，纬度范围：27°34′51″N—27°35′5″N。不同采样地分别代表着大岗山林区不同林分类型的主要群落特征，目前所有采样地除日常管理维护以外，其他人为活动均较轻，主要输出数据用于联网长期观测、大岗山国家野外站观测和科学实验研究等。不同林分类型采样地主要特征信息如下：

杉木人工林采样地始建于 1981 年，平均海拔 349.20 m，地貌特征为丘陵，地形多变，坡度范围为 19°～28°，土壤类型为红壤，土壤母质为坡积母质，经度范围：114°33′45″E—114°34′58″E，纬度范围：27°34′51″N—27°35′5″N。乔木层优势种为杉木，灌木层优势种有檵木、杜茎山、柃木等，草本层优势种有狗脊、苔草、淡竹叶等，代表着大岗山林区杉木人工林群落的群落特征。主要观测内容包括开展杉木种源林生物多样性监测，以及乔、灌、草及幼苗更新层的群落特征等监测研究工作；另外，还开展凋落物、土壤剖面特征和杉木林生物量的调查工作；同时，还可开展穿透雨和树干茎流的观测。

常绿阔叶林采样地始建于1993年，平均海拔285.7 m，地貌特征为丘陵，地形多变，坡度范围为13°～21°，土壤类型为红壤或黄红壤，土壤母质为坡积母质，经度范围：114°33′10″E—114°33′57″E，纬度范围：27°35′1″N—27°35′58″N。乔木层优势种有青冈、木荷、苦槠、丝栗栲、樟、赤杨叶、山矾等，乔木树种组成复杂，具有多优势树种的多种组合；灌木层优势种有杜茎山、柃木、朱砂根、矩圆叶鼠刺、栀子等；草本层优势种有鸢尾、蕨类、楼梯草、苔草、淡竹叶等，代表着大岗山林区常绿阔叶林不同林龄的主要群落特征。主要观测内容包括常绿阔叶林生物多样性调查，乔、灌、草及幼苗更新层的群落特征等监测研究工作；另外，还开展凋落物、土壤剖面特征以及穿透雨和树干茎流的调查与观测工作。

针阔混交林采样地始建于1998年，平均海拔294.57 m，地貌特征为丘陵，地形多变，坡度范围为19°～28°，土壤类型为红壤，土壤母质为坡积母质，经度范围：114°33′26″E—114°33′56″E，纬度范围：27°35′4″N—27°35′57″N。乔木层优势种有青冈、木荷、杉木等，乔木树种组成复杂，具有多优势树种的多种组合；灌木层优势种有油茶、朱砂根、杜茎山等；草本层优势种有鸢尾、蕨类、狗脊、苔草等，代表着大岗山林区针阔混交林中龄林和近熟林的主要群落特征。主要观测内容包括针阔混交林生物多样性调查，以及乔、灌、草及幼苗更新层的群落特征等监测研究工作；另外，还开展凋落物、土壤剖面特征和针阔混交林生物量的调查工作；同时，还可开展穿透雨和树干茎流的观测。

毛竹林采样地始建于1999年，平均海拔309.27 m，地貌特征为低山丘陵，地势较为平缓，地形多变，平均坡度为16.75°，土壤类型为红壤，土壤母质为坡积母质，经度范围：114°33′12″E—114°33′51″E，纬度范围：27°35′5″N—27°35′23″N。乔灌木层以多年生天然毛竹为优势物种，乔木树种单一且多为同龄林，高度相差不大；草本层优势种为鸢尾、冷水花、楼梯草等，群落结构相对简单，代表着大岗山林区毛竹林的主要群落特征。动物活动主要为蛇、鼠和鸟类。主要观测内容包括毛竹林生物多样性调查，乔、灌、草及竹笋等入侵趋势的群落特征等监测研究工作；另外，还开展凋落物、土壤剖面特征和毛竹林生物量的调查工作；同时，还可开展林内穿透雨的观测。

采样地生物监测内容主要包括：①生境要素：植物群落名称、群落高度、水分状况、生长/演替特征；②乔木层每木调查：胸径、高度、冠幅、生活型、树干茎流；③乔木层、灌木层、草本层物种组成：株数/多度、平均高度、平均胸径、盖度、生活型、生物量、地上地下部总干重（草本层）；④树种的更新状况：平均树高、平均基径、竹笋入侵扩张趋势、幼苗更新层的群落特征；⑤群落特征：分层特征、层间植物状况、叶面积指数；⑥枯落物特征：各部分干重、分解速率、腐殖质分解速率、pH、营养元素浓度；⑦土壤剖面特征：层次、颜色、质地、结构；⑧穿透雨：平均降水量、水质。

采样地包括：①杉木林永久样地001；②杉木纯林长期样地002；③常绿阔叶混交林长期样地001；④常绿阔叶混交林长期样地002；⑤常绿阔叶混交林永久样地003；⑥常绿阔叶纯林永久样地004；⑦常绿阔叶纯林永久样地005；⑧常绿阔叶混交林永久样地006；⑨常绿阔叶混交林永久样地007；⑩常绿阔叶混交林长期样地008；⑪常绿阔叶混交林长期样地009；⑫常绿阔叶混交林永久样地010；⑬常绿阔叶混交林长期样地011；⑭常绿阔叶混交林长期样地012；⑮常绿阔叶纯林长期样地013；⑯杉木纯林长期样地003；⑰杉木纯林长期样地004；⑱杉木纯林长期样地005；⑲杉木纯林长期样地006；⑳针阔混交林长期样地001；㉑针阔混交林长期样地002；㉒针阔混交林长期样地003；㉓毛竹林长期样地001；㉔毛竹林长期样地002；㉕毛竹林长期样地003；㉖毛竹林长期样地004（图2-1）。

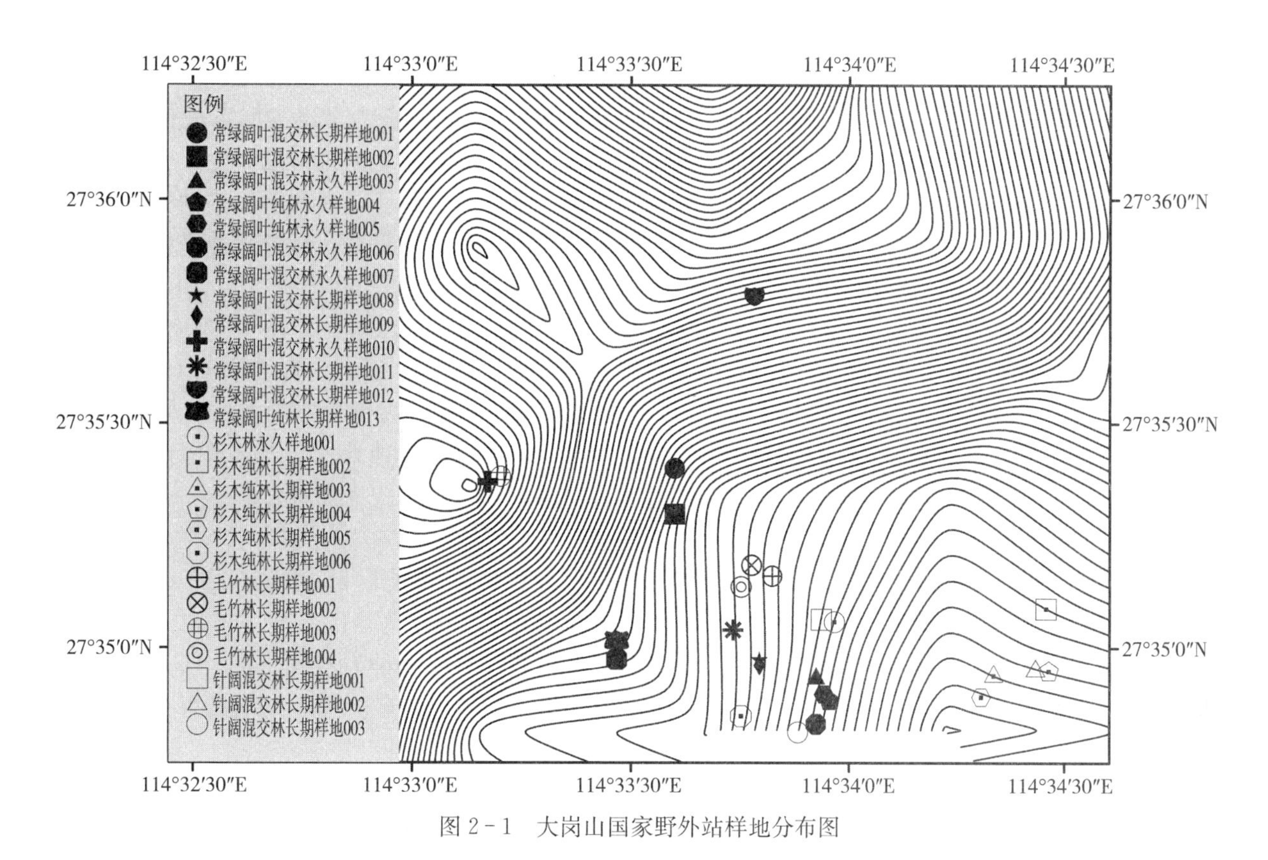

图 2-1　大岗山国家野外站样地分布图

（1）杉木林永久样地 001（0136145 _ YD _ 001）

杉木林永久样地 001 建立于 2010 年 5 月，观测面积为 6 hm²，样地位于 114°33′58″E、27°35′4″N，海拔高度 605.4 m，平均坡度为 12°，土层厚度为 60 cm，为东南方向中坡位样地，属永久型样地，每 5 年定期复查一次，样地四角具有明确标识。乔木层以杉木为优势种，种类组成单一，代表着大岗山林区杉木人工林中龄林的群落特征。

（2）杉木纯林长期样地 002（0136145 _ YD _ 002）

杉木纯林长期样地 002 建立于 1998 年 3 月，观测面积为 25 m×25 m，样地位于 114°34′27″E、27°35′5″N，海拔高度 323.51 m，平均坡度为 15°，土层厚度为 80 cm，为正北方向上坡位样地，设计使用年限 50 年，每 5 年定期复查一次，样地四角具有明确标识。乔木层以杉木为优势种，灌木层优势种有檵木、杜茎山、柃木等，草本层以狗脊、苔草、淡竹叶为优势种，属人工林，冠层结构较为简单，郁闭度在 60%以上。

（3）常绿阔叶混交林长期样地 001（0136145 _ YD _ 003）

常绿阔叶混交林长期样地 001 建立于 1998 年 8 月，观测面积为 25 m×25 m，样地位于 114°33′36″E、27°35′24″N，海拔高度 329.86 m，平均坡度为 14°，土层厚度为 85 cm，为西南方向上坡位样地，设计使用年限 50 年，每 5 年定期复查一次，样地四角具有明确标识。群落组成：木荷、丝栗栲、杜茎山、苔草等，乔木层优势种为木荷，郁闭度为 75%。

（4）常绿阔叶混交林长期样地 002（0136145 _ YD _ 004）

常绿阔叶混交林长期样地 002 建立于 2006 年 5 月，观测面积为 25 m×25 m，样地位于 114°33′36″E、27°35′18″N，海拔高度 320.03 m，平均坡度为 15°，土层厚度为 85 cm，为正南方向上坡位样地，设计使用年限 50 年，每 5 年定期复查一次，样地四角具有明确标识。乔木层优势种有青冈、苦槠、丝栗栲、樟等，灌木层优势种有檵木、杜茎山、柃木等，草本层以狗脊、苔草、淡竹叶为优势种，整体呈复层林结构，种类组成复杂，具有多种优势树种的多种组合。

（5）常绿阔叶混交林永久样地 003（0136145 _ YD _ 005）

常绿阔叶混交林永久样地 003 建立于 2012 年 7 月，观测面积为 1 hm^2，样地位于 114°33′55″E、27°35′56″N，海拔高度 281.06 m，平均坡度为 13°，土层厚度为 60 cm，为东南方向下坡位样地，属永久型样地，每 5 年定期复查一次，样地四角具有明确标识，严禁在样地内进行破坏性实验，地被物均保持着原始的状态。乔木层优势种有木荷、青冈、苦槠、丝栗栲、樟等，灌木层优势种有檵木、杜茎山、柃木等，草本层以狗脊、苔草、淡竹叶为优势种；植被种类组成复杂，具有多种优势树种的多种组合，主要为木荷、丝栗栲和青冈。

（6）常绿阔叶纯林永久样地 004（0136145 _ YD _ 006）

常绿阔叶纯林永久样地 004 建立于 1998 年 6 月，观测面积为 20 m×20 m，样地位于 114°33′57″E、27°35′53″N，海拔高度 286.64 m，平均坡度为 15°，土层厚度为 60 cm，为正南方向上坡位样地，属永久型样地，每 5 年定期复查一次，样地四角具有明确标识。乔木层优势种为木荷，灌木层优势种有檵木、杜茎山、柃木，草本层以狗脊、苔草、淡竹叶为优势种，冠层结构较为简单。

（7）常绿阔叶纯林永久样地 005（0136145 _ YD _ 007）

常绿阔叶纯林永久样地 005 建立于 1998 年 6 月，观测面积为 20 m×20 m，样地位于 114°33′57″E、27°35′54″N，海拔高度 284.92 m，平均坡度为 16°，土层厚度为 85 cm，为西北方向下坡位样地，属永久型样地，每 5 年定期复查一次，样地四角具有明确标识。乔木层优势种为木荷，灌木层优势种有檵木、杜茎山、柃木，草本层以狗脊、苔草、淡竹叶为优势种，冠层结构较为简单，偶见有杉木和毛竹入侵。

（8）常绿阔叶混交林永久样地 006（0136145 _ YD _ 008）

常绿阔叶混交林永久样地 006 建立于 2000 年 8 月，观测面积为 25 m×25 m，样地位于 114°33′55″E、27°35′50″N，海拔高度 320.06 m，平均坡度为 20°，土层厚度为 85 cm，为东北方向下坡位样地，属永久型样地，每 5 年定期复查一次，样地四角具有明确标识。乔木层优势种有檫木、赤杨叶、苦槠、丝栗栲、樟等，灌木层优势种有油茶、杜茎山、柃木，草本层以狗脊、苔草、淡竹叶为优势种，整体呈复层林结构，种类组成复杂，具有多种优势树种的多种组合。

（9）常绿阔叶混交林永久样地 007（0136145 _ YD _ 009）

常绿阔叶混交林永久样地 007 建立于 2000 年 8 月，观测面积为 25 m×25 m，样地位于 114°33′48″E、27°35′58″N，海拔高度 301.02 m，平均坡度为 18°，土层厚度为 60 cm，为西南方向上坡位样地，属永久型样地，每 5 年定期复查一次，样地四角具有明确标识。乔木层优势种有丝栗栲、赤杨叶、杜英、山乌桕、樟等，灌木层优势种有油茶、朱砂根、檵木、杜茎山、柃木，草本层以鸢尾、蕨类、莎草、苔草为优势种；整体呈复层林结构，种类组成复杂，具有多种优势树种的多种组合，主要优势树种为丝栗栲，偶有毛竹入侵。

（10）常绿阔叶混交林长期样地 008（0136145 _ YD _ 010）

常绿阔叶混交林长期样地 008 建立于 2000 年 8 月，观测面积为 20 m×20 m，样地位于 114°33′48″E、27°35′58″N，海拔高度 299.86 m，平均坡度为 18°，土层厚度为 60 cm，为正西方向下坡位样地，设计使用年限 50 年，每 5 年定期复查一次，样地四角具有明确标识。乔木层优势种有丝栗栲、青冈、赤杨叶、樟、苦槠等，灌木层优势种有朱砂根、矩圆叶鼠刺、栀子、野线麻、檵木、杜茎山、柃木，草本层以鸢尾、冷水花、楼梯草、蕨类、莎草、狗脊；整体呈复层林结构，种类组成复杂，具有多种优势树种的多种组合，主要优势树种为丝栗栲，该样地目前已被毛竹入侵。

（11）常绿阔叶混交林长期样地 009（0136145 _ YD _ 011）

常绿阔叶混交林长期样地 009 建立于 1999 年 4 月，观测面积为 20 m×20 m，样地位于 114°33′48″E、27°35′58″N，海拔高度 299.54 m，平均坡度为 16°，土层厚度为 85 cm，为西北方向上坡位样地，设计使用年限 30 年，每 5 年定期复查一次，样地四角具有明确标识。乔木层优势种有苦槠、丝栗栲、含笑等，灌木层优势种有油茶、朱砂根、杜茎山、柃木，草本层以鸢尾、蕨类、莎草、苔草为优势种，整体呈复层林结构，种类组成复杂，具有多种优势树种的多种组合。

（12）常绿阔叶混交林永久样地 010（0136145 _ YD _ 012）

常绿阔叶混交林永久样地 010 建立于 2012 年 8 月，观测面积为 50 m×50 m，样地位于 114°33′10″E、27°35′22″N，海拔高度 342.66 m，平均坡度为 21°，土层厚度为 85 cm，为东北方向下坡位样地，属永久型样地，每 5 年定期复查一次，样地四角具有明确标识。乔木层优势种有青冈、苦槠、丝栗栲、樟等，灌木层优势种有油茶、朱砂根、山香圆、矩圆叶鼠刺、栀子、阔叶十大功劳、野线麻、檵木、杜茎山、柃木，草本层以鸢尾、冷水花、楼梯草、蕨类、莎草、狗脊为优势种、苔草、淡竹叶为优势种，整体呈复层林结构，种类组成复杂，具有多种优势树种的多种组合。

（13）常绿阔叶混交林长期样地 011（0136145 _ YD _ 013）

常绿阔叶混交林长期样地 011 建立于 2017 年 7 月，观测面积为 20 m×20 m，样地位于 114°33′44″E、27°35′2″N，海拔高度 27.91 m，平均坡度为 15°，土层厚度为 76 cm，为东南方向上坡位样地，设计使用年限 50 年，每 5 年定期复查一次，样地四角具有明确标识。乔木层优势种有刨花楠、赤杨叶等，灌木层优势种有朱砂根、杜茎山、柃木等，草本层以鸢尾、冷水花、楼梯草、蕨类为优势种，整体呈复层林结构，种类组成复杂，具有多种优势树种的多种组合。

（14）常绿阔叶混交林长期样地 012（0136145 _ YD _ 014）

常绿阔叶混交林长期样地 012 建立于 2017 年 7 月，观测面积为 20 m×20 m，样地位于 114°33′47″E、27°35′47″N，海拔高度 307.91 m，平均坡度为 19°，土层厚度为 74 cm，为正东方向下坡位样地，设计使用年限 50 年，每 5 年定期复查一次，样地四角具有明确标识。乔木层优势种有丝栗栲、山矾等，灌木层优势种有朱砂根、矩圆叶鼠刺、檵木、杜茎山等，草本层以楼梯草、蕨类、莎草、狗脊为优势种，整体呈复层林结构，种类组成复杂，具有多种优势树种的多种组合。

（15）常绿阔叶纯林长期样地 013（0136145 _ YD _ 015）

常绿阔叶纯林长期样地 013 建立于 2017 年 7 月，观测面积为 20 m×20 m，样地位于 114°33′48″E、27°35′1″N，海拔高度 312.64 m，平均坡度为 18°，土层厚度为 70 cm，为西南方向下坡位样地，设计使用年限 50 年，每 5 年定期复查一次，样地四角具有明确标识。乔木层优势种为木荷，灌木层优势种有杜茎山、柃木等，草本层以楼梯草、莎草、狗脊为优势种，冠层结构较为单一。

（16）杉木纯林长期样地 003（0136145 _ YD _ 016）

杉木纯林长期样地 003 建立于 1998 年 3 月，观测面积为 25 m×25 m，样地位于 114°34′20″E、27°34′57″N，海拔高度 314.59 m，平均坡度为 14°，土层厚度为 60 cm，为西南方向中坡位样地，设计使用年限 50 年，每 5 年定期复查一次，样地四角具有明确标识。乔木层以杉木为优势种，灌木层优势种有檵木、杜茎山、柃木等，草本层以狗脊、苔草、淡竹叶为优势种，属人工林，冠层结构较为简单，郁闭度在 60%以上，偶见毛竹入侵。

（17）杉木纯林长期样地 004（0136145 _ YD _ 017）

杉木纯林长期样地 004 建立于 2002 年 5 月，观测面积为 20 m×20 m，样地位于 114°34′28″E、27°34′57″N，海拔高度 264.06 m，平均坡度为 25°，土层厚度为 60 cm，为西北方向下坡位样地，设计使用年限 50 年，每 5 年定期复查一次，样地四角具有明确标识。乔木层以杉木为优势种，灌木层以杜茎山为优势种，草本层以狗脊、苔草、蕨类、莎草为优势种，属人工林，冠层结构较为简单，郁闭度在 60%以上。

（18）杉木纯林长期样地 005（0136145 _ YD _ 018）

杉木纯林长期样地 005 建立于 2017 年 4 月，观测面积为 20 m×20 m，样地位于 114°34′18″E、27°34′53″N，海拔高度 307.25 m，平均坡度为 15°，土层厚度为 85 cm，为东北方向上坡位样地，设计使用年限 50 年，每 5 年定期复查一次，样地四角具有明确标识。乔木层以杉木为优势种，灌木层以杜茎山为优势种，草本层以狗脊、苔草、蕨类、莎草为优势种，属人工林，冠层结构较为简单，郁闭度在60%以上。

（19）杉木纯林长期样地006（0136145 _ YD _ 019）

杉木纯林长期样地006建立于2010年5月，观测面积为1 hm²，样地位于114°33′45″E、27°34′51″N，海拔高度280.36m，平均坡度为15°，土层厚度为60 cm，为西南方向中坡位样地，设计使用年限50年，每5年定期复查一次，样地四角具有明确标识。乔木层以杉木为优势种，灌木层以杜茎山为优势种，草本层以狗脊、苔草、蕨类、莎草为优势种，属人工林，冠层结构较为简单，郁闭度在60%以上。

（20）针阔混交林长期样地001（0136145 _ YD _ 020）

针阔混交林长期样地001建立于2000年2月，观测面积为25 m×25 m，样地位于114°33′56″E、27°35′4″N，海拔高度279.05 m，平均坡度为19°，土层厚度为60 cm，为西南方向下坡位样地，设计使用年限50年，每5年定期复查一次，样地四角具有明确标识。乔木层优势种有青冈、木荷、杉木等，灌木层优势种有油茶、朱砂根、杜茎山等，草本层以鸢尾、蕨类、狗脊、苔草为优势种，整体呈复层林结构，种类组成复杂，具有多种优势树种的多种组合，代表着大岗山林区针阔混交林中龄林的群落特征。

（21）针阔混交林长期样地002（0136145 _ YD _ 021）

针阔混交林长期样地002建立于2005年5月，观测面积为20 m×20 m，样地位于114°33′26″E、27°35′57″N，海拔高度306.24 m，平均坡度为22°，土层厚度为60 cm，为东北方向中坡位样地，设计使用年限50年，每5年定期复查一次，样地四角具有明确标识。乔木层优势种有青冈、木荷、杉木等，灌木层优势种有油茶、朱砂根等，草本层以鸢尾、蕨类、狗脊为优势种，代表着大岗山林区针阔混交林近熟林的群落特征。

（22）针阔混交林长期样地003（0136145 _ YD _ 022）

针阔混交林长期样地003建立于2017年5月，观测面积为20 m×20 m，样地位于114°33′53″E、27°35′49″N，海拔高度298.43 m，平均坡度为28°，土层厚度为85 cm，为西北方向中坡位样地，设计使用年限50年，每5年定期复查一次，样地四角具有明确标识，严禁在样地内进行破坏性实验，地被物均保持着原始的状态。乔木层优势种有木荷、杉木等，灌木层优势种有朱砂根、杜茎山等，草本层以蕨类、莎草、狗脊为优势种，植被种类组成复杂，具有多种优势树种的多种组合，代表着大岗山林区针阔混交林近熟林的群落特征。

（23）毛竹林长期样地001（0136145 _ YD _ 023）

毛竹林长期样地001建立于2008年7月，观测面积为25 m×25 m，样地位于114°33′49″E、27°35′10″N，海拔高度304.14 m，平均坡度为15°，土层厚度为85 cm，为西南方向下坡位样地，设计使用年限30年，每5年定期复查一次，样地四角具有明确标识。乔木层优势种为毛竹，缺少灌木层植被，草本层以鸢尾、冷水花、楼梯草为优势种，毛竹林冠层结构相对简单，郁闭度在50%以上。

（24）毛竹林长期样地002（0136145 _ YD _ 024）

毛竹林长期样地002建立于2008年7月，观测面积为20 m×20 m，样地位于114°33′46″E、27°35′11″N，海拔高度324.71 m，平均坡度为26°，土层厚度为76 cm，为东南方向中坡位样地，设计使用年限30年，每5年定期复查一次，样地四角具有明确标识。乔木层优势种为毛竹，缺失灌木层植被，草本层以狗脊、苔草、淡竹叶为优势种，毛竹林冠层结构相对简单，郁闭度在60%以上，有明显地向常绿阔叶林扩张的趋势。

（25）毛竹林长期样地003（0136145 _ YD _ 025）

毛竹林长期样地003建立于2012年7月，观测面积为50 m×50 m，样地位于114°33′12″E、27°35′23″N，海拔高度337.93 m，平均坡度为9°，土层厚度为74 cm，为西南方向下坡位样地，设计使用年限 30 年，每 5 年定期复查一次，样地四角具有明确标识。乔木层优势种为毛竹，缺失灌木层植被，草本层以鸢尾、冷水花、楼梯草为优势种，毛竹林冠层结构相对简单，郁闭度在 50%以上。

（26）毛竹林长期样地 004（0136145 _ YD _ 026）

毛竹林长期样地 004 建立于 2017 年 7 月，观测面积为 20 m×20 m，样地位于 114°33′45″E、27°35′8″N，海拔高度 270.31 m，平均坡度为 17°，土层厚度为 70 cm，为正西方向上坡位样地，设计使用年限 30 年，每 5 年定期复查一次，样地四角具有明确标识。乔木层优势种为毛竹，缺失灌木层植被，草本层以鸢尾、冷水花、楼梯草为优势种，毛竹林冠层结构相对简单，郁闭度在 50%以上。

2.2.2 观测设施

大岗山国家野外站观测设施主要包括坡面径流场、综合测流堰、人工气候室、气象观测站、水量平衡场和综合观测铁塔。这些观测设施分布在大岗山林区不同森林类型中，占地总面积约 49 hm^2，各观测设施可对森林生态系统林冠截留率、凋落物持水能力、土壤渗透和含蓄能力、林内穿透雨、地下水位和水质、单木树干液流、林分蒸散量、集水区和嵌套式流域降水量、径流量、产沙量、地下水及常规气象因子等进行全方位监测。各观测设施全年均有专人负责进行日常管理与维护，主要输出数据用于联网长期观测、大岗山国家野外站观测和科学实验研究等。

观测设施包括：①常绿阔叶林坡面径流场 001；②常绿阔叶林坡面径流场 002；③针阔混交林坡面径流场 001；④针阔混交林坡面径流场 002；⑤针阔混交林坡面径流场 003；⑥针阔混交林坡面径流场 004；⑦杉木林坡面径流场；⑧常绿阔叶林测流堰；⑨针阔混交林测流堰；⑩杉木纯林测流堰；⑪多林型综合测流堰；⑫人工气候室；⑬地面标准气象观测场；⑭毛竹林水量平衡场；⑮常绿阔叶林综合观测铁塔；⑯毛竹林综合观测铁塔；⑰杉木林综合观测铁塔（图 2－2）。

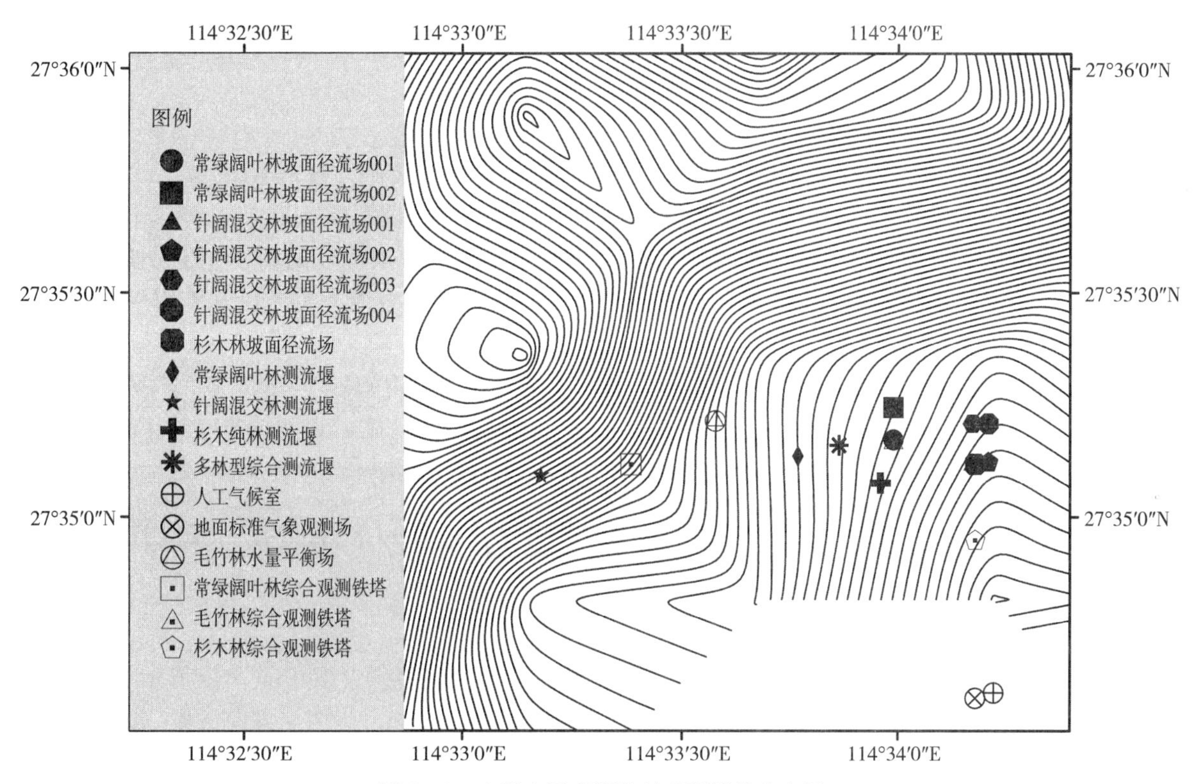

图 2－2　大岗山国家野外站观测设施分布图

（1）常绿阔叶林坡面径流场 001（0136145 _ JLC _ 001）

常绿阔叶林坡面径流场 001 建立于 1984 年，属永久型观测设施，观测面积为 100 m²，位于 114°33′59″E、27°35′10″N，海拔高度 283.69 m，平均坡度为 20°，土层厚度为 80 cm，为正东方向中坡位样地，主要群落类型为 40 年林龄苦槠，起源为天然林。人工径流场设立于坡面较为平缓的地区，周边用水泥预制板围住，径流场和径流沟汇入径流槽进行观测，监测仪器使用 WGZ－1 光电数字自记水位计进行 24 h 连续观测。

（2）常绿阔叶林坡面径流场 002（0136145 _ JLC _ 002）

常绿阔叶林坡面径流场 002 建立于 1984 年，属永久型观测设施，观测面积为 100 m²，位于 114°33′59″E、27°35′10″N，海拔高度 283.69 m，平均坡度为 22°，土层厚度为 60 cm，为正东方向中坡位样地，主要群落类型为 40 年林龄丝栗栲，起源为天然林。人工径流场设立于坡面较为平缓的地区，周边用水泥预制板围住，径流场和径流沟汇入径流槽进行观测，监测仪器使用 WGZ－1 光电数字自记水位计进行 24 h 连续观测。

（3）针阔混交林坡面径流场 001（0136145 _ JLC _ 003）

针阔混交林坡面径流场 001 建立于 1987 年，属永久型观测设施，观测面积为 100 m²，位于 114°33′11″E、27°35′7″N，海拔高度 264.02 m，平均坡度为 20°，土层厚度为 75 cm，为正北方向中坡位样地，主要群落类型为 35 年林龄杉木和木荷，起源为天然林。人工径流场设立于坡面较为平缓的地区，周边用水泥预制板围住，径流场和径流沟汇入径流槽进行观测，监测仪器使用 WGZ－1 光电数字自记水位计进行 24 h 连续观测。

（4）针阔混交林坡面径流场 002（0136145 _ JLC _ 004）

针阔混交林坡面径流场 002 建立于 1987 年，属永久型观测设施，观测面积为 100 m²，位于 114°33′11″E、27°35′7″N，海拔高度 264.02 m，平均坡度为 22°，土层厚度为 75 cm，为正北方向中坡位样地，主要群落类型为 35 年林龄杉木和木荷，起源为天然林。人工径流场设立于坡面较为平缓的地区，周边用水泥预制板围住，径流场和径流沟汇入径流槽进行观测，监测仪器使用 WGZ－1 光电数字自记水位计进行 24 h 连续观测。

（5）针阔混交林坡面径流场 003（0136145 _ JLC _ 005）

针阔混交林坡面径流场 003 建立于 1984 年，属永久型观测设施，观测面积为 100 m²，位于 114°33′11″E、27°35′7″N，海拔高度 264.02 m，平均坡度为 25°，土层厚度为 70 cm，为正南方向中坡位样地，主要群落类型为 30 年林龄杉木和鹅掌楸，起源为天然林。人工径流场设立于坡面较为平缓的地区，周边用水泥预制板围住，径流场和径流沟汇入径流槽进行观测，监测仪器使用 WGZ－1 光电数字自记水位计进行 24 h 连续观测。

（6）针阔混交林坡面径流场 004（0136145 _ JLC _ 006）

针阔混交林坡面径流场 004 建立于 1984 年，属永久型观测设施，观测面积为 100 m²，位于 114°33′11″E、27°35′7″N，海拔高度 264.02 m，平均坡度为 27°，土层厚度为 70 cm，为正南方向中坡位样地，主要群落类型为 30 年林龄杉木和鹅掌楸，起源为天然林。人工径流场设立于坡面较为平缓的地区，周边用水泥预制板围住，径流场和径流沟汇入径流槽进行观测，监测仪器使用WGZ－1光电数字自记水位计进行 24 h 连续观测。

（7）杉木林坡面径流场（0136145 _ JLC _ 007）

杉木林坡面径流场建立于 1992 年，属永久型观测设施，观测面积为 100 m²，位于 114°34′11″E、27°35′7″N，海拔高度 263.83 m，平均坡度为 18°，土层厚度为 70 cm，为西南方向中坡位样地，主要群落类型为 40 年林龄杉木，起源为人工林。人工径流场设立于坡面较为平缓的地区，周边用水泥预制板围住，径流场和径流沟汇入径流槽进行观测，监测仪器使用 WGZ－1 光电数字自记水位计进行 24 h 连续观测。

(8) 常绿阔叶林测流堰 (0136145 _ CLY _ 001)

常绿阔叶林测流堰建立于 1984 年，属永久型观测设施，集水区面积为 3.5 hm^2，位于 114°33′46″E、27°35′8″N，海拔高度 315.76 m，主要树种为 40 年林龄苦槠、丝栗栲，起源为天然林。人工测流堰槽建设在嵌套式流域出水口卡口处，配有 WGZ - 1 光电数字自记水位计进行 24 h 连续观测，长期、连续、定位观测嵌套式流域径流量、产沙量和地下水位等。

(9) 针阔混交林测流堰 (0136145 _ CLY _ 002)

针阔混交林测流堰建立于 1984 年，属永久型观测设施，集水区面积为 2.2 hm^2，位于 114°33′11″E、27°35′6″N，海拔高度 270.02 m，主要树种为 36 年林龄杉木、木荷、鹅掌楸，起源为天然林。人工测流堰槽建设在嵌套式流域出水口卡口处，配有 WGZ - 1 光电数字自记水位计进行 24 h 连续观测，长期、连续、定位观测嵌套式流域径流量、产沙量和地下水位等。

(10) 杉木纯林测流堰 (0136145 _ CLY _ 003)

杉木纯林测流堰建立于 2006 年，属永久型观测设施，集水区面积为 2.0 hm^2，位于 114°33′58″E、27°35′5″N，海拔高度 271.31 m，主要树种为 30 年林杉木，起源为人工林。人工测流堰槽建设在嵌套式流域出水口卡口处，配有 WGZ - 1 光电数字自记水位计进行 24 h 连续观测，长期、连续、定位观测嵌套式流域径流量、产沙量和地下水等。

(11) 多林型综合测流堰 (0136145 _ CLY _ 004)

多林型综合测流堰建立于 2002 年，属永久型观测设施，集水区面积为 41.3 hm^2，位于 114°33′52E、27°35′10″N，海拔高度 266.37 m，主要树种有 35 年林龄苦槠、丝栗栲、木荷、鹅掌楸、毛竹，起源为天然林。该测流堰同时定位观测多种林型共同作用下的域径流量、产沙量和地下水等数据，确定地下水位动态变化因素，为解释流域尺度内森林生态系统对集水区和径流的调蓄作用，以及理解森林流域的水文过程机理和累积效应提供科学依据。

(12) 人工气候室 (0136145 _ SS _ 001)

人工气候室建立于 2011 年，设施面积为 100 m^2，气候室的长、宽、高均为 2.0 m，样地位于 114°34′13″E、27°34′36″N，海拔高度 206.88 m，设计使用年限 20 年，由控制器、温湿度标准人工气候室调控系统、补光系统和气体调配系统等组成。人工气候室的温度控制范围为－10～50 ℃、湿度控制范围为 30%～95%、光照度控制范围为 5～100klx、CO_2 浓度控制范围为 300～2 000 μmol/mol，已实现了对温湿度范围的调控。通过设置温度、水分、CO_2、光照度等要素的交互作用梯度，从植被叶片水平和植株尺度，研究植物在气候变化下生理生态指标的变化，揭示植物碳-氮-水循环的关键生物过程对气候变化的响应和适应性机制。

(13) 地面标准气象观测场 (0136145 _ SS _ 002)

地面标准气象观测场建立于 2006 年，设施面积为 625 m^2，样地位于 114°34′11″E、27°34′36″N，海拔高度 212.06 m，属永久型观测设施，配备有数据采集器、雨滴谱仪、空气负离子监测仪、雨量筒及温控、光控、气控等设备，每天 24 h 监测各种常规气象因素的观测，包括气温、气压、风速、风向、太阳辐射、空气湿度、降水量、日照时数、土壤温度、二氧化碳浓度、空气负离子浓度等，所有传感器均属智能传感器，可进行无线传输、电脑编程及标定等过程 (图 2 - 3)。长期连续观测的气象数据集主要应用于国家重大项目课题的研究中。

(14) 毛竹林水量平衡场 (0136145 _ SS _ 003)

毛竹林水量平衡场建立于 2008 年，属永久型观测设施，设施面积为 121 m^2，配有水位计和自动雨量计，位于 114°33′34″E、27°35′13″N，海拔高度 350.4 m，主要观测内容包括毛竹林地表径流、壤中流、基流、降水量、地表蒸发量。

(15) 常绿阔叶林综合观测铁塔 (0136145 _ SS _ 004)

常绿阔叶林综合观测铁塔建立于 2008 年，设计使用年限为 20 年，设施面积为 4 m^2，塔高 35 m，

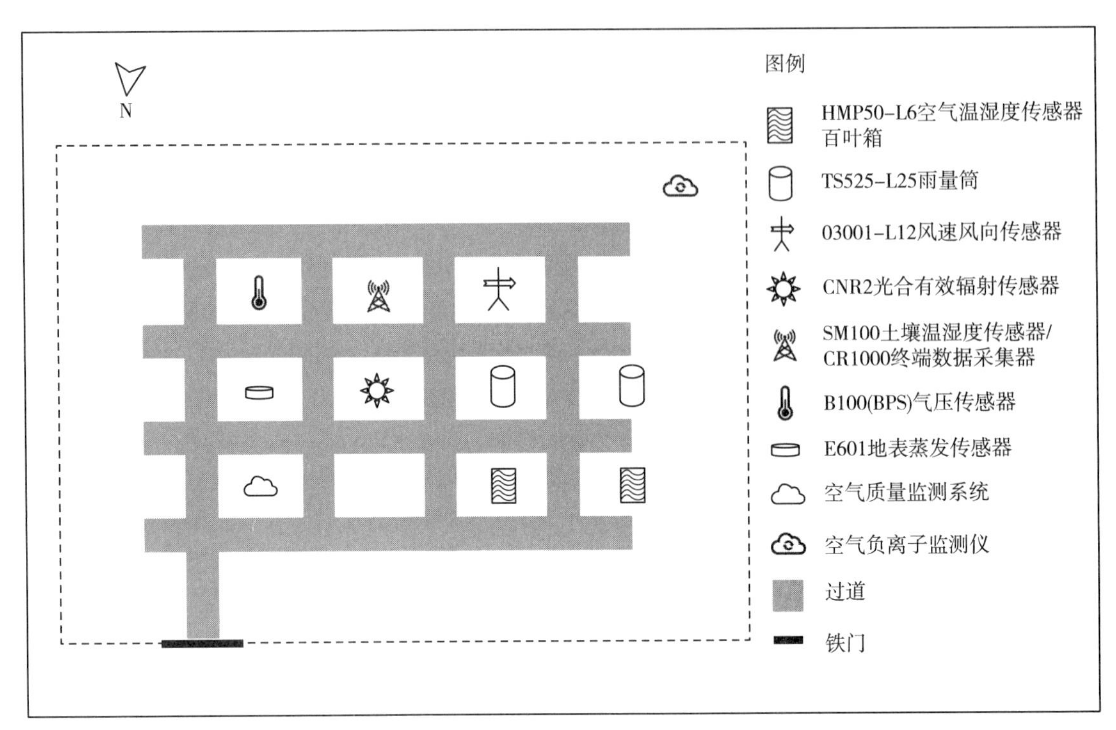

图 2-3 地面标准气象观测场布局示意

位于 114°33′23″E、27°35′7″N，海拔高度 297.33 m，配有 LAS 发射端、涡度相关系统和梯度气象站，主要观测内容为常绿阔叶林蒸散量、碳通量和梯度气象因素。

（16）毛竹林综合观测铁塔（0136145 _ SS _ 005）

毛竹林综合观测铁塔建立于 2008 年，设计使用年限为 20 年，设施面积为 4 m^2，塔高 30 m，位于 114°33′59″E、27°35′10″N，海拔高度 283.69 m，配有 LAS 发射端和涡度相关系统，主要观测内容为毛竹林蒸散量和碳通量。

（17）杉木林综合观测铁塔（0136145 _ SS _ 006）

杉木林综合观测铁塔建立于 2008 年，设计使用年限为 20 年，设施面积为 4 m^2，塔高 30 m，位于 114°34′11″E、27°35′7″N，海拔高度 263.83 m，配有涡度相关系统，主要观测内容为杉木林碳通量。

第3章

长期监测数据集

3.1 水分监测数据

3.1.1 土壤水分数据集

（1）概述

本数据集为大岗山国家野外站常绿阔叶林、杉木人工林、毛竹林综合观测场样地剖面 2006—2015 年不同深度（0～20 cm、>20～40 cm、>40～60 cm）土壤水分（质量含水量、体积含水量）数据。其中，常绿阔叶林综合观测场 1 号样地包括常绿阔叶混交林长期样地 001（0136145 _ YD _ 003）和 002（0136145 _ YD _ 004）；常绿阔叶林综合观测场 2 号样地包括常绿阔叶纯林永久样地 004（0136145 _ YD _ 006）和 005（0136145 _ YD _ 007）；杉木人工林综合观测场 1 号样地包括杉木林永久样地 001（0136145 _ YD _ 001）和杉木纯林长期样地 002（0136145 _ YD _ 002）；杉木人工林综合观测场 2 号样地包括杉木纯林长期样地 003（0136145 _ YD _ 016）和 004（0136145 _ YD _ 017）；毛竹林综合观测场 1 号样地包括毛竹林长期样地 001（0136145 _ YD _ 023）和 002（0136145 _ YD _ 024）。

（2）数据采集和处理方法

土壤质量含水量测定参照中华人民共和国国家标准《森林生态系统长期定位观测方法》（GB/T 33027—2016），在典型森林植被坡顶、坡中和坡底分别设置一个观测样地，每个观测样地大小为 10 m×10 m，在每个观测样地内设置 3 个观测点，观测点位置沿观测样地对角线均匀分布。按 0～20 cm、>20～40 cm、>40～60 cm 取土壤样品，土样混合均匀放入铝盒中，带回室内测定含水量。取干燥铝盒称重后，加土约 5 g 于铝盒中称重。将铝盒放入烘箱，在 105 ℃±5 ℃烘干至恒重后取出，放入干燥器内，冷却 20 min 可称重，频率为每月 2 次，按样地计算月平均数据。

$$Q=\frac{W_2-W_3}{W_3-W_1}$$

式中：Q 为土壤含水量，%；W_1 为干燥铝盒重，g；W_2 为加入土样后铝盒重，g；W_3 为烘干冷却后的已加入土样铝盒重，g。

体积含水量数据采用 TDR 法观测，频率为每月 2 次，按样地计算月平均数据。观测深度根据土壤层最大土层深度确定，安装 TRIME - PICO32 型 TDR 土壤水分传感器后，把时域反射仪的探头放入观测管内，测量不同深度土壤含水量。

（3）数据质量控制和评估

每个样地，每个深度测定三组平行数据，取平均值作为该样地含水量的最终结果，并计算标准误差。部分月份样品存在人为取样差异，导致观测层次有所不同；且由于样品在试验过程中存在运输保存不当等人为因素，导致部分月份数据存在缺失。

（4）数据

具体土壤水分数据见表 3 - 1 至表 3 - 10。

表 3-1 常绿阔叶林综合观测场 1 号样地土壤质量含水量

单位：%

时间（年-月）	0～20 cm	>20～40 cm	>40～60 cm
2006-01	40.03	40.49	—
2006-02	40.33	43.65	—
2006-03	43.89	51.29	—
2006-04	40.15	47.08	—
2006-05	42.96	46.40	—
2006-06	42.07	42.52	—
2006-07	43.02	45.85	—
2006-08	38.55	45.27	—
2006-09	37.33	43.90	—
2006-10	44.47	46.46	—
2006-11	47.01	47.37	—
2006-12	47.21	47.60	—
2008-01	47.74	49.32	40.84
2008-02	44.06	46.65	45.08
2008-03	41.56	41.32	40.11
2008-04	46.45	49.12	49.99
2008-05	45.89	48.67	50.93
2008-06	46.06	47.63	43.10
2008-07	41.03	43.75	45.12
2008-08	42.81	44.01	43.23
2008-09	42.62	44.64	43.42
2008-10	44.54	46.79	45.59
2008-11	47.77	47.90	44.49
2008-12	46.69	46.96	44.22
2010-01	42.30	46.32	49.28
2010-02	44.55	45.93	45.91
2010-03	43.73	45.48	41.18
2010-04	45.88	46.15	45.47
2010-05	43.42	46.65	42.89
2010-06	41.31	42.33	40.08
2010-07	42.52	44.36	43.85
2010-08	39.55	44.76	41.29
2010-09	43.79	52.36	49.21
2010-10	43.11	43.09	43.80

（续）

时间（年-月）	0～20 cm	>20～40 cm	>40～60 cm
2010 - 11	38.18	39.53	38.49
2010 - 12	35.90	37.71	39.96
2012 - 01	37.30	42.32	39.28
2012 - 02	48.55	49.93	45.91
2012 - 03	40.73	41.48	41.18
2012 - 04	38.88	39.15	40.47
2012 - 05	43.42	45.65	41.89
2012 - 06	40.31	41.33	40.08
2012 - 07	37.52	39.36	38.85
2012 - 08	44.55	44.76	42.29
2012 - 09	43.79	44.36	49.21
2012 - 10	44.11	43.09	46.80
2012 - 11	38.18	35.53	38.49
2012 - 12	35.90	37.71	39.96
2014 - 01	41.93	42.50	39.83
2014 - 02	41.36	41.58	41.56
2014 - 03	47.25	47.06	46.31
2014 - 04	43.70	45.14	43.49
2014 - 05	38.92	40.08	40.69
2014 - 06	42.85	46.11	44.73
2014 - 07	43.49	44.42	43.06
2014 - 08	42.25	43.21	41.98
2014 - 09	43.81	45.04	43.71
2014 - 10	41.63	45.43	46.01
2014 - 11	38.47	39.62	39.40
2014 - 12	39.61	38.69	34.38

表 3 - 2　常绿阔叶林综合观测场 2 号样地土壤质量含水量

单位：%

时间（年-月）	0～20 cm	>20～40 cm	>40～60 cm
2006 - 01	43.38	44.38	42.74
2006 - 02	35.45	39.79	39.79
2006 - 03	41.65	42.31	41.76

（续）

时间（年-月）	0～20 cm	＞20～40 cm	＞40～60 cm
2006-04	41.71	43.98	44.94
2006-05	40.83	43.16	40.88
2006-06	—	—	—
2006-07	41.87	41.46	44.80
2006-08	36.68	38.90	40.63
2006-09	37.78	42.76	40.30
2006-10	35.21	35.20	38.28
2006-11	38.63	40.59	41.85
2006-12	—	—	—
2008-01	43.85	40.71	39.74
2008-02	40.22	42.02	44.16
2008-03	37.68	40.29	40.39
2008-04	37.33	40.24	40.26
2008-05	40.44	41.36	40.91
2008-06	41.30	42.21	39.27
2008-07	40.67	43.16	45.93
2008-08	35.48	36.79	35.64
2008-09	36.85	42.04	39.17
2008-10	38.04	39.18	43.69
2008-11	39.12	40.69	41.85
2008-12	34.17	39.26	40.64
2010-01	44.59	44.66	46.00
2010-02	38.39	37.20	39.79
2010-03	45.62	45.47	43.51
2010-04	43.15	43.04	49.05
2010-05	44.30	43.93	40.55
2010-06	42.01	44.76	46.28
2010-07	42.22	43.93	44.93
2010-08	43.73	46.27	47.33
2010-09	41.43	37.78	34.77
2010-10	42.60	45.53	43.27
2010-11	39.99	39.55	42.03
2010-12	40.52	46.88	39.32

（续）

时间（年-月）	0～20 cm	>20～40 cm	>40～60 cm
2012-01	47.59	44.66	48.00
2012-02	48.39	47.20	49.79
2012-03	45.62	45.47	43.51
2012-04	46.15	43.04	45.05
2012-05	44.30	43.93	40.55
2012-06	42.01	44.76	41.28
2012-07	44.22	43.93	44.93
2012-08	43.73	46.27	47.33
2012-09	41.43	37.78	44.77
2012-10	42.60	45.53	43.27
2012-11	39.99	39.55	42.03
2012-12	40.52	46.88	39.32
2014-01	41.07	42.79	44.46
2014-02	38.71	43.39	43.53
2014-03	42.14	43.23	44.31
2014-04	42.46	45.71	42.49
2014-05	39.61	41.94	40.81
2014-06	37.04	41.77	39.42
2014-07	44.34	44.80	44.27
2014-08	41.99	42.63	44.91
2014-09	43.41	45.27	40.42
2014-10	46.43	47.34	38.95
2014-11	45.69	43.82	44.53
2014-12	42.71	39.08	38.55

表 3-3　杉木人工林综合观测场 1 号样地土壤质量含水量

单位:%

时间（年-月）	0～20 cm	>20～40 cm	>40～60 cm
2006-01	43.26	45.36	41.24
2006-02	40.14	42.97	43.41
2006-03	41.65	41.76	38.12
2006-04	41.71	44.94	37.22
2006-05	40.83	40.88	42.06

（续）

时间（年-月）	0～20 cm	>20～40 cm	>40～60 cm
2006-06	—	—	—
2006-07	41.03	39.07	40.33
2006-08	38.93	41.34	39.10
2006-09	38.42	39.70	40.65
2006-10	38.19	39.87	38.24
2006-11	38.68	39.12	40.72
2006-12	—	—	—
2008-01	41.31	43.68	37.27
2008-02	44.77	44.43	44.77
2008-03	43.13	46.33	44.51
2008-04	40.86	38.93	38.67
2008-05	40.96	42.04	43.17
2008-06	36.05	37.96	34.00
2008-07	40.11	39.51	38.08
2008-08	36.51	39.22	40.53
2008-09	43.28	38.14	41.44
2008-10	39.58	42.54	41.64
2008-11	39.46	42.61	39.39
2008-12	37.88	37.16	38.08
2010-01	40.42	38.25	35.19
2010-02	41.96	43.28	37.40
2010-03	37.91	38.43	40.14
2010-04	41.25	38.77	37.65
2010-05	38.69	36.74	38.80
2010-06	39.04	43.05	43.38
2010-07	41.67	42.56	42.10
2010-08	42.53	44.83	42.15
2010-09	36.86	40.33	36.75
2010-10	36.44	38.22	36.23
2010-11	36.68	40.65	39.64
2010-12	37.69	38.54	37.61
2012-01	40.42	38.25	35.19
2012-02	41.96	43.28	37.40

（续）

时间（年-月）	0～20 cm	>20～40 cm	>40～60 cm
2012-03	37.91	38.43	40.14
2012-04	41.25	41.77	42.65
2012-05	38.69	40.74	39.80
2012-06	38.04	39.05	40.38
2012-07	41.67	42.56	40.10
2012-08	42.53	44.83	42.15
2012-09	36.86	40.33	36.75
2012-10	37.44	38.22	36.23
2012-11	36.68	40.65	36.64
2012-12	37.69	38.54	37.61
2014-01	38.24	42.17	42.12
2014-02	38.88	40.51	41.67
2014-03	43.70	45.06	45.60
2014-04	41.88	41.74	40.42
2014-05	38.81	42.00	38.21
2014-06	36.84	40.37	37.20
2014-07	41.21	42.37	40.65
2014-08	43.20	42.17	38.43
2014-09	39.86	36.80	37.69
2014-10	37.67	36.43	36.31
2014-11	40.35	40.61	36.53
2014-12	42.35	36.45	37.60

表 3-4　杉木人工林综合观测场 2 号样地土壤质量含水量

单位：%

时间（年-月）	0～20 cm	>20～40 cm	>40～60 cm
2006-01	39.28	38.00	—
2006-02	36.10	40.32	—
2006-03	36.42	38.01	—
2006-04	37.22	43.98	—
2006-05	42.21	44.01	—
2006-06	—	—	—
2006-07	39.26	41.99	—

（续）

时间（年-月）	0～20 cm	>20～40 cm	>40～60 cm
2006-08	37.41	43.23	—
2006-09	36.76	35.19	33.95
2006-10	37.33	44.59	41.64
2006-11	41.47	42.60	40.79
2006-12	—	—	—
2008-01	38.99	42.87	41.30
2008-02	38.16	37.20	37.82
2008-03	36.67	38.67	39.73
2008-04	35.59	37.59	37.66
2008-05	40.46	36.59	44.48
2008-06	35.39	36.66	34.55
2008-07	39.25	41.77	39.01
2008-08	39.75	39.77	42.48
2008-09	42.68	40.64	40.36
2008-10	39.84	37.17	37.99
2008-11	39.75	43.22	42.33
2008-12	35.41	39.11	38.59
2010-01	37.56	41.14	38.76
2010-02	38.27	41.84	40.67
2010-03	41.82	41.51	37.27
2010-04	36.76	36.23	34.47
2010-05	37.15	34.62	36.63
2010-06	34.72	34.28	32.00
2010-07	34.56	36.31	37.78
2010-08	31.62	33.92	32.19
2010-09	37.27	41.73	37.55
2010-10	32.50	33.46	29.45
2010-11	33.68	37.59	37.92
2010-12	27.02	28.44	26.34
2012-01	37.56	41.14	38.76
2012-02	34.27	41.84	33.67
2012-03	41.82	41.51	37.27
2012-04	36.76	36.23	34.47

（续）

时间（年-月）	0～20 cm	>20～40 cm	>40～60 cm
2012-05	37.15	44.62	36.63
2012-06	44.72	44.28	42.00
2012-07	34.56	36.31	32.78
2012-08	20.62	20.92	22.19
2012-09	27.27	31.73	37.55
2012-10	32.50	33.46	29.45
2012-11	33.68	37.59	27.92
2012-12	27.02	31.44	26.34
2014-01	27.51	25.18	22.68
2014-02	38.51	40.42	34.61
2014-03	35.34	38.94	38.96
2014-04	36.23	36.62	38.09
2014-05	41.28	43.39	36.76
2014-06	39.52	37.32	35.41
2014-07	35.95	36.80	39.26
2014-08	35.80	37.82	40.21
2014-09	42.09	42.30	37.64
2014-10	33.87	39.74	34.94
2014-11	42.41	36.94	34.86
2014-12	36.77	38.89	34.86

表 3-5　毛竹林综合观测场 1 号样地土壤质量含水量

单位：%

时间（年-月）	0～20 cm	>20～40 cm	>40～60 cm
2006-01	38.34	40.48	—
2006-02	40.01	40.95	—
2006-03	39.95	41.46	—
2006-04	35.71	36.13	—
2006-05	19.98	21.73	—
2006-06	—	—	—
2006-07	35.71	36.48	—
2006-08	39.68	40.29	—
2006-09	39.51	41.37	41.14

（续）

时间（年-月）	0～20 cm	>20～40 cm	>40～60 cm
2006-10	41.88	42.00	37.36
2006-11	34.43	44.36	36.29
2006-12	—	—	—
2008-01	36.37	39.74	40.67
2008-02	37.69	41.01	40.98
2008-03	38.45	36.70	40.56
2008-04	32.98	33.75	29.85
2008-05	38.99	38.15	35.62
2008-06	31.28	36.14	35.94
2008-07	30.87	34.92	33.16
2008-08	35.84	35.90	32.10
2008-09	40.03	41.88	35.72
2008-10	38.01	43.78	40.32
2008-11	44.58	44.31	41.50
2008-12	38.42	39.17	38.64
2010-01	40.38	41.08	38.87
2010-02	34.99	37.95	32.07
2010-03	39.78	38.15	39.59
2010-04	36.76	36.23	34.47
2010-05	31.73	34.11	35.86
2010-06	35.12	37.34	40.68
2010-07	41.40	44.69	41.91
2010-08	42.28	45.57	40.60
2010-09	37.56	40.62	39.86
2010-10	29.15	31.03	29.82
2010-11	22.30	25.30	25.78
2010-12	19.16	25.55	28.54
2012-01	30.38	31.08	18.87
2012-02	34.99	37.95	32.07
2012-03	39.78	38.15	39.59
2012-04	38.55	38.38	41.07
2012-05	41.73	44.11	45.86
2012-06	35.12	37.34	35.68

（续）

时间（年-月）	0～20 cm	>20～40 cm	>40～60 cm
2012-07	31.40	34.69	31.91
2012-08	42.28	45.57	40.60
2012-09	36.56	37.62	37.86
2012-10	29.15	31.03	29.82
2012-11	22.30	25.30	25.78
2012-12	29.16	35.55	28.54
2014-01	38.23	43.27	34.11
2014-02	35.15	39.17	36.43
2014-03	36.76	35.36	33.65
2014-04	34.76	36.52	37.65
2014-05	34.43	37.26	36.10
2014-06	33.02	26.91	28.75
2014-07	33.45	32.34	28.24
2014-08	36.67	36.72	31.68
2014-09	35.91	36.83	37.58
2014-10	38.41	35.02	40.25
2014-11	41.27	41.41	43.72
2014-12	38.02	38.97	38.30

表3-6 常绿阔叶林综合观测场1号样地土壤体积含水量

时间（年-月）	探测深度范围/cm	体积含水量/%	重复数	标准差
2006-01	0～10	50.04	3	0.10
	>10～30	50.61	3	0.09
2006-02	0～10	50.41	3	0.07
	>10～30	54.56	3	0.04
2006-03	0～10	52.86	3	0.07
	>10～30	51.11	3	0.05
2006-04	0～10	50.19	3	0.06
	>10～30	51.85	3	0.06
2006-05	0～10	51.70	3	0.04
	>10～30	54.00	3	0.03
2006-07	0～10	52.59	3	0.25

（续）

时间（年-月）	探测深度范围/cm	体积含水量/%	重复数	标准差
2006-07	>10～30	53.15	3	0.08
2006-08	0～10	53.78	3	0.14
	>10～30	51.31	3	0.17
2006-09	0～20	48.19	3	0.06
	>20～40	50.59	3	0.07
2006-10	0～20	46.66	3	0.09
	>20～40	54.88	3	0.18
2006-11	0～20	52.59	3	0.20
	>20～40	54.08	3	0.04
2008-01	0～20	51.68	3	0.08
	>20～40	51.65	3	0.07
	>40～60	51.05	3	0.01
2008-02	0～20	54.08	3	0.06
	>20～40	53.31	3	0.13
	>40～60	52.35	3	0.10
2008-03	0～20	51.95	3	0.05
	>20～40	51.65	3	0.13
	>40～60	50.14	3	0.08
2008-04	0～20	55.06	3	0.12
	>20～40	53.40	3	0.13
	>40～60	52.49	3	0.10
2008-05	0～20	57.36	3	0.03
	>20～40	54.84	3	0.03
	>40～60	52.66	3	0.04
2008-06	0～20	57.58	3	0.08
	>20～40	54.54	3	0.08
	>40～60	53.88	3	0.09
2008-07	0～20	51.29	3	0.09
	>20～40	54.69	3	0.04
	>40～60	55.40	3	0.11
2008-08	0～20	53.51	3	0.09
	>20～40	55.01	3	0.05
	>40～60	54.04	3	0.06

（续）

时间（年-月）	探测深度范围/cm	体积含水量/%	重复数	标准差
2008-09	0～20	53.28	3	0.03
	>20～40	54.80	3	0.05
	>40～60	53.28	3	0.13
2008-10	0～20	52.68	3	0.06
	>20～40	54.49	3	0.10
	>40～60	53.99	3	0.24
2008-11	0～20	52.71	3	0.06
	>20～40	54.88	3	0.03
	>40～60	53.61	3	0.06
2008-12	0～20	53.36	3	0.02
	>20～40	53.70	3	0.03
	>40～60	52.28	3	0.09
2010-01	0～20	52.88	3	0.17
	>20～40	54.90	3	0.12
	>40～60	52.60	3	0.14
2010-02	0～20	51.69	3	0.13
	>20～40	54.41	3	0.12
	>40～60	53.39	3	0.07
2010-03	0～20	52.66	3	0.13
	>20～40	56.85	3	0.08
	>40～60	51.48	3	0.09
2010-04	0～20	52.35	3	0.11
	>20～40	54.69	3	0.11
	>40～60	53.84	3	0.07
2010-05	0～20	52.28	3	0.07
	>20～40	55.31	3	0.19
	>40～60	53.61	3	0.10
2010-06	0～20	51.64	3	0.06
	>20～40	52.91	3	0.09
	>40～60	50.10	3	0.15
2010-07	0～20	53.15	3	0.03
	>20～40	54.45	3	0.03
	>40～60	52.81	3	0.01

（续）

时间（年-月）	探测深度范围/cm	体积含水量/%	重复数	标准差
2010-08	0～20	49.44	3	0.15
	>20～40	55.95	3	0.08
	>40～60	51.61	3	0.11
2010-09	0～20	54.74	3	0.03
	>20～40	55.45	3	0.13
	>40～60	51.51	3	0.23
2010-10	0～20	53.89	3	0.08
	>20～40	53.86	3	0.09
	>40～60	54.75	3	0.09
2010-11	0～20	47.73	3	0.03
	>20～40	49.41	3	0.02
	>40～60	48.11	3	0.00
2010-12	0～20	44.88	3	0.07
	>20～40	47.14	3	0.08
	>40～60	49.95	3	0.12
2012-01	0～20	46.63	3	0.17
	>20～40	52.90	3	0.12
	>40～60	49.10	3	0.14
2012-02	0～20	50.69	3	0.13
	>20～40	52.41	3	0.12
	>40～60	47.39	3	0.07
2012-03	0～20	50.91	3	0.13
	>20～40	51.85	3	0.08
	>40～60	51.48	3	0.09
2012-04	0～20	48.60	3	0.11
	>20～40	48.94	3	0.11
	>40～60	50.59	3	0.07
2012-05	0～20	54.28	3	0.07
	>20～40	51.06	3	0.19
	>40～60	52.36	3	0.10
2012-06	0～20	50.39	3	0.06
	>20～40	51.66	3	0.09
	>40～60	50.10	3	0.15

（续）

时间（年-月）	探测深度范围/cm	体积含水量/%	重复数	标准差
2012-07	0～20	46.90	3	0.03
	>20～40	49.20	3	0.03
	>40～60	48.56	3	0.01
2012-08	0～20	55.69	3	0.15
	>20～40	55.95	3	0.08
	>40～60	52.86	3	0.11
2012-09	0～20	54.74	3	0.03
	>20～40	55.45	3	0.13
	>40～60	51.51	3	0.23
2012-10	0～20	55.14	3	0.08
	>20～40	53.86	3	0.09
	>40～60	51.50	3	0.09
2012-11	0～20	47.73	3	0.03
	>20～40	44.41	3	0.02
	>40～60	48.11	3	0.00
2012-12	0～20	44.88	3	0.07
	>20～40	47.14	3	0.08
	>40～60	49.95	3	0.12
2014-01	0～20	52.41	3	0.07
	>20～40	53.13	3	0.04
	>40～60	49.79	3	0.07
2014-02	0～20	51.70	3	0.05
	>20～40	51.98	3	0.06
	>40～60	51.95	3	0.02
2014-03	0～20	55.06	3	0.04
	>20～40	53.83	3	0.10
	>40～60	52.89	3	0.02
2014-04	0～20	54.63	3	0.03
	>20～40	53.43	3	0.03
	>40～60	54.36	3	0.01
2014-05	0～20	48.65	3	0.02
	>20～40	50.10	3	0.01
	>40～60	50.86	3	0.03

（续）

时间（年-月）	探测深度范围/cm	体积含水量/%	重复数	标准差
2014-06	0~20	53.56	3	0.06
	>20~40	53.64	3	0.06
	>40~60	55.91	3	0.06
2014-07	0~20	54.36	3	0.02
	>20~40	54.53	3	0.02
	>40~60	53.83	3	0.01
2014-08	0~20	52.81	3	0.07
	>20~40	54.01	3	0.04
	>40~60	52.48	3	0.03
2014-09	0~20	51.76	3	0.04
	>20~40	54.30	3	0.05
	>40~60	54.64	3	0.01
2014-10	0~20	52.04	3	0.05
	>20~40	52.79	3	0.08
	>40~60	51.51	3	0.22
2014-11	0~20	48.09	3	0.01
	>20~40	49.53	3	0.03
	>40~60	49.25	3	0.03
2014-12	0~20	49.51	3	0.02
	>20~40	48.36	3	0.04
	>40~60	42.98	3	0.13

表 3-7 常绿阔叶林综合观测场 2 号样地土壤体积含水量

时间（年-月）	探测深度范围/cm	体积含水量/%	重复数	标准差
2006-01	0~20	54.09	3	0.06
	>20~40	52.36	3	0.09
	>40~60	51.28	3	0.06
2006-02	0~20	45.02	3	0.06
	>20~40	50.53	3	0.09
	>40~60	50.53	3	0.06
2006-03	0~20	52.90	3	0.07
	>20~40	53.73	3	0.06

（续）

时间（年-月）	探测深度范围/cm	体积含水量/%	重复数	标准差
2006-03	>40～60	53.04	3	0.07
2006-04	0～20	52.97	3	0.07
	>20～40	54.85	3	0.06
	>40～60	53.07	3	0.06
2006-05	0～20	51.85	3	0.04
	>20～40	54.81	3	0.03
	>40～60	51.92	3	0.03
2006-07	0～20	50.96	3	0.09
	>20～40	—	3	0.16
	>40～60	—	3	0.11
2006-08	0～20	53.17	3	0.08
	>20～40	52.65	3	0.10
	>40～60	51.90	3	0.15
2006-09	0～20	46.58	3	0.03
	>20～40	49.40	3	0.01
	>40～60	51.60	3	0.01
2006-10	0～20	47.98	3	0.23
	>20～40	52.31	3	0.05
	>40～60	51.18	3	0.26
2006-11	0～20	44.72	3	0.02
	>20～40	44.70	3	0.23
	>40～60	48.62	3	0.14
2008-01	0～20	50.69	3	0.07
	>20～40	51.70	3	0.04
	>40～60	50.47	3	0.04
2008-02	0～20	51.08	3	0.05
	>20～40	50.37	3	0.04
	>40～60	52.08	3	0.10
2008-03	0～20	47.85	3	0.09
	>20～40	51.17	3	0.02
	>40～60	51.30	3	0.04
2008-04	0～20	47.41	3	0.03
	>20～40	51.10	3	0.02

（续）

时间（年-月）	探测深度范围/cm	体积含水量/%	重复数	标准差
2008-04	>40～60	51.13	3	0.04
2008-05	0～20	51.36	3	0.04
	>20～40	52.53	3	0.05
	>40～60	51.96	3	0.03
2008-06	0～20	52.45	3	0.05
	>20～40	53.61	3	0.07
	>40～60	49.87	3	0.04
2008-07	0～20	51.65	3	0.09
	>20～40	54.81	3	0.08
	>40～60	54.33	3	0.03
2008-08	0～20	45.06	3	0.04
	>20～40	46.72	3	0.02
	>40～60	45.26	3	0.01
2008-09	0～20	46.80	3	0.04
	>20～40	53.39	3	0.03
	>40～60	49.75	3	0.15
2008-10	0～20	48.31	3	0.05
	>20～40	49.76	3	0.07
	>40～60	50.49	3	0.16
2008-11	0～20	49.68	3	0.06
	>20～40	51.68	3	0.03
	>40～60	53.15	3	0.05
2008-12	0～20	43.40	3	0.02
	>20～40	49.86	3	0.08
	>40～60	51.61	3	0.03
2010-01	0～20	54.63	3	0.16
	>20～40	53.72	3	0.11
	>40～60	54.42	3	0.09
2010-02	0～20	48.76	3	0.03
	>20～40	47.24	3	0.07
	>40～60	50.53	3	0.07
2010-03	0～20	53.94	3	0.12
	>20～40	51.75	3	0.07

（续）

时间（年-月）	探测深度范围/cm	体积含水量/%	重复数	标准差
2010-03	>40～60	50.26	3	0.10
2010-04	0～20	54.80	3	0.12
	>20～40	54.66	3	0.04
	>40～60	52.29	3	0.02
2010-05	0～20	53.26	3	0.05
	>20～40	52.79	3	0.06
	>40～60	51.50	3	0.14
2010-06	0～20	53.35	3	0.16
	>20～40	53.85	3	0.04
	>40～60	51.78	3	0.07
2010-07	0～20	53.62	3	0.03
	>20～40	52.79	3	0.03
	>40～60	52.06	3	0.03
2010-08	0～20	54.54	3	0.10
	>20～40	53.76	3	0.15
	>40～60	50.11	3	0.08
2010-09	0～20	52.62	3	0.03
	>20～40	47.98	3	0.08
	>40～60	44.16	3	0.04
2010-10	0～20	54.10	3	0.09
	>20～40	54.82	3	0.04
	>40～60	54.95	3	0.02
2010-11	0～20	50.79	3	0.01
	>20～40	50.23	3	0.03
	>40～60	53.38	3	0.01
2010-12	0～20	51.46	3	0.03
	>20～40	59.54	3	0.03
	>40～60	49.94	3	0.05
2012-01	0～20	50.44	3	0.16
	>20～40	54.72	3	0.11
	>40～60	50.96	3	0.09
2012-02	0～20	51.46	3	0.03
	>20～40	54.94	3	0.07

（续）

时间（年-月）	探测深度范围/cm	体积含水量/%	重复数	标准差
2012-02	>40～60	53.23	3	0.07
2012-03	0～20	51.94	3	0.12
	>20～40	55.75	3	0.07
	>40～60	54.26	3	0.10
2012-04	0～20	55.61	3	0.12
	>20～40	54.66	3	0.04
	>40～60	51.21	3	0.02
2012-05	0～20	54.26	3	0.05
	>20～40	54.79	3	0.06
	>40～60	51.50	3	0.14
2012-06	0～20	53.35	3	0.16
	>20～40	53.85	3	0.04
	>40～60	52.43	3	0.07
2012-07	0～20	54.16	3	0.03
	>20～40	53.79	3	0.03
	>40～60	54.06	3	0.03
2012-08	0～20	53.54	3	0.10
	>20～40	53.76	3	0.15
	>40～60	54.11	3	0.08
2012-09	0～20	53.62	3	0.03
	>20～40	47.98	3	0.08
	>40～60	51.86	3	0.04
2012-10	0～20	54.10	3	0.09
	>20～40	53.82	3	0.04
	>40～60	52.95	3	0.02
2012-11	0～20	50.79	3	0.01
	>20～40	50.23	3	0.03
	>40～60	53.38	3	0.01
2012-12	0～20	51.46	3	0.03
	>20～40	50.54	3	0.03
	>40～60	49.94	3	0.05
2014-01	0～20	52.16	3	0.04
	>20～40	52.34	3	0.03

（续）

时间（年-月）	探测深度范围/cm	体积含水量/%	重复数	标准差
2014-01	>40～60	51.46	3	0.04
2014-02	0～20	49.16	3	0.03
	>20～40	51.11	3	0.08
	>40～60	51.28	3	0.03
2014-03	0～20	51.52	3	0.07
	>20～40	51.90	3	0.02
	>40～60	52.27	3	0.03
2014-04	0～20	53.92	3	0.04
	>20～40	54.05	3	0.00
	>40～60	53.96	3	0.01
2014-05	0～20	50.30	3	0.03
	>20～40	53.26	3	0.02
	>40～60	51.83	3	0.01
2014-06	0～20	47.04	3	0.04
	>20～40	53.05	3	0.05
	>40～60	50.06	3	0.03
2014-07	0～20	54.31	3	0.01
	>20～40	53.90	3	0.02
	>40～60	53.22	3	0.02
2014-08	0～20	53.33	3	0.03
	>20～40	53.14	3	0.02
	>40～60	54.04	3	0.01
2014-09	0～20	55.13	3	0.01
	>20～40	54.49	3	0.01
	>40～60	51.33	3	0.03
2014-10	0～20	54.97	3	0.04
	>20～40	53.12	3	0.05
	>40～60	49.47	3	0.13
2014-11	0～20	54.03	3	0.05
	>20～40	54.65	3	0.06
	>40～60	53.55	3	0.05
2014-12	0～20	54.24	3	0.02
	>20～40	49.63	3	0.09
	>40～60	48.96	3	0.04

表 3-8 杉木人工林综合观测场 1 号样地土壤体积含水量

时间（年-月）	探测深度范围/cm	体积含水量/%	重复数	标准差
2006-01	0~20	51.48	3	0.00
	>20~40	50.98	3	0.06
	>40~60	47.08	3	0.06
2006-02	0~20	47.77	3	0.09
	>20~40	51.13	3	0.04
	>40~60	51.66	3	0.02
2006-03	0~20	49.56	3	0.06
	>20~40	49.69	3	0.07
	>40~60	45.36	3	0.05
2006-04	0~20	49.63	3	0.06
	>20~40	47.48	3	0.06
	>40~60	44.29	3	0.06
2006-05	0~20	48.59	3	0.03
	>20~40	48.65	3	0.03
	>40~60	50.05	3	0.03
2006-07	0~20	48.12	3	0.14
	>20~40	—	3	0.03
	>40~60	—	3	0.11
2006-08	0~20	48.83	3	0.18
	>20~40	46.49	3	0.01
	>40~60	47.99	3	0.17
2006-09	0~20	46.33	3	0.08
	>20~40	49.19	3	0.07
	>40~60	46.53	3	0.05
2006-10	0~20	45.72	3	0.32
	>20~40	47.24	3	0.04
	>40~60	48.37	3	0.15
2006-11	0~20	45.45	3	0.08
	>20~40	47.45	3	0.12
	>40~60	45.51	3	0.27
2008-01	0~20	49.16	3	0.12
	>20~40	51.98	3	0.04
	>40~60	44.35	3	0.02

（续）

时间（年-月）	探测深度范围/cm	体积含水量/%	重复数	标准差
2008-02	0～20	52.28	3	0.06
	>20～40	49.87	3	0.03
	>40～60	47.28	3	0.03
2008-03	0～20	49.32	3	0.13
	>20～40	51.13	3	0.08
	>40～60	50.97	3	0.07
2008-04	0～20	48.62	3	0.09
	>20～40	46.33	3	0.06
	>40～60	46.02	3	0.14
2008-05	0～20	48.74	3	0.10
	>20～40	50.03	3	0.06
	>40～60	51.37	3	0.04
2008-06	0～20	42.90	3	0.06
	>20～40	45.17	3	0.02
	>40～60	40.46	3	0.02
2008-07	0～20	47.73	3	0.15
	>20～40	47.02	3	0.10
	>40～60	45.32	3	0.07
2008-08	0～20	43.45	3	0.06
	>20～40	46.67	3	0.03
	>40～60	48.23	3	0.01
2008-09	0～20	51.50	3	0.02
	>20～40	45.39	3	0.01
	>40～60	49.31	3	0.02
2008-10	0～20	47.10	3	0.14
	>20～40	50.62	3	0.04
	>40～60	49.55	3	0.03
2008-11	0～20	46.96	3	0.03
	>20～40	50.71	3	0.15
	>40～60	46.87	3	0.04
2008-12	0～20	45.08	3	0.10
	>20～40	44.22	3	0.05
	>40～60	45.32	3	0.03

（续）

时间（年-月）	探测深度范围/cm	体积含水量/%	重复数	标准差
2010-01	0～20	48.10	3	0.14
	>20～40	45.52	3	0.12
	>40～60	41.88	3	0.04
2010-02	0～20	49.93	3	0.14
	>20～40	51.50	3	0.06
	>40～60	44.51	3	0.06
2010-03	0～20	45.11	3	0.09
	>20～40	45.73	3	0.04
	>40～60	47.77	3	0.05
2010-04	0～20	49.09	3	0.05
	>20～40	46.14	3	0.16
	>40～60	44.80	3	0.09
2010-05	0～20	46.04	3	0.01
	>20～40	43.72	3	0.02
	>40～60	46.17	3	0.02
2010-06	0～20	46.46	3	0.05
	>20～40	51.23	3	0.09
	>40～60	51.62	3	0.06
2010-07	0～20	49.59	3	0.07
	>20～40	50.65	3	0.06
	>40～60	50.10	3	0.04
2010-08	0～20	50.61	3	0.05
	>20～40	54.35	3	0.10
	>40～60	50.16	3	0.06
2010-09	0～20	43.86	3	0.03
	>20～40	47.99	3	0.05
	>40～60	43.73	3	0.10
2010-10	0～20	43.36	3	0.04
	>20～40	45.48	3	0.06
	>40～60	43.11	3	0.04
2010-11	0～20	43.65	3	0.02
	>20～40	48.37	3	0.06
	>40～60	47.17	3	0.02

（续）

时间（年-月）	探测深度范围/cm	体积含水量/%	重复数	标准差
2010-12	0～20	44.85	3	0.08
	>20～40	45.86	3	0.07
	>40～60	44.76	3	0.05
2012-01	0～20	48.10	3	0.14
	>20～40	45.52	3	0.12
	>40～60	41.88	3	0.04
2012-02	0～20	49.93	3	0.14
	>20～40	51.50	3	0.06
	>40～60	44.51	3	0.06
2012-03	0～20	45.11	3	0.09
	>20～40	45.73	3	0.04
	>40～60	47.77	3	0.05
2012-04	0～20	49.09	3	0.05
	>20～40	49.71	3	0.16
	>40～60	50.75	3	0.09
2012-05	0～20	46.04	3	0.01
	>20～40	48.48	3	0.02
	>40～60	47.36	3	0.02
2012-06	0～20	45.27	3	0.05
	>20～40	46.47	3	0.09
	>40～60	48.05	3	0.06
2012-07	0～20	49.59	3	0.07
	>20～40	50.65	3	0.06
	>40～60	47.72	3	0.04
2012-08	0～20	50.61	3	0.05
	>20～40	53.35	3	0.10
	>40～60	50.16	3	0.06
2012-09	0～20	43.86	3	0.03
	>20～40	47.99	3	0.05
	>40～60	43.73	3	0.10
2012-10	0～20	44.55	3	0.04
	>20～40	45.48	3	0.06
	>40～60	43.11	3	0.04

（续）

时间（年-月）	探测深度范围/cm	体积含水量/%	重复数	标准差
2012-11	0~20	43.65	3	0.02
	>20~40	48.37	3	0.06
	>40~60	43.60	3	0.02
2012-12	0~20	44.85	3	0.08
	>20~40	45.86	3	0.07
	>40~60	44.76	3	0.05
2014-01	0~20	45.51	3	0.03
	>20~40	50.18	3	0.07
	>40~60	50.12	3	0.07
2014-02	0~20	46.27	3	0.06
	>20~40	48.21	3	0.08
	>40~60	49.59	3	0.09
2014-03	0~20	52.00	3	0.11
	>20~40	49.62	3	0.06
	>40~60	47.26	3	0.06
2014-04	0~20	49.84	3	0.01
	>20~40	49.67	3	0.03
	>40~60	48.10	3	0.03
2014-05	0~20	46.18	3	0.02
	>20~40	49.98	3	0.01
	>40~60	45.47	3	0.04
2014-06	0~20	43.84	3	0.05
	>20~40	48.04	3	0.01
	>40~60	44.27	3	0.02
2014-07	0~20	49.04	3	0.12
	>20~40	50.42	3	0.02
	>40~60	48.37	3	0.02
2014-08	0~20	51.41	3	0.05
	>20~40	50.18	3	0.03
	>40~60	45.73	3	0.01
2014-09	0~20	47.43	3	0.03
	>20~40	43.79	3	0.05
	>40~60	44.85	3	0.03

（续）

时间（年-月）	探测深度范围/cm	体积含水量/%	重复数	标准差
2014-10	0～20	44.83	3	0.11
	>20～40	43.35	3	0.03
	>40～60	43.21	3	0.02
2014-11	0～20	48.02	3	0.03
	>20～40	48.33	3	0.02
	>40～60	43.47	3	0.06
2014-12	0～20	50.40	3	0.13
	>20～40	43.38	3	0.06
	>40～60	44.74	3	0.04

表 3-9　杉木人工林综合观测场 2 号样地土壤体积含水量

时间（年-月）	探测深度范围/cm	体积含水量/%	重复数	标准差
2006-01	0～10	45.96	3	0.06
	>10～30	44.46	3	0.04
2006-02	0～10	42.24	3	0.13
	>10～30	47.17	3	0.09
2006-03	0～10	42.61	3	0.07
	>10～30	44.47	3	0.05
2006-04	0～10	43.55	3	0.06
	>10～30	51.46	3	0.06
2006-05	0～10	49.39	3	0.04
	>10～30	51.49	3	0.03
2006-07	0～10	46.61	3	0.10
	>10～30	—	3	0.09
2006-08	0～10	45.93	3	0.14
	>10～30	49.13	3	0.10
2006-09	0～20	43.01	3	0.05
	>20～40	41.17	3	0.01
	>40～60	39.72	3	0.03
2006-10	0～20	48.52	3	0.17
	>20～40	49.84	3	0.46
	>40～60	47.72	3	0.31

（续）

时间（年-月）	探测深度范围/cm	体积含水量/%	重复数	标准差
2006-11	0～20	43.01	3	0.04
	>20～40	41.17	3	0.06
	>40～60	39.72	3	0.10
2008-01	0～20	44.65	3	0.13
	>20～40	43.52	3	0.07
	>40～60	44.25	3	0.13
2008-02	0～20	42.90	3	0.19
	>20～40	45.24	3	0.14
	>40～60	46.48	3	0.22
2008-03	0～20	41.64	3	0.15
	>20～40	43.98	3	0.15
	>40～60	44.06	3	0.12
2008-04	0～20	47.34	3	0.12
	>20～40	42.81	3	0.12
	>40～60	52.04	3	0.03
2008-05	0～20	41.41	3	0.05
	>20～40	42.89	3	0.06
	>40～60	40.42	3	0.02
2008-06	0～20	45.92	3	0.08
	>20～40	50.57	3	0.08
	>40～60	45.64	3	0.08
2008-07	0～20	46.51	3	0.21
	>20～40	46.53	3	0.22
	>40～60	49.70	3	0.11
2008-08	0～20	49.94	3	0.09
	>20～40	47.55	3	0.06
	>40～60	47.22	3	0.12
2008-09	0～20	46.61	3	0.08
	>20～40	43.49	3	0.08
	>40～60	44.45	3	0.12
2008-10	0～20	46.51	3	0.06
	>20～40	50.57	3	0.07
	>40～60	49.53	3	0.07

（续）

时间（年-月）	探测深度范围/cm	体积含水量/%	重复数	标准差
2008-11	0～20	41.43	3	0.16
	>20～40	45.76	3	0.03
	>40～60	45.15	3	0.24
2008-12	0～20	44.65	3	0.07
	>20～40	43.52	3	0.02
	>40～60	44.25	3	0.12
2010-01	0～20	43.95	3	0.22
	>20～40	48.13	3	0.06
	>40～60	45.35	3	0.33
2010-02	0～20	44.78	3	0.15
	>20～40	48.95	3	0.13
	>40～60	47.58	3	0.25
2010-03	0～20	48.93	3	0.11
	>20～40	48.57	3	0.13
	>40～60	43.61	3	0.22
2010-04	0～20	43.01	3	0.14
	>20～40	42.39	3	0.07
	>40～60	40.33	3	0.25
2010-05	0～20	43.47	3	0.08
	>20～40	40.51	3	0.16
	>40～60	42.86	3	0.15
2010-06	0～20	40.62	3	0.10
	>20～40	40.11	3	0.18
	>40～60	37.44	3	0.18
2010-07	0～20	40.44	3	0.08
	>20～40	42.48	3	0.16
	>40～60	44.20	3	0.16
2010-08	0～20	37.00	3	0.07
	>20～40	39.69	3	0.06
	>40～60	37.66	3	0.03
2010-09	0～20	43.61	3	0.12
	>20～40	48.82	3	0.06
	>40～60	43.93	3	0.00

（续）

时间（年-月）	探测深度范围/cm	体积含水量/%	重复数	标准差
2010-10	0～20	38.03	3	0.05
	>20～40	39.15	3	0.08
	>40～60	34.46	3	0.01
2010-11	0～20	39.41	3	0.02
	>20～40	43.98	3	0.02
	>40～60	44.37	3	0.02
2010-12	0～20	31.61	3	0.03
	>20～40	33.27	3	0.01
	>40～60	30.82	3	0.09
2012-01	0～20	43.95	3	0.22
	>20～40	48.13	3	0.06
	>40～60	45.35	3	0.33
2012-02	0～20	40.10	3	0.15
	>20～40	48.95	3	0.13
	>40～60	39.39	3	0.25
2012-03	0～20	48.93	3	0.11
	>20～40	48.57	3	0.13
	>40～60	43.61	3	0.22
2012-04	0～20	43.01	3	0.14
	>20～40	42.39	3	0.07
	>40～60	40.33	3	0.25
2012-05	0～20	43.47	3	0.08
	>20～40	52.21	3	0.16
	>40～60	42.86	3	0.15
2012-06	0～20	52.32	3	0.10
	>20～40	51.81	3	0.18
	>40～60	49.14	3	0.18
2012-07	0～20	40.44	3	0.08
	>20～40	42.48	3	0.16
	>40～60	38.35	3	0.16
2012-08	0～20	24.13	3	0.07
	>20～40	24.48	3	0.06
	>40～60	25.96	3	0.03

（续）

时间（年-月）	探测深度范围/cm	体积含水量/%	重复数	标准差
2012-09	0～20	31.91	3	0.12
	>20～40	37.12	3	0.06
	>40～60	43.93	3	0.00
2012-10	0～20	38.03	3	0.05
	>20～40	39.15	3	0.08
	>40～60	34.46	3	0.01
2012-11	0～20	39.41	3	0.02
	>20～40	43.98	3	0.02
	>40～60	32.67	3	0.02
2012-12	0～20	31.61	3	0.03
	>20～40	36.78	3	0.01
	>40～60	30.82	3	0.09
2014-01	0～20	32.19	3	0.07
	>20～40	29.46	3	0.04
	>40～60	26.54	3	0.06
2014-02	0～20	45.06	3	0.11
	>20～40	47.29	3	0.04
	>40～60	40.49	3	0.05
2014-03	0～20	41.35	3	0.12
	>20～40	45.56	3	0.12
	>40～60	45.58	3	0.05
2014-04	0～20	42.39	3	0.02
	>20～40	42.85	3	0.03
	>40～60	44.57	3	0.02
2014-05	0～20	48.30	3	0.02
	>20～40	50.77	3	0.05
	>40～60	43.01	3	0.01
2014-06	0～20	46.24	3	0.07
	>20～40	43.66	3	0.07
	>40～60	41.43	3	0.04
2014-07	0～20	42.06	3	0.06
	>20～40	43.06	3	0.03
	>40～60	45.93	3	0.01

（续）

时间（年-月）	探测深度范围/cm	体积含水量/%	重复数	标准差
2014-08	0～20	41.89	3	0.07
	>20～40	44.25	3	0.05
	>40～60	47.05	3	0.01
2014-09	0～20	49.25	3	0.13
	>20～40	49.49	3	0.03
	>40～60	44.04	3	0.00
2014-10	0～20	39.63	3	0.05
	>20～40	46.50	3	0.06
	>40～60	40.88	3	0.05
2014-11	0～20	49.62	3	0.18
	>20～40	43.22	3	0.04
	>40～60	40.79	3	0.11
2014-12	0～20	43.02	3	0.08
	>20～40	45.50	3	0.02
	>40～60	40.79	3	0.07

表 3-10 毛竹林综合观测场 1 号样地土壤体积含水量

时间（年-月）	探测深度范围/cm	体积含水量/%	重复数	标准差
2006-01	0～10	49.46	3	0.07
	>10～30	52.22	3	0.10
2006-02	0～10	51.61	3	0.04
	>10～30	52.83	3	0.05
2006-03	0～10	51.54	3	0.07
	>10～30	53.48	3	0.05
2006-04	0～10	46.07	3	0.06
	>10～30	46.61	3	0.11
2006-05	0～10	25.77	3	0.04
	>10～30	28.03	3	0.03
2006-07	0～10	31.24	3	0.15
	>10～30	—	3	—
2006-08	0～10	46.07	3	0.16
	>10～30	47.06	3	0.06

（续）

时间（年-月）	探测深度范围/cm	体积含水量/%	重复数	标准差
2006-09	0～20	51.19	3	0.05
	>20～40	51.97	3	0.04
	>40～60	50.97	3	0.05
2006-10	0～20	53.37	3	0.07
	>20～40	53.07	3	0.03
	>40～60	54.03	3	0.17
2006-11	0～20	54.18	3	0.06
	>20～40	48.19	3	0.15
	>40～60	44.41	3	0.09
2008-01	0～20	46.92	3	0.02
	>20～40	51.26	3	0.05
	>40～60	52.46	3	0.03
2008-02	0～20	48.62	3	0.12
	>20～40	52.90	3	0.06
	>40～60	52.86	3	0.03
2008-03	0～20	49.60	3	0.04
	>20～40	47.34	3	0.07
	>40～60	52.32	3	0.12
2008-04	0～20	42.54	3	0.06
	>20～40	43.54	3	0.09
	>40～60	38.51	3	0.07
2008-05	0～20	50.30	3	0.06
	>20～40	49.21	3	0.04
	>40～60	45.95	3	0.02
2008-06	0～20	40.35	3	0.05
	>20～40	46.62	3	0.09
	>40～60	46.36	3	0.04
2008-07	0～20	39.82	3	0.08
	>20～40	45.05	3	0.04
	>40～60	42.78	3	0.08
2008-08	0～20	46.23	3	0.01
	>20～40	46.31	3	0.01
	>40～60	41.41	3	0.06

（续）

时间（年-月）	探测深度范围/cm	体积含水量/%	重复数	标准差
2008-09	0～20	51.64	3	0.01
	>20～40	54.03	3	0.02
	>40～60	46.08	3	0.05
2008-10	0～20	49.03	3	0.01
	>20～40	56.48	3	0.02
	>40～60	52.01	3	0.01
2008-11	0～20	57.51	3	0.01
	>20～40	57.16	3	0.03
	>40～60	53.54	3	0.08
2008-12	0～20	49.56	3	0.03
	>20～40	50.53	3	0.04
	>40～60	49.85	3	0.01
2010-01	0～20	52.09	3	0.08
	>20～40	52.99	3	0.13
	>40～60	50.14	3	0.06
2010-02	0～20	45.14	3	0.12
	>20～40	48.96	3	0.09
	>40～60	41.37	3	0.06
2010-03	0～20	51.32	3	0.20
	>20～40	49.21	3	0.24
	>40～60	51.07	3	0.04
2010-04	0～20	47.42	3	0.05
	>20～40	46.74	3	0.13
	>40～60	44.47	3	0.07
2010-05	0～20	40.93	3	0.10
	>20～40	44.00	3	0.04
	>40～60	46.26	3	0.02
2010-06	0～20	45.30	3	0.09
	>20～40	48.17	3	0.04
	>40～60	52.48	3	0.06
2010-07	0～20	53.41	3	0.03
	>20～40	57.65	3	0.04
	>40～60	54.06	3	0.07

（续）

时间（年-月）	探测深度范围/cm	体积含水量/%	重复数	标准差
2010-08	0～20	54.54	3	0.05
	>20～40	58.79	3	0.07
	>40～60	52.37	3	0.12
2010-09	0～20	48.45	3	0.03
	>20～40	52.40	3	0.08
	>40～60	51.42	3	0.04
2010-10	0～20	37.60	3	0.01
	>20～40	40.03	3	0.01
	>40～60	38.47	3	0.01
2010-11	0～20	28.77	3	0.01
	>20～40	32.64	3	0.01
	>40～60	33.26	3	0.01
2010-12	0～20	24.72	3	0.15
	>20～40	32.96	3	0.07
	>40～60	36.82	3	0.05
2012-01	0～20	39.19	3	0.08
	>20～40	40.09	3	0.13
	>40～60	24.34	3	0.06
2012-02	0～20	45.14	3	0.12
	>20～40	48.96	3	0.09
	>40～60	41.37	3	0.06
2012-03	0～20	51.32	3	0.20
	>20～40	49.21	3	0.24
	>40～60	51.07	3	0.04
2012-04	0～20	49.73	3	0.05
	>20～40	49.51	3	0.13
	>40～60	52.98	3	0.07
2012-05	0～20	53.83	3	0.10
	>20～40	54.90	3	0.04
	>40～60	53.16	3	0.02
2012-06	0～20	45.30	3	0.09
	>20～40	48.17	3	0.04
	>40～60	46.03	3	0.06

（续）

时间（年-月）	探测深度范围/cm	体积含水量/%	重复数	标准差
2012 - 07	0～20	40.51	3	0.03
	>20～40	44.75	3	0.04
	>40～60	41.16	3	0.07
2012 - 08	0～20	54.54	3	0.05
	>20～40	52.79	3	0.07
	>40～60	52.37	3	0.12
2012 - 09	0～20	47.16	3	0.03
	>20～40	48.53	3	0.08
	>40～60	48.84	3	0.04
2012 - 10	0～20	37.60	3	0.01
	>20～40	40.03	3	0.01
	>40～60	38.47	3	0.01
2012 - 11	0～20	28.77	3	0.01
	>20～40	32.64	3	0.01
	>40～60	33.26	3	0.01
2012 - 12	0～20	37.62	3	0.15
	>20～40	45.86	3	0.07
	>40～60	36.82	3	0.05
2014 - 01	0～20	49.32	3	0.08
	>20～40	55.82	3	0.11
	>40～60	44.00	3	0.02
2014 - 02	0～20	45.34	3	0.03
	>20～40	50.53	3	0.07
	>40～60	46.99	3	0.03
2014 - 03	0～20	47.42	3	0.03
	>20～40	45.61	3	0.05
	>40～60	43.41	3	0.09
2014 - 04	0～20	44.84	3	0.02
	>20～40	47.11	3	0.01
	>40～60	48.57	3	0.03
2014 - 05	0～20	44.41	3	0.01
	>20～40	48.07	3	0.02
	>40～60	46.57	3	0.01

（续）

时间（年-月）	探测深度范围/cm	体积含水量/%	重复数	标准差
2014-06	0~20	42.60	3	0.04
	>20~40	34.71	3	0.07
	>40~60	37.09	3	0.03
2014-07	0~20	43.15	3	0.04
	>20~40	41.72	3	0.02
	>40~60	36.43	3	0.02
2014-08	0~20	47.30	3	0.01
	>20~40	47.37	3	0.01
	>40~60	40.87	3	0.05
2014-09	0~20	46.32	3	0.01
	>20~40	47.51	3	0.02
	>40~60	48.48	3	0.01
2014-10	0~20	49.55	3	0.01
	>20~40	45.18	3	0.01
	>40~60	51.92	3	0.01
2014-11	0~20	53.24	3	0.01
	>20~40	53.42	3	0.06
	>40~60	56.40	3	0.08
2014-12	0~20	49.05	3	0.03
	>20~40	50.27	3	0.05
	>40~60	49.41	3	0.01

3.1.2 土壤水分常数数据集

（1）概述

本数据集为大岗山国家野外站常绿阔叶林、杉木人工林和毛竹林2010年不同深度（0~10 cm、>10~20 cm、>20~40 cm、>40~60 cm、>60~80 cm）土壤水分常数（土壤最大持水量、土壤田间持水量、土壤稳定凋萎含水量、土壤孔隙度、土壤容重）数据。

（2）数据采集和处理方法

依据中华人民共和国国家标准《森林生态系统长期定位观测方法》（GB/T 33027—2016），在每个样地挖掘至少3个土壤剖面，采用环刀法在不同深度取原状土，带回实验室在环刀底部衬滤纸一张，并盖上有孔的盖子，放入水中12 h，隔天将环刀中土壤取出，得到土壤最大持水量时的土壤重量 W_1，之后将土样烘干至恒重得到干土质量 W_2，土壤最大持水量则为（W_1-W_2）/W_2。

土壤孔隙度、土壤容重和土壤田间持水量参照中华人民共和国国家标准《森林生态系统长期定位观测方法》（GB/T 33027—2016）利用环刀法测定；土壤稳定凋萎含水量采用生物法测定。

（3）数据质量控制和评估

每个样地至少挖掘3个剖面，将土壤混合后测定，每个分量至少测定三个重复，并取平均值作为该分量的最终数据。

（4）数据

具体土壤水分常数数据见表3-11。

表3-11 土壤水分常数

林分类型	土壤类型	采样深度/cm	土壤质地	土壤最大持水量/%	土壤田间持水量/%	土壤稳定凋萎含水量/%	土壤孔隙度/%	土壤容重/(g/cm³)
常绿阔叶林	黄红壤	0～10	黏壤土	41.85	32.34	7.30	52.45	1.29
		>10～20	黏壤土	40.15	31.17	7.49	51.89	1.23
		>20～40	黏壤土	40.28	29.62	6.71	49.58	1.40
		>40～60	黏壤土	38.58	29.20	7.39	47.05	1.30
		>60～80	黏壤土	38.02	29.09	8.12	45.90	1.28
杉木人工林	黄壤土	0～10	黏壤土	61.86	43.97	11.16	59.22	1.20
		>10～20	黏壤土	61.52	42.81	12.64	58.55	1.30
		>20～40	黏壤土	48.29	36.74	7.32	53.04	1.39
		>40～60	黏壤土	30.33	26.99	1.14	42.49	1.27
		>60～80	黏壤土	27.86	24.16	1.70	40.62	1.27
毛竹林	黄红壤	0～10	黏壤土	45.56	35.52	6.00	54.57	1.24
		>10～20	黏壤土	44.68	32.46	8.41	53.37	1.21
		>20～40	黏壤土	42.41	32.09	6.58	52.40	1.12
		>40～60	黏壤土	42.30	29.90	8.42	51.90	1.17
		>60～80	黏壤土	40.78	29.19	6.33	50.45	1.22

3.1.3 树干茎（径）流量和穿透降水量数据集

（1）概述

本数据集为大岗山国家野外站2007—2014年各月常绿阔叶林、杉木人工林和毛竹林树干茎流量、穿透降水量数据。树干茎（径）流量的名词定义一直在学术界存在争议，本节所指的树干茎（径）流是树干表皮径流，也就是沿着树干表皮向下流动的水量平衡分量。

（2）数据采集和处理方法

穿透降水量收集装置依据中华人民共和国国家标准《森林生态系统长期定位观测方法》（GB/T 33027—2016），采用网格机械布点法。在标准地内，根据样地形状及面积，按一定距离画出方格线，在方格网的交点均匀布设雨量收集器。收集器口高出林地70 cm，观测仪器采用自记雨量计和沟槽式收集器。

树干茎流量观测依据中华人民共和国国家标准《森林生态系统长期定位观测方法》（GB/T 33027—2016），采用径阶标准木法，调查观测样地内所有树木的胸径，按胸径对树木进行分级（一般2～4 cm为一个径级），从各级树木中选取2～3株标准木进行树干茎流观测。将直径为2.0～3.0 cm的聚乙烯橡胶环开口向上，呈螺旋形缠绕于标准木树干下部，缠绕时与水平面成30°角，缠绕树干2～3圈，固定后，用密封胶将接缝处封严。将导管伸入量水器的进水口，并用密封胶带将导管固定于进水口，旋紧进水口的螺纹盖。收集导入量水器的树干茎流，并进行人工或自动观测。

（3）数据质量控制和评估

穿透降水量收集器的数量由公式 $n \geqslant \frac{N}{1+N\frac{\alpha^2}{c^2}}$ 确定。式中：n 为需要的收集器数量；N 为抽采样本所代表的区域大小，$N=A/a$，其中，A 为调查区面积，m^2，a 为观测计（器）受雨口面积，m^2；α 为精度；c 为变异系数（样本标准差/样本平均差）。

取各个收集器的平均值作为穿透降水量的最终数据。

树干茎流量计算公式为：$C=\frac{1}{M}\sum_{i=1}^{n}\frac{C_n}{K_n}M_n$。式中：$C$ 为树干茎流量，mm；M 为单位面积上的树木株数，株/ m^2；C_n 为每一径级的树干茎流量，mm；K_n 为每一径阶的树冠平均投影面积，m^2；n 为各径阶数，阶；M_n 为每一径阶树木的株数，株。

由于观测设施故障导致 2013 年数据缺失。

（4）数据

具体树干茎（径）流量和穿透降水量数据见表 3-12 至表 3-14。

表 3-12　常绿阔叶林树干茎流量和穿透降水量

单位：mm

时间（年-月）	树干茎流量	穿透降水量
2008-01	1.9	50.4
2008-02	9.2	117.3
2008-03	8.2	107.6
2008-04	9.9	123.7
2008-05	20.9	227.8
2008-06	6.2	89.2
2008-07	4.4	72.7
2008-08	11.1	134.4
2008-09	10.7	131.2
2008-10	6.4	91.4
2008-11	1.9	30.5
2008-12	0.9	25.3
2009-01	2.4	54.9
2009-02	9.4	119.1
2009-03	9.2	116.9
2009-04	10.7	131.3
2009-05	21.8	235.8
2009-06	5.8	85.5
2009-07	4.5	74.2
2009-08	11.4	137.4
2009-09	11.9	142.1
2009-10	7.3	99.3

（续）

时间（年-月）	树干茎流量	穿透降水量
2009-11	4.3	28.1
2009-12	2.1	27.3
2010-01	6.7	57.2
2010-02	13.5	120.0
2010-03	13.7	121.6
2010-04	15.1	135.1
2010-05	26.2	239.8
2010-06	9.8	85.7
2010-07	8.6	74.9
2010-08	15.1	134.5
2010-09	15.9	142.3
2010-10	11.7	103.3
2010-11	3.2	26.6
2010-12	3.4	28.3
2011-01	6.9	59.5
2011-02	13.6	120.9
2011-03	14.2	126.2
2011-04	15.5	138.9
2011-05	26.6	243.8
2011-06	9.8	85.9
2011-07	8.7	75.7
2011-08	15.7	140.5
2011-09	15.9	142.4
2011-10	12.1	107.2
2011-11	3.1	25.6
2011-12	2.0	16.3
2012-01	7.2	61.8
2012-02	11.8	103.7
2012-03	13.9	123.6
2012-04	18.6	167.9
2012-05	27.0	247.8
2012-06	9.8	86.1
2012-07	8.8	76.4

（续）

时间（年-月）	树干茎流量	穿透降水量
2012 - 08	15.9	142.0
2012 - 09	15.9	142.6
2012 - 10	11.9	105.0
2012 - 11	3.0	24.4
2012 - 12	3.7	30.3
2014 - 01	1.2	46.2
2014 - 02	1.4	27.4
2014 - 03	3.3	99.7
2014 - 04	16.2	189.3
2014 - 05	14.3	147.6
2014 - 06	31.9	296.4
2014 - 07	11.2	140.1
2014 - 08	8.4	136.4
2014 - 09	8.8	117.9
2014 - 10	3.3	85.3
2014 - 11	2.1	48.8
2014 - 12	1.5	51.3

表 3 - 13　杉木人工林树干茎流量和穿透降水量

单位：mm

时间（年-月）	树干茎流量	穿透降水量
2007 - 01	1.0	56.9
2007 - 02	2.8	134.2
2007 - 03	2.5	123.0
2007 - 04	2.9	141.6
2007 - 05	6.3	261.8
2007 - 06	2.0	101.7
2007 - 07	1.5	82.6
2007 - 08	3.3	153.9
2007 - 09	3.2	150.2
2007 - 10	2.0	104.3
2007 - 11	0.5	34.0
2007 - 12	0.4	28.0

（续）

时间（年-月）	树干茎流量	穿透降水量
2008-01	1.0	59.5
2008-02	2.8	135.2
2008-03	2.7	133.8
2008-04	2.2	113.9
2008-05	6.5	266.4
2008-06	1.8	97.2
2008-07	1.5	83.5
2008-08	3.3	155.7
2008-09	3.5	162.7
2008-10	2.8	136.8
2008-11	0.5	32.6
2008-12	0.4	29.1
2009-01	1.1	62.1
2009-02	2.8	136.3
2009-03	2.7	133.8
2009-04	3.2	150.4
2009-05	6.6	271.1
2009-06	1.9	97.5
2009-07	1.6	84.4
2009-08	3.4	157.5
2009-09	3.5	162.9
2009-10	2.2	113.5
2009-11	0.5	31.1
2009-12	0.4	30.3
2010-01	1.1	64.8
2010-02	2.8	137.3
2010-03	2.9	139.2
2010-04	3.3	154.7
2010-05	6.7	275.7
2010-06	1.9	97.7
2010-07	1.6	85.2
2010-08	3.3	154.1
2010-09	3.5	163.1

（续）

时间（年-月）	树干茎流量	穿透降水量
2010-10	2.3	118.0
2010-11	0.4	29.4
2010-12	0.5	31.4
2011-01	1.2	67.4
2011-02	2.9	138.3
2011-03	3.0	144.5
2011-04	3.4	159.1
2011-05	6.9	280.3
2011-06	1.9	97.9
2011-07	1.6	86.1
2011-08	3.4	161.0
2011-09	3.5	163.3
2011-10	2.5	122.6
2011-11	0.4	28.3
2011-12	0.2	17.6
2012-01	1.2	70.0
2012-02	2.4	118.5
2012-03	2.9	141.5
2012-04	4.3	192.7
2012-05	7.0	284.9
2012-06	1.9	98.2
2012-07	1.6	87.0
2012-08	3.5	162.7
2012-09	3.5	163.4
2012-10	2.4	120.0
2012-11	0.4	26.9
2012-12	0.5	33.7
2014-01	1.3	72.7
2014-02	2.9	140.4
2014-03	2.8	137.9
2014-04	2.5	126.1
2014-05	5.8	243.3
2014-06	1.8	97.1

（续）

时间（年-月）	树干茎流量	穿透降水量
2014 - 07	1.5	81.1
2014 - 08	1.8	96.7
2014 - 09	3.5	163.6
2014 - 10	2.3	116.9
2014 - 11	0.4	25.5
2014 - 12	0.7	45.4

表 3 - 14　毛竹林树干茎流量和穿透降水量

单位：mm

时间（年-月）	树干茎流量	穿透降水量
2007 - 01	6.4	56.2
2007 - 02	15.1	131.1
2007 - 03	13.9	120.3
2007 - 04	16.0	138.3
2007 - 05	29.7	254.9
2007 - 06	11.4	99.6
2007 - 07	9.3	81.1
2007 - 08	17.4	150.3
2007 - 09	17.0	146.7
2007 - 10	11.7	102.2
2007 - 11	3.9	34.0
2007 - 12	3.2	28.1
2008 - 01	6.7	58.7
2008 - 02	15.2	132.1
2008 - 03	15.1	130.8
2008 - 04	12.8	111.5
2008 - 05	30.3	259.3
2008 - 06	10.9	95.3
2008 - 07	9.4	82.0
2008 - 08	17.6	152.0
2008 - 09	18.4	158.7
2008 - 10	15.4	133.6
2008 - 11	3.7	32.6

（续）

时间（年-月）	树干茎流量	穿透降水量
2008-12	3.3	29.3
2009-01	7.0	61.3
2009-02	15.4	133.1
2009-03	15.1	130.7
2009-04	17.0	146.8
2009-05	30.8	263.8
2009-06	11.0	95.5
2009-07	9.5	82.8
2009-08	17.8	153.7
2009-09	18.4	158.9
2009-10	12.8	111.0
2009-11	3.6	31.2
2009-12	3.5	30.4
2010-01	7.3	63.8
2010-02	15.5	134.1
2010-03	15.7	135.9
2010-04	17.5	151.0
2010-05	31.4	268.3
2010-06	11.0	95.7
2010-07	9.6	83.7
2010-08	17.4	150.4
2010-09	18.4	159.1
2010-10	13.3	115.4
2010-11	3.4	29.5
2010-12	3.6	31.5
2011-01	7.6	66.4
2011-02	15.6	135.1
2011-03	16.3	141.2
2011-04	18.0	155.3
2011-05	31.9	272.8
2011-06	11.0	96.0
2011-07	9.7	84.5
2011-08	18.2	157.1

（续）

时间（年-月）	树干茎流量	穿透降水量
2011-09	18.4	159.3
2011-10	13.8	119.9
2011-11	3.2	28.5
2011-12	2.1	18.1
2012-01	7.9	68.9
2012-02	13.3	115.9
2012-03	16.0	138.2
2012-04	21.8	187.9
2012-05	32.4	277.3
2012-06	11.0	96.2
2012-07	9.8	85.4
2012-08	18.4	158.8
2012-09	18.5	159.5
2012-10	13.5	117.4
2012-11	3.1	27.1
2012-12	3.8	33.7
2014-01	8.2	71.5
2014-02	15.8	137.1
2014-03	15.5	134.7
2014-04	14.2	123.3
2014-05	27.6	236.9
2014-06	10.9	95.2
2014-07	9.1	79.7
2014-08	10.9	94.8
2014-09	18.5	159.7
2014-10	13.2	114.4
2014-11	2.9	25.7
2014-12	5.1	45.0

3.1.4 地表径流数据集

（1）概述

本数据集为大岗山国家野外站2006—2015年针阔混交林测流堰、常绿阔叶林测流堰、综合测流堰地表径流量数据。

（2）数据采集和处理方法

依据中华人民共和国国家标准《森林生态系统长期定位观测方法》（GB/T 33027—2016），通过观测大岗山国家野外站现有测流堰地表径流量，通过自记水位计测定，定期采集数据。

（3）数据质量控制和评估

测流堰径流观测选择在地形、坡向、土壤、土质、植被、地下水和土地利用情况具有当地代表性的典型地段上；坡面处于自然状态，无土坑、道路、坟墓、土堆及其影响径流的障碍物；坡地的整个地段上有一致性、无急剧转折的坡度、植被覆盖和土壤特征一致；林地的枯枝落叶层不破坏。由于观测设施故障，导致2006年7—12月数据缺失。

（4）数据

具体地表径流数据见表3-15至表3-17。

表3-15　针阔混交林测流堰地表径流量

单位：mm

时间（年-月）	地表径流量
2006-01	0.76
2006-02	11.43
2006-03	5.73
2006-04	11.04
2006-05	34.77
2006-06	5.88
2007-01	1.21
2007-02	10.67
2007-03	9.30
2007-04	11.58
2007-05	26.28
2007-06	6.70
2007-07	4.36
2007-08	13.09
2007-09	12.63
2007-10	7.01
2007-11	0.00
2007-12	0.00
2008-01	1.53
2008-02	10.80
2008-03	10.62
2008-04	8.19
2008-05	26.85
2008-06	6.14

（续）

时间（年-月）	地表径流量
2008 - 07	4.47
2008 - 08	13.30
2008 - 09	14.16
2008 - 10	10.99
2008 - 11	0.00
2008 - 12	0.00
2009 - 01	1.85
2009 - 02	10.92
2009 - 03	10.62
2009 - 04	12.65
2009 - 05	27.42
2009 - 06	6.17
2009 - 07	4.57
2009 - 08	13.52
2009 - 09	14.18
2009 - 10	8.13
2009 - 11	0.00
2009 - 12	0.75
2010 - 01	2.17
2010 - 02	11.05
2010 - 03	11.28
2010 - 04	13.18
2010 - 05	27.98
2010 - 06	6.20
2010 - 07	4.68
2010 - 08	13.10
2010 - 09	14.20
2010 - 10	8.69
2010 - 11	0.30
2010 - 12	0.12
2011 - 01	3.25
2011 - 02	11.37
2011 - 03	12.08

（续）

时间（年-月）	地表径流量
2011-04	13.75
2011-05	27.63
2011-06	6.75
2011-07	5.39
2011-08	13.96
2011-09	14.22
2011-10	9.57
2011-11	0.00
2011-12	0.00
2012-01	3.55
2012-02	9.11
2012-03	11.73
2012-04	17.60
2012-05	28.15
2012-06	6.77
2012-07	5.49
2012-08	14.17
2012-09	14.25
2012-10	9.27
2012-11	0.00
2012-12	0.00
2013-01	3.85
2013-02	11.61
2013-03	11.32
2013-04	9.97
2013-05	23.38
2013-06	6.65
2013-07	4.82
2013-08	6.61
2013-09	14.27
2013-10	8.92
2013-11	0.00
2013-12	0.73

（续）

时间（年-月）	地表径流量
2014 - 01	4.15
2014 - 02	11.04
2014 - 03	13.08
2014 - 04	14.04
2014 - 05	29.15
2014 - 06	6.81
2014 - 07	5.56
2014 - 08	12.34
2014 - 09	16.59
2014 - 10	10.76
2014 - 11	0.00
2014 - 12	0.00
2015 - 01	4.45
2015 - 02	11.14
2015 - 03	13.65
2015 - 04	14.42
2015 - 05	29.71
2015 - 06	6.84
2015 - 07	5.67
2015 - 08	12.41
2015 - 09	17.14
2015 - 10	11.28
2015 - 11	0.00
2015 - 12	0.00

表 3-16　常绿阔叶林测流堰地表径流量

单位：mm

时间（年-月）	地表径流量
2006 - 01	4.26
2006 - 02	8.89
2006 - 03	6.41
2006 - 04	8.72
2006 - 05	19.02

（续）

时间（年-月）	地表径流量
2006-06	6.48
2006-07	5.21
2006-08	8.48
2006-09	10.52
2006-10	5.65
2006-11	3.15
2006-12	2.29
2007-01	4.45
2007-02	8.56
2007-03	7.97
2007-04	8.95
2007-05	15.34
2007-06	6.84
2007-07	5.82
2007-08	9.61
2007-09	9.41
2007-10	6.97
2007-11	3.24
2007-12	2.92
2008-01	4.59
2008-02	8.62
2008-03	8.54
2008-04	7.48
2008-05	15.58
2008-06	6.60
2008-07	5.87
2008-08	9.70
2008-09	10.07
2008-10	8.70
2008-11	3.16
2008-12	2.98
2009-01	4.73
2009-02	8.67

（续）

时间（年-月）	地表径流量
2009-03	8.54
2009-04	9.42
2009-05	15.83
2009-06	6.61
2009-07	5.91
2009-08	9.80
2009-09	10.08
2009-10	7.46
2009-11	3.09
2009-12	3.04
2010-01	4.87
2010-02	8.73
2010-03	8.82
2010-04	9.65
2010-05	16.07
2010-06	6.62
2010-07	5.96
2010-08	9.62
2010-09	10.09
2010-10	7.70
2010-11	2.99
2010-12	3.10
2011-01	5.01
2011-02	8.78
2011-03	9.11
2011-04	9.88
2011-05	16.32
2011-06	6.63
2011-07	6.01
2011-08	9.98
2011-09	10.10
2011-10	7.94
2011-11	2.94

（续）

时间（年-月）	地表径流量
2011－12	2.37
2012－01	5.15
2012－02	7.73
2012－03	8.95
2012－04	11.67
2012－05	16.57
2012－06	6.65
2012－07	6.05
2012－08	10.08
2012－09	10.11
2012－10	7.81
2012－11	2.86
2012－12	3.22
2013－01	5.29
2013－02	8.89
2013－03	8.76
2013－04	8.13
2013－05	14.35
2013－06	6.59
2013－07	5.74
2013－08	6.57
2013－09	10.12
2013－10	7.64
2013－11	2.79
2013－12	3.84
2014－01	5.43
2014－02	8.62
2014－03	9.57
2014－04	10.02
2014－05	17.03
2014－06	6.66
2014－07	6.08
2014－08	9.23

（续）

时间（年-月）	地表径流量
2014 - 09	11.20
2014 - 10	8.49
2014 - 11	2.71
2014 - 12	3.32
2015 - 01	5.57
2015 - 02	8.67
2015 - 03	9.84
2015 - 04	10.19
2015 - 05	17.29
2015 - 06	6.68
2015 - 07	6.14
2015 - 08	9.26
2015 - 09	11.46
2015 - 10	8.74
2015 - 11	2.63
2015 - 12	3.39

表 3 - 17　综合测流堰地表径流量

单位：mm

时间（年-月）	地表径流量
2008 - 06	3.62
2008 - 07	4.55
2008 - 08	4.64
2008 - 09	4.30
2008 - 10	2.96
2008 - 11	2.92
2008 - 12	3.62
2009 - 01	3.34
2009 - 02	4.30
2009 - 03	4.26
2009 - 04	4.48
2009 - 05	6.03
2009 - 06	3.80
2009 - 07	3.63

（续）

时间（年-月）	地表径流量（mm）
2009-08	4.57
2009-09	4.64
2009-10	4.00
2009-11	2.94
2009-12	2.93
2010-01	3.38
2010-02	4.31
2010-03	4.33
2010-04	4.53
2010-05	6.09
2010-06	3.80
2010-07	3.64
2010-08	4.53
2010-09	4.64
2010-10	4.06
2010-11	2.92
2010-12	2.95
2011-01	3.41
2011-02	4.32
2011-03	4.40
2011-04	4.58
2011-05	6.14
2011-06	3.80
2011-07	3.65
2011-08	4.61
2011-09	4.64
2011-10	4.12
2011-11	2.91
2011-12	2.77
2012-01	3.44
2012-02	4.06
2012-03	4.36
2012-04	5.02

（续）

时间（年-月）	地表径流量（mm）
2012 - 05	6.20
2012 - 06	3.80
2012 - 07	3.66
2012 - 08	4.63
2012 - 09	4.64
2012 - 10	4.08
2012 - 11	2.89
2012 - 12	2.98
2013 - 01	3.48
2013 - 02	4.34
2013 - 03	4.31
2013 - 04	4.16
2013 - 05	5.66
2013 - 06	3.79
2013 - 07	3.58
2013 - 08	3.78
2013 - 09	4.64
2013 - 10	4.04
2013 - 11	2.87
2013 - 12	3.12
2014 - 01	3.51
2014 - 02	4.28
2014 - 03	4.51
2014 - 04	4.62
2014 - 05	6.31
2014 - 06	3.81
2014 - 07	3.67
2014 - 08	4.43
2014 - 09	4.90
2014 - 10	4.25
2014 - 11	2.85
2014 - 12	3.00
2015 - 01	3.54

（续）

时间（年-月）	地表径流量（mm）
2015-02	4.29
2015-03	4.57
2015-04	4.66
2015-05	6.37
2015-06	3.81
2015-07	3.68
2015-08	4.43
2015-09	4.96
2015-10	4.31
2015-11	2.83
2015-12	3.01

3.1.5 森林蒸散量数据集

（1）概述

本数据集为大岗山国家野外站常绿阔叶林、杉木人工林和毛竹林 2009—2015 年森林蒸散量数据。

（2）数据采集和处理方法

依据中华人民共和国国家标准《森林生态系统长期定位观测方法》（GB/T 33027—2016），布设蒸渗仪，采用水量平衡法观测得到森林生态系统蒸散量。

根据蒸渗仪系统中的气象传感器获得的数据，可用于水量平衡法蒸散量计算。计算公式为

$$ET = P + I_r - I - \Delta S - S_w$$

式中：ET 为蒸散量，mm/d；P 为降水量，mm；I_r 为灌溉量，mm；I 为截流，mm；ΔS 为蒸渗仪柱体重量变化，换算成 mm；S_w 为渗漏水，mm。

（3）数据质量控制和评估

每个分量至少测定三个重复，并取平均值作为该分量的最终数据。

（4）数据

具体森林蒸散量数据见表 3-18 至表 3-20。

表 3-18　常绿阔叶林蒸散量

单位：mm

时间（年-月）	测流堰名称	土壤水分变化量	降水量	地表径流量	森林蒸散量
2009-01	常绿阔叶林测流堰	5.61	81.28	24.38	51.30
2009-02	常绿阔叶林测流堰	−2.34	175.48	52.64	125.14
2009-03	常绿阔叶林测流堰	8.87	172.32	51.70	111.72
2009-04	常绿阔叶林测流堰	23.66	193.37	58.01	111.66
2009-05	常绿阔叶林测流堰	31.64	346.74	104.02	211.12

（续）

时间（年-月）	测流堰名称	土壤水分变化量	降水量	地表径流量	森林蒸散量
2009-06	常绿阔叶林测流堰	45.33	126.15	37.84	43.01
2009-07	常绿阔叶林测流堰	8.84	109.51	32.85	67.86
2009-08	常绿阔叶林测流堰	−37.38	202.39	60.72	179.07
2009-09	常绿阔叶林测流堰	−19.77	209.27	62.78	166.29
2009-10	常绿阔叶林测流堰	−7.46	146.47	43.94	109.93
2009-11	常绿阔叶林测流堰	2.31	41.89	12.57	27.02
2009-12	常绿阔叶林测流堰	6.55	40.77	12.23	21.94
2010-01	常绿阔叶林测流堰	4.40	84.62	25.39	54.83
2010-02	常绿阔叶林测流堰	5.86	176.79	53.04	117.89
2010-03	常绿阔叶林测流堰	5.90	179.15	53.74	119.51
2010-04	常绿阔叶林测流堰	6.21	198.93	59.68	133.04
2010-05	常绿阔叶林测流堰	8.64	352.61	105.78	238.19
2010-06	常绿阔叶林测流堰	5.07	126.45	37.93	83.45
2010-07	常绿阔叶林测流堰	4.81	110.62	33.19	72.62
2010-08	常绿阔叶林测流堰	6.19	198.12	59.44	132.49
2010-09	常绿阔叶林测流堰	6.38	209.51	62.85	140.28
2010-10	常绿阔叶林测流堰	5.48	152.28	45.68	101.12
2010-11	常绿阔叶林测流堰	3.69	39.62	11.89	24.04
2010-12	常绿阔叶林测流堰	3.73	42.23	12.67	25.83
2011-01	常绿阔叶林测流堰	2.20	87.96	26.39	59.40
2011-02	常绿阔叶林测流堰	23.13	178.09	53.43	101.57
2011-03	常绿阔叶林测流堰	8.57	185.98	55.79	121.54
2011-04	常绿阔叶林测流堰	−22.88	204.49	61.35	166.05
2011-05	常绿阔叶林测流堰	4.72	358.49	107.55	246.23
2011-06	常绿阔叶林测流堰	4.91	126.75	38.02	83.86
2011-07	常绿阔叶林测流堰	4.08	111.73	33.52	74.13
2011-08	常绿阔叶林测流堰	4.84	206.87	62.06	140.00
2011-09	常绿阔叶林测流堰	6.21	209.76	62.93	140.61
2011-10	常绿阔叶林测流堰	7.83	158.08	47.42	102.85
2011-11	常绿阔叶林测流堰	4.88	38.29	11.49	21.90
2011-12	常绿阔叶林测流堰	−10.61	24.64	7.39	27.82
2012-01	常绿阔叶林测流堰	2.23	91.30	27.39	61.69
2012-02	常绿阔叶林测流堰	−13.46	152.94	45.88	120.58

（续）

时间（年-月）	测流堰名称	土壤水分变化量	降水量	地表径流量	森林蒸散量
2012-03	常绿阔叶林测流堰	9.11	182.12	54.64	118.41
2012-04	常绿阔叶林测流堰	64.90	247.18	74.15	108.16
2012-05	常绿阔叶林测流堰	45.14	364.36	109.31	210.00
2012-06	常绿阔叶林测流堰	6.03	127.05	38.11	82.96
2012-07	常绿阔叶林测流堰	9.87	112.83	33.85	69.05
2012-08	常绿阔叶林测流堰	63.82	209.10	62.73	82.61
2012-09	常绿阔叶林测流堰	6.21	210.00	63.00	140.78
2012-10	常绿阔叶林测流堰	8.23	154.80	46.44	100.19
2012-11	常绿阔叶林测流堰	4.87	36.49	10.95	20.67
2012-12	常绿阔叶林测流堰	−6.26	45.15	13.54	37.95
2013-01	常绿阔叶林测流堰	2.33	94.64	28.39	63.97
2013-02	常绿阔叶林测流堰	10.31	180.71	54.21	116.24
2013-03	常绿阔叶林测流堰	−7.42	177.55	53.26	131.74
2013-04	常绿阔叶林测流堰	−25.29	162.56	48.77	139.05
2013-05	常绿阔叶林测流堰	−35.84	311.40	93.42	253.81
2013-06	常绿阔叶林测流堰	3.89	125.73	37.72	84.14
2013-07	常绿阔叶林测流堰	−0.90	105.41	31.62	74.64
2013-08	常绿阔叶林测流堰	−38.51	125.22	37.57	126.11
2013-09	常绿阔叶林测流堰	−11.34	210.24	63.07	158.42
2013-10	常绿阔叶林测流堰	−8.47	150.91	45.27	114.12
2013-11	常绿阔叶林测流堰	4.78	34.69	10.41	19.44
2013-12	常绿阔叶林测流堰	12.52	59.94	17.98	29.48
2014-01	常绿阔叶林测流堰	2.27	97.98	29.39	66.26
2014-02	常绿阔叶林测流堰	5.11	174.37	52.31	117.00
2014-03	常绿阔叶林测流堰	1.80	197.02	59.11	136.10
2014-04	常绿阔叶林测流堰	3.48	207.71	62.31	141.92
2014-05	常绿阔叶林测流堰	4.77	375.44	112.63	258.03
2014-06	常绿阔叶林测流堰	4.86	127.46	38.24	84.36
2014-07	常绿阔叶林测流堰	4.03	113.57	34.07	75.50
2014-08	常绿阔叶林测流堰	5.51	188.80	56.64	126.67
2014-09	常绿阔叶林测流堰	2.58	236.02	70.81	162.62
2014-10	常绿阔叶林测流堰	1.77	171.27	51.38	118.05
2014-11	常绿阔叶林测流堰	4.86	32.89	9.87	18.13

（续）

时间（年-月）	测流堰名称	土壤水分变化量	降水量	地表径流量	森林蒸散量
2014 - 12	常绿阔叶林测流堰	2.84	47.56	14.27	30.50
2015 - 01	常绿阔叶林测流堰	13.79	101.32	30.40	57.12
2015 - 02	常绿阔叶林测流堰	4.13	175.48	52.64	118.78
2015 - 03	常绿阔叶林测流堰	18.24	203.40	61.02	124.18
2015 - 04	常绿阔叶林测流堰	11.47	211.90	63.57	136.85
2015 - 05	常绿阔叶林测流堰	24.88	381.60	114.48	242.21
2015 - 06	常绿阔叶林测流堰	5.82	127.77	38.33	83.65
2015 - 07	常绿阔叶林测流堰	7.02	114.83	34.45	73.38
2015 - 08	常绿阔叶林测流堰	−5.68	189.61	56.88	138.47
2015 - 09	常绿阔叶林测流堰	29.11	242.16	72.65	140.45
2015 - 10	常绿阔叶林测流堰	18.80	177.02	53.11	105.09
2015 - 11	常绿阔叶林测流堰	−1.53	30.97	9.29	23.13
2015 - 12	常绿阔叶林测流堰	20.58	49.06	14.72	13.79

表 3 - 19　杉木人工林蒸散量

单位：mm

时间（年-月）	测流堰名称	土壤水分变化量	降水量	地表径流量	森林蒸散量
2009 - 01	杉木纯林测流堰	10.72	81.28	25.20	45.36
2009 - 02	杉木纯林测流堰	0.14	175.48	54.40	120.94
2009 - 03	杉木纯林测流堰	15.15	172.32	53.40	103.77
2009 - 04	杉木纯林测流堰	34.98	193.37	59.90	98.49
2009 - 05	杉木纯林测流堰	45.56	346.74	107.50	193.68
2009 - 06	杉木纯林测流堰	63.92	126.15	39.10	23.13
2009 - 07	杉木纯林测流堰	15.01	109.51	33.90	60.60
2009 - 08	杉木纯林测流堰	−46.90	202.39	62.70	186.59
2009 - 09	杉木纯林测流堰	−23.31	209.27	64.90	167.68
2009 - 10	杉木纯林测流堰	−6.70	146.47	45.40	107.77
2009 - 11	杉木纯林测流堰	6.30	41.89	13.04	22.59
2009 - 12	杉木纯林测流堰	12.06	40.77	12.60	16.11
2010 - 01	杉木纯林测流堰	9.11	84.62	26.22	49.29
2010 - 02	杉木纯林测流堰	11.06	176.79	54.80	110.93
2010 - 03	杉木纯林测流堰	11.11	179.15	55.53	112.51

（续）

时间（年-月）	测流堰名称	土壤水分变化量	降水量	地表径流量	森林蒸散量
2010-04	杉木纯林测流堰	11.52	198.93	61.67	125.74
2010-05	杉木纯林测流堰	14.77	352.61	109.32	228.52
2010-06	杉木纯林测流堰	10.00	126.45	39.19	77.26
2010-07	杉木纯林测流堰	9.66	110.62	34.28	66.68
2010-08	杉木纯林测流堰	11.50	198.12	61.42	125.20
2010-09	杉木纯林测流堰	11.74	209.51	64.95	132.82
2010-10	杉木纯林测流堰	10.54	152.28	47.20	94.54
2010-11	杉木纯林测流堰	8.16	39.62	12.27	19.19
2010-12	杉木纯林测流堰	8.22	42.23	13.07	20.94
2011-01	杉木纯林测流堰	6.96	87.96	27.25	53.75
2011-02	杉木纯林测流堰	27.90	178.09	55.21	94.98
2011-03	杉木纯林测流堰	13.84	185.98	57.65	114.49
2011-04	杉木纯林测流堰	−16.91	204.49	63.39	158.01
2011-05	杉木纯林测流堰	10.96	358.49	111.15	236.38
2011-06	杉木纯林测流堰	9.81	126.75	39.28	77.66
2011-07	杉木纯林测流堰	8.94	111.73	34.63	68.16
2011-08	杉木纯林测流堰	10.20	206.87	64.13	132.54
2011-09	杉木纯林测流堰	11.60	209.76	65.02	133.14
2011-10	杉木纯林测流堰	12.86	158.08	49.00	96.22
2011-11	杉木纯林测流堰	9.34	38.29	11.85	17.10
2011-12	杉木纯林测流堰	−5.87	24.64	7.62	22.89
2012-01	杉木纯林测流堰	7.02	91.30	28.29	55.99
2012-02	杉木纯林测流堰	−8.01	152.94	47.40	113.55
2012-03	杉木纯林测流堰	14.23	182.12	56.45	111.44
2012-04	杉木纯林测流堰	69.14	247.18	76.63	101.41
2012-05	杉木纯林测流堰	50.43	364.36	112.97	200.96
2012-06	杉木纯林测流堰	10.89	127.05	39.38	76.78
2012-07	杉木纯林测流堰	14.67	112.83	34.97	63.19
2012-08	杉木纯林测流堰	67.84	209.10	64.82	76.44
2012-09	杉木纯林测流堰	11.60	210.00	65.10	133.30
2012-10	杉木纯林测流堰	13.20	154.80	47.98	93.62
2012-11	杉木纯林测流堰	9.31	36.49	11.29	15.89
2012-12	杉木纯林测流堰	−1.61	45.15	13.98	32.78

（续）

时间（年-月）	测流堰名称	土壤水分变化量	降水量	地表径流量	森林蒸散量
2013-01	杉木纯林测流堰	7.09	94.64	29.33	58.22
2013-02	杉木纯林测流堰	15.38	180.71	56.02	109.31
2013-03	杉木纯林测流堰	−1.95	177.55	55.04	124.46
2013-04	杉木纯林测流堰	−19.44	162.56	50.39	131.61
2013-05	杉木纯林测流堰	−28.93	311.40	96.54	243.79
2013-06	杉木纯林测流堰	8.82	125.73	38.97	77.94
2013-07	杉木纯林测流堰	4.09	105.41	32.67	68.65
2013-08	杉木纯林测流堰	−32.55	125.22	38.81	118.96
2013-09	杉木纯林测流堰	−5.47	210.24	65.17	150.54
2013-10	杉木纯林测流堰	−3.11	150.91	46.78	107.24
2013-11	杉木纯林测流堰	9.26	34.69	10.74	14.69
2013-12	杉木纯林测流堰	16.87	59.94	18.57	24.50
2014-01	杉木纯林测流堰	7.16	97.98	30.36	60.46
2014-02	杉木纯林测流堰	10.27	174.37	54.05	110.05
2014-03	杉木纯林测流堰	7.22	197.02	61.07	128.73
2014-04	杉木纯林测流堰	8.91	207.71	64.39	134.41
2014-05	杉木纯林测流堰	11.13	375.44	116.40	247.91
2014-06	杉木纯林测流堰	9.81	127.46	39.50	78.15
2014-07	杉木纯林测流堰	8.88	113.57	35.20	69.49
2014-08	杉木纯林测流堰	10.76	188.80	58.53	119.51
2014-09	杉木纯林测流堰	8.20	236.02	73.17	154.65
2014-10	杉木纯林测流堰	7.10	171.27	53.09	111.08
2014-11	杉木纯林测流堰	9.30	32.89	10.18	13.41
2014-12	杉木纯林测流堰	7.32	47.56	14.73	25.51
2015-01	杉木纯林测流堰	18.40	101.32	31.40	51.52
2015-02	杉木纯林测流堰	9.29	175.48	54.39	111.80
2015-03	杉木纯林测流堰	23.27	203.40	63.05	117.08
2015-04	杉木纯林测流堰	16.75	211.90	65.69	129.46
2015-05	杉木纯林测流堰	30.84	381.60	118.31	232.45
2015-06	杉木纯林测流堰	10.71	127.77	39.60	77.46
2015-07	杉木纯林测流堰	11.82	114.83	35.59	67.42
2015-08	杉木纯林测流堰	−0.21	189.61	58.78	131.04
2015-09	杉木纯林测流堰	34.11	242.16	75.07	132.98

（续）

时间（年-月）	测流堰名称	土壤水分变化量	降水量	地表径流量	森林蒸散量
2015-10	杉木纯林测流堰	23.73	177.02	54.87	98.42
2015-11	杉木纯林测流堰	3.09	30.97	9.58	18.30
2015-12	杉木纯林测流堰	24.70	49.06	15.19	9.17

表3-20 毛竹林蒸散量

单位：mm

时间（年-月）	测流堰名称	土壤水分变化量	降水量	地表径流量	森林蒸散量
2009-01	多林型综合测流堰	8.73	81.28	24.08	48.47
2009-02	多林型综合测流堰	0.28	175.48	51.92	123.28
2009-03	多林型综合测流堰	12.26	172.32	51.04	109.02
2009-04	多林型综合测流堰	28.10	193.37	57.21	108.07
2009-05	多林型综合测流堰	36.55	346.74	102.64	207.55
2009-06	多林型综合测流堰	51.21	126.15	37.36	37.58
2009-07	多林型综合测流堰	12.15	109.51	32.44	64.96
2009-08	多林型综合测流堰	−37.28	202.39	59.92	179.75
2009-09	多林型综合测流堰	−18.45	209.27	61.92	165.8
2009-10	多林型综合测流堰	−5.18	146.47	43.36	108.29
2009-11	多林型综合测流堰	5.20	41.89	12.40	24.29
2009-12	多林型综合测流堰	9.80	40.77	12.08	18.89
2010-01	多林型综合测流堰	7.44	84.62	25.06	52.12
2010-02	多林型综合测流堰	8.99	176.79	52.34	115.46
2010-03	多林型综合测流堰	9.03	179.15	53.04	117.08
2010-04	多林型综合测流堰	9.36	198.93	58.89	130.68
2010-05	多林型综合测流堰	11.94	352.61	104.38	236.29
2010-06	多林型综合测流堰	8.14	126.45	37.44	80.87
2010-07	多林型综合测流堰	7.88	110.62	32.75	69.99
2010-08	多林型综合测流堰	9.35	198.12	58.65	130.12
2010-09	多林型综合测流堰	9.54	209.51	62.02	137.95
2010-10	多林型综合测流堰	8.58	152.28	45.08	98.62
2010-11	多林型综合测流堰	6.68	39.62	11.74	21.20
2010-12	多林型综合测流堰	6.73	42.23	12.51	22.99
2011-01	多林型综合测流堰	7.50	87.96	26.04	54.42

（续）

时间（年-月）	测流堰名称	土壤水分变化量	降水量	地表径流量	森林蒸散量
2011-02	多林型综合测流堰	9.01	178.09	52.72	116.36
2011-03	多林型综合测流堰	9.14	185.98	55.06	121.78
2011-04	多林型综合测流堰	9.45	204.49	60.54	134.50
2011-05	多林型综合测流堰	12.05	358.49	106.12	240.32
2011-06	多林型综合测流堰	8.15	126.75	37.53	81.07
2011-07	多林型综合测流堰	7.90	111.73	33.08	70.75
2011-08	多林型综合测流堰	9.50	206.87	61.24	136.13
2011-09	多林型综合测流堰	9.54	209.76	62.10	138.12
2011-10	多林型综合测流堰	8.67	158.08	46.80	102.61
2011-11	多林型综合测流堰	6.67	38.29	11.34	20.28
2011-12	多林型综合测流堰	6.44	24.64	7.30	10.90
2012-01	多林型综合测流堰	7.56	91.30	27.03	56.71
2012-02	多林型综合测流堰	8.59	152.94	45.28	99.07
2012-03	多林型综合测流堰	9.08	182.12	53.92	119.12
2012-04	多林型综合测流堰	10.18	247.18	73.17	163.83
2012-05	多林型综合测流堰	12.14	364.36	107.86	244.36
2012-06	多林型综合测流堰	8.16	127.05	37.61	81.28
2012-07	多林型综合测流堰	7.91	112.83	33.41	71.51
2012-08	多林型综合测流堰	9.53	209.10	61.90	137.67
2012-09	多林型综合测流堰	9.55	210.00	62.17	138.28
2012-10	多林型综合测流堰	8.62	154.80	45.83	100.35
2012-11	多林型综合测流堰	6.63	36.49	10.81	19.05
2012-12	多林型综合测流堰	6.78	45.15	13.37	25.00
2013-01	多林型综合测流堰	7.61	94.64	28.02	59.01
2013-02	多林型综合测流堰	9.05	180.71	53.50	118.16
2013-03	多林型综合测流堰	9.01	177.55	52.56	115.98
2013-04	多林型综合测流堰	8.75	162.56	48.13	105.68
2013-05	多林型综合测流堰	11.25	311.40	92.18	207.97
2013-06	多林型综合测流堰	8.14	125.73	37.22	80.37
2013-07	多林型综合测流堰	7.79	105.41	31.21	66.41
2013-08	多林型综合测流堰	8.13	125.22	37.07	80.02
2013-09	多林型综合测流堰	9.55	210.24	62.24	138.45
2013-10	多林型综合测流堰	8.55	150.91	44.68	97.68

（续）

时间（年-月）	测流堰名称	土壤水分变化量	降水量	地表径流量	森林蒸散量
2013-11	多林型综合测流堰	6.60	34.69	10.28	17.81
2013-12	多林型综合测流堰	7.03	59.94	17.75	35.16
2014-01	多林型综合测流堰	7.67	97.98	29.01	61.30
2014-02	多林型综合测流堰	8.95	174.37	51.62	113.80
2014-03	多林型综合测流堰	9.33	197.02	58.33	129.36
2014-04	多林型综合测流堰	9.51	207.71	61.49	136.71
2014-05	多林型综合测流堰	12.33	375.44	111.14	251.97
2014-06	多林型综合测流堰	8.16	127.46	37.74	81.56
2014-07	多林型综合测流堰	7.92	113.57	33.63	72.02
2014-08	多林型综合测流堰	9.19	188.80	55.89	123.72
2014-09	多林型综合测流堰	9.98	236.02	69.87	156.17
2014-10	多林型综合测流堰	8.90	171.27	50.70	111.67
2014-11	多林型综合测流堰	6.58	32.89	9.74	16.57
2014-12	多林型综合测流堰	6.81	47.56	14.09	26.66
2015-01	多林型综合测流堰	7.72	101.32	30.00	63.60
2015-02	多林型综合测流堰	8.97	175.48	51.95	114.56
2015-03	多林型综合测流堰	9.43	203.40	60.22	133.75
2015-04	多林型综合测流堰	9.58	211.90	62.73	139.59
2015-05	多林型综合测流堰	12.43	381.60	112.96	256.21
2015-06	多林型综合测流堰	8.16	127.77	37.83	81.78
2015-07	多林型综合测流堰	7.95	114.83	34.00	72.88
2015-08	多林型综合测流堰	9.21	189.61	56.13	124.27
2015-09	多林型综合测流堰	10.09	242.16	71.69	160.38
2015-10	多林型综合测流堰	8.99	177.02	52.41	115.62
2015-11	多林型综合测流堰	6.53	30.97	9.18	15.26
2015-12	多林型综合测流堰	6.84	49.06	14.53	27.69

3.1.6 水面蒸发量数据集

（1）概述

本数据集为大岗山国家野外站 2006—2015 年各月水面蒸发数据。

（2）数据采集和处理方法

依据中华人民共和国国家标准《森林生态系统长期定位观测方法》（GB/T 33027—2016），布设 E-601 蒸发皿人工观测水面蒸发量。

（3）数据质量控制和评估

至少设置三个蒸发皿，取平均值作为水面蒸发的最终数据。

（4）数据

具体水面蒸发量数据见表 3 - 21。

表 3 - 21 水面蒸发量

时间（年-月）	月蒸发量/mm	月均水温/℃
2006 - 01	25.81	6.36
2006 - 02	22.43	7.01
2006 - 03	55.69	12.12
2006 - 04	75.72	18.79
2006 - 05	100.30	23.21
2006 - 06	113.44	26.49
2006 - 07	75.71	27.04
2006 - 08	137.19	27.32
2006 - 09	109.78	27.48
2006 - 10	55.14	21.40
2006 - 11	42.66	15.64
2006 - 12	39.82	9.13
2008 - 01	34.41	6.35
2008 - 02	65.15	7.91
2008 - 03	64.69	16.15
2008 - 04	57.80	19.60
2008 - 05	87.74	23.43
2008 - 06	51.33	25.41
2008 - 07	45.54	28.14
2008 - 08	71.23	25.65
2008 - 09	73.09	20.90
2008 - 10	65.64	17.12
2008 - 11	20.33	16.14
2008 - 12	18.42	7.75
2010 - 01	36.96	5.35
2010 - 02	65.81	9.07
2010 - 03	66.39	12.85
2010 - 04	70.97	19.11
2010 - 05	87.86	22.95
2010 - 06	51.53	25.23

（续）

时间（年-月）	月蒸发量/mm	月均水温/℃
2010-07	46.30	29.50
2010-08	70.79	27.57
2010-09	73.19	25.54
2010-10	59.30	18.55
2010-11	18.55	13.80
2010-12	19.70	9.26
2012-01	39.45	6.19
2012-02	59.48	6.92
2012-03	67.11	12.22
2012-04	79.83	19.09
2012-05	87.79	22.92
2012-06	51.72	24.13
2012-07	47.05	28.49
2012-08	73.11	27.01
2012-09	73.29	23.41
2012-10	60.01	17.76
2012-11	17.17	17.17
2012-12	20.97	7.02
2014-01	41.88	4.04
2014-02	65.20	7.88
2014-03	70.55	12.57
2014-04	72.82	19.01
2014-05	87.55	22.93
2014-06	51.85	24.63
2014-07	47.30	28.37
2014-08	68.69	26.83
2014-09	78.07	23.16
2014-10	64.42	17.41
2014-11	15.56	16.72
2014-12	22.01	7.66
2015-01	43.07	3.71
2015-02	65.48	7.58
2015-03	71.93	12.50

（续）

时间（年-月）	月蒸发量/mm	月均水温/℃
2015-04	73.67	18.99
2015-05	87.34	22.93
2015-06	51.95	24.48
2015-07	47.73	28.31
2015-08	68.88	26.75
2015-09	79.06	23.03
2015-10	65.87	17.23
2015-11	14.69	16.94
2015-12	22.65	7.56

3.1.7 枯枝落叶层含水量数据集

（1）概述

本数据集为大岗山国家野外站2005—2015年各月常绿阔叶林枯枝落叶层含水量数据。

（2）数据采集和处理方法

依据中华人民共和国国家标准《森林生态系统长期定位观测方法》（GB/T 33027—2016），在样地内划定1 m×1 m小样方，将小样方内所有现存凋落物按未分解层、半分解层和分解层分别收集，装入尼龙袋中，带回实验室。将样品用精密电子天平称重并记录，然后用烘箱在70～80 ℃下将样品烘干至恒重，冷却后称重，得到样品干重。

枯枝落叶层含水量计算公式为

$$W_L=\frac{m_a-m}{m}\times 100\%$$

式中：W_L 为枯枝落叶层质量含水量，%；m_a 为样品总质量，g；m 为烘干后样品质量，g。

（3）数据质量控制和评估

每个样地中至少测定三个重复，并取平均值作为该分量的最终数据。

（4）数据

具体枯枝落叶层含水量数据见表3-22。

表3-22 常绿阔叶林枯枝落叶层含水量

单位：%

时间（年-月）	枯枝落叶层含水量
2005-01	65.00
2005-02	82.00
2005-03	104.00
2005-04	175.00
2005-05	234.00
2005-06	167.00

（续）

时间（年-月）	枯枝落叶层含水量
2005-07	104.00
2005-08	109.00
2005-09	134.00
2005-10	97.00
2005-11	65.00
2005-12	31.00
2007-01	72.00
2007-02	112.00
2007-03	145.00
2007-04	173.00
2007-05	191.00
2007-06	148.00
2007-07	127.00
2007-08	132.00
2007-09	118.00
2007-10	104.00
2007-11	62.00
2007-12	28.00
2009-01	45.00
2009-02	83.00
2009-03	101.00
2009-04	172.00
2009-05	243.00
2009-06	107.00
2009-07	192.00

（续）

时间（年-月）	枯枝落叶层含水量
2009-08	127.00
2009-09	112.00
2009-10	84.00
2009-11	65.00
2009-12	29.00
2011-01	57.00
2011-02	79.00
2011-03	96.00
2011-04	124.00
2011-05	229.00
2011-06	145.00
2011-07	162.00
2011-08	172.00
2011-09	158.00
2011-10	97.00
2011-11	62.00
2011-12	25.00
2013-01	88.00
2013-02	133.00
2013-03	130.00
2013-04	245.00
2013-05	218.00
2013-06	212.00
2013-07	116.00
2013-08	117.00
2013-09	158.00
2013-10	60.30
2013-11	34.00

（续）

时间（年-月）	枯枝落叶层含水量
2013-12	18.00
2015-01	65.00
2015-02	102.00
2015-03	112.00
2015-04	165.00
2015-05	278.00
2015-06	104.00
2015-07	110.00
2015-08	182.00
2015-09	124.00
2015-10	51.30
2015-11	49.00
2015-12	32.00

3.1.8 地表水、地下水水质数据集

（1）概述

本数据集为大岗山国家野外站2005—2015年常绿阔叶林综合观测场、杉木人工林综合观测场、毛竹林综合观测场地表水水质数据，以及地面标准气象观测场地下水水质数据。

（2）数据采集和处理方法

参照中华人民共和国国家标准《森林生态系统长期定位观测方法》（GB/T 33027—2016），在各林分测流堰集水槽内采样，水质采样容器应选用带盖的、化学性质稳定、不吸附待测组分、易清洗、可反复使用并且大小和形状适宜的塑料容器（聚四氟乙烯、聚乙烯）或玻璃容器（石英、硼硅）。采样期间和采样后将瓶子放在阴凉条件下。在样品分析之前，样瓶应在低温避光条件下贮存。水质检测严格遵照国家标准执行。

将便携式水质分析仪的多参数组合探头通过缆线与便携式读表连接，然后将探头放入观测井中直至没入水面，开启电源，进行地下水水质参数测量。测量的数据会即时保存在便携式读表的存储单元中。测量结束后，下载数据，进行数据处理和分析。

（3）数据质量控制和评估

每个林分取三组水样，水样检测过程中每组样品重复检测三次，得到平均值作为最终数据。

（4）数据

具体地表水、地下水水质数据见表3-23。

表 3-23　地表水、地下水水质数据

采样点名称	时间（年-月-日）	水温/℃	pH	HCO_3^-/(mg/L)	矿化度/(mg/L)	化学需氧量/(mg/L)	溶解氧/%	电导率/(mS/cm)	K^+/(mg/L)	Na^+/(mg/L)	Ca^{2+}/(mg/L)	Mg^{2+}/(mg/L)	Cl^-/(mg/L)	NO_3^-/(mg/L)	PO_4^{3-}/(mg/L)	总氮/(mg/L)
常绿阔叶混交林长期样地 001	2005-05-10	25	6.51	24.97	62.35	0	51.28	0.055	1.12	2.66	7.15	2.17	0.394	4.452	0.542	1.058
常绿阔叶混交林长期样地 002	2005-05-10	25	6.08	26.45	47.17	4	55.01	0.048	2.06	1.92	5.32	2.26	0.205	8.536	0.415	2.561
常绿阔叶混交林永久样地 003	2005-05-10	23	6.20	24.41	42.83	20	108.90	0.038	1.58	2.65	10.04	4.94	0.140	5.630	0.602	3.894
杉木林永久样地 001	2005-05-10	24	6.31	10.12	31.64	9	66.37	0.052	1.72	2.33	5.20	1.12	0.381	4.651	0.521	1.932
杉木纯林长期样地 002	2005-05-10	24	6.82	32.80	20.43	20	78.38	0.002	2.08	2.68	9.80	4.09	1.213	10.013	0.641	2.492
杉木纯林长期样地 003	2005-05-10	25	6.40	28.67	32.63	22	113.88	0.094	1.14	2.73	12.63	1.61	1.780	1.197	—	1.909
毛竹林长期样地 001	2005-05-10	26	6.47	18.72	26.12	16	67.05	0.045	1.25	1.88	10.50	4.55	1.555	9.399	—	2.681
毛竹林长期样地 002	2005-05-10	24	7.00	22.64	23.29	19	108.81	0.093	1.38	2.69	0.19	1.08	1.150	8.100	0.210	0.912
毛竹林长期样地 003	2005-05-10	25	6.41	12.06	6.87	5	116.21	0.096	1.73	2.06	10.82	2.63	0.130	6.133	0.145	2.696
气象场地下水	2005-05-10	22	6.15	11.15	17.84	23	55.93	0.028	1.37	2.62	2.51	3.54	1.015	10.485	—	1.982
常绿阔叶混交林长期样地 001	2007-04-21	23	6.85	30.84	35.07	9	106.58	0.009	2.05	2.44	12.20	0.73	1.664	11.749	0.600	2.179
常绿阔叶混交林长期样地 002	2007-04-21	24	6.99	30.73	51.98	19	66.03	0.063	1.84	2.02	0.46	1.79	0.747	9.022	—	2.334

（续）

采样点名称	时间（年-月-日）	水温/℃	pH	HCO_3^-/(mg/L)	矿化度/(mg/L)	化学需氧量/(mg/L)	溶解氧/%	电导率/(mS/cm)	K^+/(mg/L)	Na^+/(mg/L)	Ca^{2+}/(mg/L)	Mg^{2+}/(mg/L)	Cl^-/(mg/L)	NO_3^-/(mg/L)	PO_4^{3-}/(mg/L)	总氮/(mg/L)
常绿阔叶混交林永久样地003	2007-04-21	24	6.79	31.10	44.39	10	77.49	0.057	1.40	2.18	2.57	1.74	0.362	10.909	0.571	2.276
杉木林永久样地001	2007-04-21	25	6.70	8.78	32.15	1	100.10	0.096	1.18	1.96	4.56	3.02	0.316	11.577	—	2.341
杉木纯林长期样地002	2007-04-21	24	6.59	34.12	45.20	24	96.23	0.087	1.55	2.33	5.11	4.94	1.203	7.107	0.642	3.211
杉木纯林长期样地003	2007-04-21	23	6.35	32.91	34.85	9	86.14	0.079	2.05	2.76	9.14	2.18	0.935	7.608	—	1.330
毛竹林长期样地001	2007-04-21	23	6.34	29.67	25.80	0	102.11	0.065	2.09	2.17	8.50	1.74	0.915	11.495	0.147	2.730
毛竹林长期样地002	2007-04-21	22	6.20	19.56	30.03	17	104.27	0.100	1.57	2.57	13.62	1.99	0.190	5.507	—	0.939
毛竹林长期样地003	2007-04-21	22	6.78	14.36	35.57	15	74.05	0.073	1.38	2.16	2.78	3.28	1.760	7.247	0.571	2.061
气象场地下水	2007-04-21	22	6.97	11.04	10.52	18	109.24	0.015	1.42	2.76	10.97	3.46	1.871	5.319	0.591	2.120
常绿阔叶混交林长期样地001	2009-10-01	21	6.47	33.36	44.17	7	106.25	0.000	1.37	2.46	8.52	1.44	0.971	10.356	0.014	1.057
常绿阔叶混交林长期样地002	2009-10-01	21	6.78	6.16	11.48	16	63.98	0.090	1.46	2.06	10.77	3.95	1.231	6.213	0.625	2.020
常绿阔叶混交林永久样地003	2009-10-01	22	6.78	3.13	39.22	19	110.40	0.049	1.72	2.35	13.40	3.80	0.175	6.119	0.412	2.463
杉木林永久样地001	2009-10-01	22	6.65	27.59	10.49	25	87.87	0.085	1.19	2.47	10.03	0.34	1.447	8.132	—	0.947

（续）

采样点名称	时间（年-月-日）	水温/℃	pH	HCO_3^-/（mg/L）	矿化度/（mg/L）	化学需氧量/（mg/L）	溶解氧/%	电导率/（mS/cm）	K^+/（mg/L）	Na^+/（mg/L）	Ca^{2+}/（mg/L）	Mg^{2+}/（mg/L）	Cl^-/（mg/L）	NO_3^-/（mg/L）	PO_4^{3-}/（mg/L）	总氮/（mg/L）
杉木纯林长期样地 002	2009-10-01	21	6.65	8.82	14.17	22	75.87	0.082	2.04	1.95	1.21	4.08	0.481	6.648	0.660	2.397
杉木纯林长期样地 003	2009-10-01	22	6.65	24.32	14.47	24	111.21	0.038	1.44	2.69	14.37	2.04	1.842	11.784	—	1.749
毛竹林长期样地 001	2009-10-01	20	6.97	12.31	37.88	13	75.86	0.058	1.71	2.17	5.92	1.49	0.829	4.819	0.512	0.258
毛竹林长期样地 002	2009-10-01	21	6.97	20.27	41.04	7	107.40	0.064	1.48	2.03	12.45	0.32	0.484	10.829	—	2.781
毛竹林长期样地 003	2009-10-01	22	6.97	13.43	21.22	25	71.78	0.006	1.54	2.35	5.74	2.99	1.370	11.427	0.016	2.381
气象场地下水	2009-10-01	20	7.10	14.31	21.82	22	62.52	0.076	1.73	1.97	8.78	1.77	0.261	2.164	—	0.813
常绿阔叶混交林长期样地 001	2011-04-01	22	6.78	14.29	38.24	0	112.43	0.003	1.45	2.31	6.43	2.95	1.793	4.419	0.679	1.511
常绿阔叶混交林长期样地 002	2011-04-01	21	6.78	20.12	8.12	0	81.22	0.011	1.35	2.22	8.89	0.77	1.783	3.273	0.214	2.973
常绿阔叶混交林永久样地 003	2011-04-01	21	6.78	28.67	9.89	16	112.15	0.044	1.15	2.66	13.20	3.27	1.705	2.153	0.227	1.689
杉木林永久样地 001	2011-04-01	22	6.65	22.84	32.76	11	55.90	0.065	1.52	2.75	11.82	3.93	0.508	5.810	—	2.901
杉木纯林长期样地 002	2011-04-01	21	6.65	17.98	28.41	9	117.25	0.061	1.67	1.81	5.79	0.81	0.386	3.415	0.382	2.219
杉木纯林长期样地 003	2011-04-01	22	6.65	22.96	7.07	8	54.26	0.059	1.43	2.63	6.50	2.92	1.131	6.017	—	1.342

（续）

采样点名称	时间（年-月-日）	水温/℃	pH	HCO_3^-/(mg/L)	矿化度/(mg/L)	化学需氧量/(mg/L)	溶解氧/%	电导率/(mS/cm)	K^+/(mg/L)	Na^+/(mg/L)	Ca^{2+}/(mg/L)	Mg^{2+}/(mg/L)	Cl^-/(mg/L)	NO_3^-/(mg/L)	PO_4^{3-}/(mg/L)	总氮/(mg/L)
毛竹林长期样地001	2011-04-01	22	6.97	34.30	22.61	20	100.21	0.088	1.23	2.19	14.94	4.03	0.911	3.750	0.257	1.621
毛竹林长期样地002	2011-04-01	22	6.97	20.83	28.01	21	50.17	0.020	1.85	2.26	0.37	1.19	1.077	2.574	0.774	1.459
毛竹林长期样地003	2011-04-01	22	6.97	17.56	16.08	1	102.16	0.038	1.67	2.73	9.19	4.29	0.785	9.172	0.511	1.946
气象场地下水	2011-04-01	22	7.10	30.39	30.44	15	75.38	0.038	1.76	2.46	2.30	0.64	1.493	6.131	—	2.140
常绿阔叶混交林长期样地001	2013-03-28	20	6.78	10.34	16.00	4	108.02	0.030	1.69	2.64	10.56	2.23	0.697	5.597	0.209	2.028
常绿阔叶混交林长期样地002	2013-03-28	20	6.78	24.97	74.30	12	109.23	0.030	1.33	2.22	9.89	2.54	0.757	6.829	0.105	1.620
常绿阔叶混交林永久样地003	2013-03-28	21	6.78	26.45	35.37	3	101.24	0.037	1.83	2.66	0.70	3.02	1.133	5.202	—	1.420
杉木林永久样地001	2013-03-28	22	6.65	24.41	45.40	17	99.83	0.051	2.04	2.75	6.27	1.31	0.379	11.580	—	2.174
杉木纯林长期样地002	2013-03-28	21	6.65	20.12	62.12	10	100.40	0.018	1.34	2.13	8.63	3.96	0.925	5.217	0.106	1.223
杉木纯林长期样地003	2013-03-28	21	6.65	32.80	61.32	8	77.57	0.011	1.10	2.55	7.15	2.17	0.372	6.366	—	3.151
毛竹林长期样地001	2013-03-28	20	6.71	28.67	64.17	23	106.42	0.027	2.03	2.06	5.32	2.26	1.121	3.794	0.287	1.749
毛竹林长期样地002	2013-03-28	21	6.82	18.72	6.43	1	93.91	0.049	1.61	2.16	10.04	4.94	1.032	3.894	—	0.892

（续）

采样点名称	时间（年-月-日）	水温/℃	pH	HCO_3^-/(mg/L)	矿化度/(mg/L)	化学需氧量/(mg/L)	溶解氧/%	电导率/(mS/cm)	K^+/(mg/L)	Na^+/(mg/L)	Ca^{2+}/(mg/L)	Mg^{2+}/(mg/L)	Cl^-/(mg/L)	NO_3^-/(mg/L)	PO_4^{3-}/(mg/L)	总氮/(mg/L)
毛竹林长期样地003	2013-03-28	21	6.10	12.64	2.86	16	97.80	0.055	1.12	2.26	5.20	1.12	0.204	3.636	0.450	2.182
气象场地下水	2013-03-28	20	7.07	22.06	3.03	3	108.44	0.048	2.06	2.66	9.80	4.09	1.315	5.181	0.382	0.805
常绿阔叶混交林长期样地001	2015-04-01	23	6.78	23.22	34.71	23	100.90	0.095	1.84	2.97	14.83	3.38	1.089	2.029	0.679	0.912
常绿阔叶混交林长期样地002	2015-04-01	23	6.74	12.87	52.67	0	94.10	0.096	2.50	2.81	13.27	2.86	0.729	6.779	0.745	2.086
常绿阔叶混交林永久样地003	2015-04-01	23	6.77	9.76	57.43	0	94.00	0.096	2.22	2.86	13.35	2.87	0.703	6.911	0.620	2.103
杉木林永久样地001	2015-04-01	22	6.65	42.69	40.41	0	96.00	0.049	1.69	3.18	8.88	1.54	1.209	4.996	—	1.599
杉木纯林长期样地002	2015-04-01	21	6.65	23.79	43.48	6	96.10	0.049	1.51	2.36	7.69	1.77	0.858	6.449	0.656	2.048
杉木纯林长期样地003	2015-04-01	22	6.63	26.93	44.39	0	95.70	0.049	1.65	2.46	6.48	1.61	0.772	6.349	—	2.060
毛竹林长期样地001	2015-04-01	23	6.95	24.40	39.33	6	96.00	0.041	1.64	2.56	6.38	1.29	1.087	3.791	—	1.334
毛竹林长期样地002	2015-04-01	22	6.97	24.43	39.21	11	92.20	0.041	1.22	2.21	8.22	2.11	0.861	15.382	—	4.670
毛竹林长期样地003	2015-04-01	22	6.92	23.19	36.22	14	56.70	0.040	1.22	1.99	7.83	2.11	0.989	15.892	0.620	4.748
气象场地下水	2015-04-01	20	7.10	31.74	30.14	20	93.00	0.625	1.10	1.20	13.92	1.57	0.321	5.842	—	3.863

3.1.9　雨水水质数据集

（1）概述

本数据集为大岗山国家野外站2005年、2010年和2015年雨水水质数据。

（2）数据采集和处理方法

林外大气设置3个降水水样采集点，由安装在集水区高于林冠层的观测铁塔上采样容器采集，或者把采样容器设于林外距林缘1.5～2倍树高的空旷地上，采样容器距地面≥70 cm，待降水时接收水样。

依据中华人民共和国国家标准《森林生态系统长期定位观测方法》（GB/T 33027—2016），水质分析方法如表3-24所示。

表3-24　水质分析方法

分析项目名称	分析方法名称	参照国标名称
pH	玻璃电极法	GB 6920—1986
非溶性物质总含量	滤纸法	GB/T 8538—1995
钙离子	EDTA滴定法	GB 7476—1987
镁离子	EDTA滴定法	GB 7477—1987
钾离子	火焰光度法	GB/T 33027—2016
钠离子	火焰光度法	GB/T 33027—2016
氯化物	硝酸银滴定法	GB 11896—1989
矿化度	离子加和法	GB/T 33027—2016
硝酸根离子	紫外分光光度法	GB/T 8538—1995
磷酸根离子	还原分光光度法	GB/T 8538—1995
硫酸根离子	EDTA钡容量法	GB/T 33027—2016
碳酸根离子	盐酸滴定法	GB/T 8538—1995
重碳酸根离子	盐酸滴定法	GB/T 8538—1995
化学需氧量	重铬酸盐滴定法	GB 11914—1989
水中溶解氧	碘量滴定法	GB 7489—1987
总氮	紫外分光光度法	GB 11894—1989
总磷	钼酸铵分光光度法	GB 11893—1989

（3）数据质量控制和评估

将得到的水样混合后带回实验室，每个样品至少测定三个重复，并取平均值作为最终数据。

（4）数据

具体雨水水质数据见表3-25至表3-27。

表 3-25　2005 年雨水水质数据

指标	1月	6月
pH	6.54	6.63
Ca^{2+}/（mg/L）	1.32	1.48
Mg^{2+}/（mg/L）	0.254	0.236
K^{+}/（mg/L）	1.492	1.356
Na^{+}/（mg/L）	6.935	7.001
CO_3^{2-}/（mg/L）	0	0
HCO_3^{-}/（mg/L）	14.58	15.01
Cl^{-}/（mg/L）	0.10	0.27
SO_4^{2-}/（mg/L）	4.00	5.31
总磷/%	0.41	0.40
NO_3^{-}/（mg/L）	1.27	1.28
总氮/%	0.12	0.18
微量元素 B/（mg/L）	15	8
微量元素 Mn/（mg/L）	24	42
微量元素 Mo/（mg/L）	31	<40.0
微量元素 Zn/（mg/L）	<40.0	<40.0
微量元素 Fe/（mg/L）	<40.0	<50.0
微量元素 Cu/（mg/L）	<40.0	<40.0
微量元素 Cd/（mg/L）	<1	<1
微量元素 Pb/（mg/L）	<10	<10
微量元素 Ni/（mg/L）	<4	<4
微量元素 Cr/（mg/L）	<4	<4
微量元素 Se/（mg/L）	<4	<4
微量元素 As/（mg/L）	<7	<7
微量元素 Ti/（mg/L）	<7	<7

表 3-26　2010 年雨水水质数据

指标	1月	6月
pH	6.02	6.12
Ca^{2+}/（mg/L）	1.78	1.78
Mg^{2+}/（mg/L）	0.211	0.241
K^{+}/（mg/L）	1.657	1.471
Na^{+}/（mg/L）	7.188	7.012
CO_3^{2-}/（mg/L）	0	0
HCO_3^{-}/（mg/L）	13.42	15.01
Cl^{-}	0.30	0.29
SO_4^{2-}/（mg/L）	3.81	6.51

（续）

指标	1月	6月
总磷/%	0.47	0.41
NO_3^-/（mg/L）	1.38	1.40
总氮/%	0.37	0.45
微量元素 B/（mg/L）	27	21
微量元素 Mn/（mg/L）	36	42
微量元素 Mo/（mg/L）	41	<50.0
微量元素 Zn/（mg/L）	<50.0	<50.0
微量元素 Fe/（mg/L）	<50.0	<50.0
微量元素 Cu/（mg/L）	<50.0	<50.0
微量元素 Cd/（mg/L）	<1	<1
微量元素 Pb/（mg/L）	<10	<10
微量元素 Ni/（mg/L）	<4	<4
微量元素 Cr/（mg/L）	<4	<4
微量元素 Se/（mg/L）	<4	<4
微量元素 As/（mg/L）	<7	<7
微量元素 Ti/（mg/L）	<7	<7

表 3-27　2015 年雨水水质数据

指标	1月	6月
pH	6.78	6.89
Ca^{2+}/（mg/L）	1.66	1.70
Mg^{2+}/（mg/L）	0.268	0.286
K^+/（mg/L）	1.511	1.507
Na^+/（mg/L）	7.248	7.211
CO_3^{2-}/（mg/L）	0	0
HCO_3^-/（mg/L）	14.17	16.47
Cl^-/（mg/L）	0.38	0.59
SO_4^{2-}/（mg/L）	4.11	6.20
总磷/%	0.44	0.44
NO_3^-/（mg/L）	1.31	1.31
总氮/%	0.39	0.39
微量元素 B/（mg/L）	22	16
微量元素 Mn/（mg/L）	48	48
微量元素 Mo/（mg/L）	32.3	<50.0
微量元素 Zn/（mg/L）	<50.0	<50.0
微量元素 Fe/（mg/L）	<50.0	<50.0
微量元素 Cu/（mg/L）	<50.0	<50.0
微量元素 Cd/（mg/L）	<1	<1
微量元素 Pb/（mg/L）	<10	<10

（续）

指标	1月	6月
微量元素 Ni/（mg/L）	<4	<4
微量元素 Cr/（mg/L）	<4	<4
微量元素 Se/（mg/L）	<4	<4
微量元素 As/（mg/L）	<7	<7
微量元素 Ti/（mg/L）	<7	<7

3.2 土壤监测数据

3.2.1 土壤交换量数据集

（1）概述

本数据集为大岗山站林区的2011—2015年三种典型林分类型（常绿阔叶林、杉木人工林和毛竹林）观测样地0～20 cm土壤交换量数据。

（2）数据采集和处理方法

a. 观测样地

观测样地为三种典型林分类型（常绿阔叶林、毛竹林和杉木人工林）样地。根据不同林型森林面积的大小、地形、土壤水分、肥力等特征，在林内坡面上部、中部、下部与等高线平行各设置一条样线，在样线上选择具有代表性的地段，每个样地设置3个面积20 m×20 m的标准地。

b. 采样方法

在三种典型林分类型（常绿阔叶林、毛竹林和杉木人工林）样地中，分别设置3个20 m×20 m的标准地。根据标准地地形选择采样点布设方法，并根据测定需要采集0～20 cm土壤，同一样地同一层次土样混合均匀后留取约1 kg，装于采集袋中，分出杂物，风干，磨碎，过筛后，进行土壤交换量测定，样品采集统一。

c. 分析方法

参照中华人民共和国国家标准《森林生态系统长期定位观测方法》（GB/T 33027—2016），土壤交换性钙和交换性镁的测定方法是乙酸铵交换-原子吸收分光光度法；土壤交换性钾和交换性钠的测定方法是乙酸铵交换-火焰光度法；土壤交换性铝、交换性氢和交换性总酸量的测定方法采用氯化钾交换-中和滴定法；土壤阳离子交换量的测定方法是氯化铵-乙酸铵交换法。

（3）数据质量控制和评估

利用校验软件检查每个监测数据是否超出相同土壤类型和采样深度的历史数据阈值范围、每个观测场监测项目平均值是否超出该样地相同深度历史数据平均值的2倍标准差、每个观测场监测项目标准差是否超出该样地相同深度历史数据的2倍标准差或者样地空间变异调查的2倍标准差等，对于超出范围的数据进行核实或再次测定。分析时进行3次平行样品测定。

（4）数据价值/数据使用方法和建议

土壤阳离子交换量是土壤胶体所能吸附各种阳离子的总量，其数值以每千克土壤中含有各种阳离子的物质的量来表示。不同土壤的阳离子交换量不同。土壤阳离子交换量是影响土壤缓冲能力高低，也是评价土壤保肥能力、改良土壤和合理施肥的重要依据。

（5）数据

具体土壤交换量数据见表3-28至表3-30。

表 3-28 常绿阔叶林样地土壤交换量

时间（年）	观测层次/cm	交换性钙/(cmol/kg)		交换性镁/(cmol/kg)		交换性钾/(cmol/kg)		交换性钠/(cmol/kg)		交换性铝/(cmol/kg)		交换性氢/(cmol/kg)		交换性总酸量/(cmol/kg)		阳离子交换量/(cmol/kg)	
		平均值	标准差	平均值	标准差	平均值	标准差	平均值	标准差	平均值	标准差	平均值	标准差	平均值	标准差	平均值	标准差
2011	0～20	5.54	0.18	3.89	0.23	3.81	0.11	3.89	0.53	39.75	3.56	4.18	0.33	48.53	3.59	94.59	4.89
2012	0～20	5.61	0.25	3.56	0.38	3.98	0.34	4.08	0.89	48.43	4.55	5.21	0.57	52.19	4.11	103.59	5.11
2013	0～20	5.29	0.16	3.60	0.29	3.55	0.28	4.58	0.55	50.28	5.57	5.09	0.48	50.97	4.23	108.72	4.99
2014	0～20	5.29	0.22	3.44	0.22	3.25	0.32	4.15	0.41	53.73	5.88	4.92	0.38	55.86	5.95	104.13	6.07
2015	0～20	5.07	0.18	3.32	0.43	3.46	0.36	4.57	0.71	52.01	6.54	4.89	0.28	56.89	6.45	106.40	5.55

表 3-29 杉木人工林样地土壤交换量

时间（年）	观测层次/cm	交换性钙/(cmol/kg)		交换性镁/(cmol/kg)		交换性钾/(cmol/kg)		交换性钠/(cmol/kg)		交换性铝/(cmol/kg)		交换性氢/(cmol/kg)		交换性总酸量/(cmol/kg)		阳离子交换量/(cmol/kg)	
		平均值	标准差	平均值	标准差	平均值	标准差	平均值	标准差	平均值	标准差	平均值	标准差	平均值	标准差	平均值	标准差
2011	0～20	5.46	0.11	3.15	0.23	3.53	0.37	4.56	0.98	38.56	2.52	4.33	0.67	45.78	3.58	96.79	5.76
2012	0～20	5.50	0.16	2.98	0.18	2.98	0.19	4.39	1.03	40.58	1.96	4.89	0.59	48.66	2.98	105.37	6.84
2013	0～20	5.29	0.18	2.82	0.21	3.25	0.22	4.19	1.08	42.35	1.67	4.56	0.52	47.41	1.97	99.83	4.15
2014	0～20	5.37	0.15	2.68	0.12	3.19	0.24	4.25	0.87	43.09	2.05	4.76	0.41	46.83	2.09	103.58	3.55
2015	0～20	5.19	0.16	2.76	0.17	3.05	0.27	4.01	1.12	41.07	2.41	4.60	0.48	45.67	2.24	101.54	4.18

表 3-30　毛竹林样地土壤交换量

时间（年）	观测层次/cm	交换性钙/（cmol/kg）		交换性镁/（cmol/kg）		交换性钾/（cmol/kg）		交换性钠/（cmol/kg）		交换性铝/（cmol/kg）		交换性氢/（cmol/kg）		交换性总酸量/（cmol/kg）		阳离子交换量/（cmol/kg）	
		平均值	标准差	平均值	标准差	平均值	标准差	平均值	标准差	平均值	标准差	平均值	标准差	平均值	标准差	平均值	标准差
2011	0～20	5.40	0.18	3.73	0.18	4.22	0.77	4.12	0.56	48.45	4.89	3.33	0.37	50.88	6.78	72.81	11.55
2012	0～20	5.93	0.16	3.14	0.22	4.58	0.89	4.28	0.69	45.12	5.68	2.95	0.27	48.56	7.02	67.32	10.08
2013	0～20	5.86	0.21	3.55	0.18	3.99	0.55	4.49	0.60	51.38	6.66	2.66	0.33	47.32	5.96	70.79	10.15
2014	0～20	5.44	0.12	3.19	0.19	3.87	0.60	4.38	0.61	43.74	5.73	3.01	0.41	45.21	6.84	68.54	12.36
2015	0～20	5.44	0.16	3.29	0.22	4.01	1.12	4.33	0.71	42.91	7.92	2.74	0.47	45.65	7.54	69.06	14.11

3.2.2 土壤养分数据集

（1）概述

本数据集为大岗山站林区的常绿阔叶林、杉木人工林和毛竹林观测样地2007—2012年土壤（0～20 cm和>20～40 cm）的养分含量（有机质、全磷、有效磷、全钾、有效钾、速效钾、全氮、碱解氮）数据。

（2）数据采集和处理方法

a. 观测样地

参照中华人民共和国国家标准《森林生态系统长期定位观测方法》（GB/T 33027—2016），根据不同林型森林面积的大小、地形、土壤水分、肥力等特征，在林内坡面上部、中部、下部与等高线平行各设置一条样线，在样线上选择具有代表性的地段，每个样地设置3个面积20 m×20 m的标准地。

b. 采样方法

根据标准地地形选择采样点布设方法，利用S形取样法布置5个采样点。并根据研究需要，按土壤层由上至下（0～20 cm和>20～40 cm）分别选择全部或上部部分层次。同一样地同一层次土样混合均匀后留取约1kg，装于采集袋中，分出杂物，风干，磨碎，过筛后，进行化学性质测定。

c. 分析方法

参照中华人民共和国国家标准《森林生态系统长期定位观测方法》（GB/T 33027—2016），有机质含量采用重铬酸钾氧化外加热法；全氮含量采用凯氏定氮法；碱解氮含量采用扩散法；全磷含量采用氢氧化钠熔融-钼蓝比色法；全钾含量采用氢氧化钠熔融-火焰分光光度法；速效磷含量采用钼锑抗比色法；有效磷含量采用氟化铵和盐酸浸提，流动分析仪测量；速效钾含量采用火焰光度计法；有效钾含量采用乙酸铵提取-火焰光度计法。

（3）数据质量控制和评估

样品采集和试验分析依据国家标准执行，分析时进行3次平行样品测定。

（4）数据价值/数据使用方法和建议

土壤养分是由土壤提供的植物生长所必需的营养元素，是土壤中能直接或经转化后被植物根系吸收的矿质营养成分。根据植物对营养元素吸收利用的难易程度，分为速效性养分和迟效性养分，主要包括土壤有机质、全氮、全磷、全钾、碱解氮、有效磷、速效磷、速效钾、有效钾等，其含量的状况是土壤肥力的重要方面。

（5）数据

具体土壤养分数据见表3-31至表3-33。

表3-31 常绿阔叶林综合观测场样地土壤养分

时间（年）	样地编号	观测层次/cm	有机质/(g/kg)	全磷/(g/kg)	速效磷/(mg/kg)	全钾/(g/kg)	有效钾/(mg/kg)
2007	0136145_YD_003	0～20	46.32	0.45	16.50	19.85	123.70
		>20～40	29.44	0.38	14.84	14.91	98.61
	0136145_YD_004	0～20	53.44	0.35	14.91	18.33	123.26
		>20～40	25.24	0.45	12.35	17.67	91.97
	0136145_YD_005	0～20	45.78	0.38	22.54	15.05	161.74
		>20～40	30.32	0.41	10.22	10.35	136.38
	0136145_YD_006	0～20	48.19	0.49	19.77	14.42	105.50

（续）

时间（年）	样地编号	观测层次/cm	有机质/(g/kg)	全磷/(g/kg)	速效磷/(mg/kg)	全钾/(g/kg)	有效钾/(mg/kg)
2007	0136145 _ YD _ 006	>20～40	33.97	0.47	15.17	19.57	67.51
	0136145 _ YD _ 007	0～20	51.81	0.45	19.14	18.76	132.70
		>20～40	32.76	0.49	17.15	11.46	104.69
	0136145 _ YD _ 008	0～20	48.40	0.50	17.68	15.67	73.32
		>20～40	28.38	0.48	12.61	11.00	48.08
	0136145 _ YD _ 009	0～20	48.35	0.40	13.39	11.76	66.52
		>20～40	30.73	0.48	14.28	14.67	91.59
	0136145 _ YD _ 010	0～20	47.38	0.40	11.72	18.16	134.83
		>20～40	33.54	0.42	10.57	18.01	121.97
	0136145 _ YD _ 011	0～20	45.59	0.42	12.43	10.85	184.45
		>20～40	32.64	0.46	8.84	16.07	149.68
	0136145 _ YD _ 012	0～20	45.08	0.40	26.93	18.59	232.70
		>20～40	27.85	0.47	21.87	19.41	226.46
	0136145 _ YD _ 013	0～20	53.00	0.41	17.01	10.38	66.82
		>20～40	30.49	0.47	15.39	10.33	48.09
	0136145 _ YD _ 014	0～20	51.15	0.44	11.00	14.93	119.95
		>20～40	25.37	0.42	8.62	17.66	112.63
	0136145 _ YD _ 015	0～20	54.91	0.36	15.91	12.56	97.68
		>20～40	32.51	0.41	13.14	13.40	66.52
2008	0136145 _ YD _ 003	0～20	45.71	0.38	17.23	11.49	108.64
		>20～40	30.43	0.47	15.66	19.87	89.57
	0136145 _ YD _ 004	0～20	54.70	0.36	15.31	13.97	116.73
		>20～40	25.64	0.37	12.87	11.08	106.35
	0136145 _ YD _ 005	0～20	58.30	0.42	21.33	19.86	147.88
		>20～40	26.61	0.46	12.84	14.31	113.56
	0136145 _ YD _ 006	0～20	51.14	0.40	18.15	13.40	113.58
		>20～40	34.06	0.36	16.78	16.48	82.95
	0136145 _ YD _ 007	0～20	53.17	0.37	22.81	18.68	127.46
		>20～40	29.48	0.36	19.67	13.75	111.77
	0136145 _ YD _ 008	0～20	52.37	0.39	18.54	15.09	81.67
		>20～40	31.18	0.50	14.36	19.78	54.38
	0136145 _ YD _ 009	0～20	54.26	0.43	14.43	13.61	75.99

（续）

时间（年）	样地编号	观测层次/cm	有机质/(g/kg)	全磷/(g/kg)	速效磷/(mg/kg)	全钾/(g/kg)	有效钾/(mg/kg)
2008	0136145 _ YD _ 009	>20～40	32.26	0.39	14.30	10.00	82.31
	0136145 _ YD _ 010	0～20	54.50	0.37	12.38	11.19	134.83
		>20～40	27.39	0.46	11.59	14.57	121.97
	0136145 _ YD _ 011	0～20	48.59	0.40	11.87	15.27	161.35
		>20～40	30.32	0.40	10.66	11.29	138.72
	0136145 _ YD _ 012	0～20	53.47	0.37	21.36	18.90	193.86
		>20～40	25.20	0.35	19.22	17.38	177.11
	0136145 _ YD _ 013	0～20	49.30	0.36	15.88	19.54	76.51
		>20～40	27.85	0.46	14.39	14.09	62.32
	0136145 _ YD _ 014	0～20	45.04	0.46	12.44	10.85	108.37
		>20～40	31.87	0.35	10.12	14.36	100.53
	0136145 _ YD _ 015	0～20	53.72	0.36	15.17	15.29	103.36
		>20～40	29.29	0.49	13.28	15.61	89.46
2009	0136145 _ YD _ 003	0～20	54.63	0.41	18.46	19.45	125.44
		>20～40	34.77	0.36	16.37	17.71	109.43
	0136145 _ YD _ 004	0～20	46.16	0.38	15.38	17.42	119.19
		>20～40	30.40	0.35	14.51	12.43	103.82
	0136145 _ YD _ 005	0～20	54.29	0.50	25.32	11.08	149.37
		>20～40	27.89	0.36	15.88	14.02	132.15
	0136145 _ YD _ 006	0～20	45.52	0.43	21.56	14.16	99.12
		>20～40	30.58	0.38	18.47	17.21	73.43
	0136145 _ YD _ 007	0～20	53.47	0.46	21.35	15.78	119.75
		>20～40	33.96	0.50	19.54	17.28	88.53
	0136145 _ YD _ 008	0～20	53.62	0.35	21.79	11.30	83.38
		>20～40	30.10	0.45	15.43	19.87	69.89
	0136145 _ YD _ 009	0～20	51.98	0.46	14.38	10.19	83.87
		>20～40	30.24	0.49	16.89	10.29	78.96
	0136145 _ YD _ 010	0～20	46.79	0.35	18.32	17.63	119.53
		>20～40	27.84	0.38	13.89	12.35	107.77
	0136145 _ YD _ 011	0～20	48.09	0.50	13.58	17.47	163.49
		>20～40	27.00	0.36	10.66	19.87	138.94
	0136145 _ YD _ 012	0～20	45.27	0.41	23.16	15.25	210.53

（续）

时间（年）	样地编号	观测层次/cm	有机质/(g/kg)	全磷/(g/kg)	速效磷/(mg/kg)	全钾/(g/kg)	有效钾/(mg/kg)
2009	0136145 _ YD _ 012	>20～40	27.64	0.35	19.88	18.28	187.63
	0136145 _ YD _ 013	0～20	54.92	0.43	18.76	17.58	85.51
		>20～40	30.53	0.42	16.97	12.27	63.25
	0136145 _ YD _ 014	0～20	47.81	0.37	13.84	16.84	130.55
		>20～40	29.80	0.38	12.97	13.42	111.18
	0136145 _ YD _ 015	0～20	47.24	0.40	16.37	14.93	103.09
		>20～40	30.63	0.39	14.63	16.32	84.73
2010	0136145 _ YD _ 003	0～20	45.32	0.41	13.43	10.12	146.43
		>20～40	32.22	0.42	10.54	17.00	137.76
	0136145 _ YD _ 004	0～20	50.87	0.45	19.43	10.33	119.31
		>20～40	28.49	0.50	16.90	15.38	85.57
	0136145 _ YD _ 005	0～20	54.41	0.49	21.28	15.73	200.47
		>20～40	28.40	0.38	17.63	14.14	190.72
	0136145 _ YD _ 006	0～20	50.77	0.37	23.06	19.29	112.97
		>20～40	26.30	0.46	21.50	11.61	96.93
	0136145 _ YD _ 007	0～20	52.03	0.46	17.22	15.27	134.89
		>20～40	33.94	0.45	13.66	15.23	108.49
	0136145 _ YD _ 008	0～20	49.42	0.36	13.49	14.73	112.68
		>20～40	25.09	0.36	11.02	16.87	101.09
	0136145 _ YD _ 009	0～20	40.28	0.48	16.51	13.36	130.06
		>20～40	25.54	0.46	12.14	14.73	122.33
	0136145 _ YD _ 010	0～20	45.35	0.49	23.51	14.55	102.39
		>20～40	34.14	0.38	17.48	14.26	73.61
	0136145 _ YD _ 011	0～20	53.56	0.36	17.38	16.39	97.13
		>20～40	27.31	0.44	18.49	19.85	105.87
	0136145 _ YD _ 012	0～20	52.47	0.50	15.64	13.19	143.23
		>20～40	26.45	0.43	14.77	12.96	121.52
	0136145 _ YD _ 013	0～20	52.09	0.40	16.72	18.71	183.18
		>20～40	29.48	0.40	13.33	19.24	142.36
	0136145 _ YD _ 014	0～20	50.19	0.48	14.97	15.67	148.36
		>20～40	28.05	0.43	11.36	10.69	137.55
	0136145 _ YD _ 015	0～20	46.61	0.48	17.42	14.31	92.43

（续）

时间（年）	样地编号	观测层次/cm	有机质/(g/kg)	全磷/(g/kg)	速效磷/(mg/kg)	全钾/(g/kg)	有效钾/(mg/kg)
2010	0136145 _ YD _ 015	>20～40	25.55	0.40	14.91	13.10	78.69
2011	0136145 _ YD _ 003	0～20	51.65	0.49	17.38	14.08	163.68
		>20～40	28.01	0.48	14.38	14.60	155.56
	0136145 _ YD _ 004	0～20	46.45	0.44	18.63	13.35	91.25
		>20～40	26.31	0.38	17.44	18.83	78.63
	0136145 _ YD _ 005	0～20	45.43	0.35	20.06	14.11	28.80
		>20～40	28.96	0.49	15.92	19.67	120.51
	0136145 _ YD _ 006	0～20	48.03	0.36	16.17	18.22	154.97
		>20～40	28.60	0.41	13.03	17.16	118.69
	0136145 _ YD _ 007	0～20	45.10	0.36	27.79	10.49	199.42
		>20～40	33.20	0.42	12.61	15.74	168.33
	0136145 _ YD _ 008	0～20	46.00	0.50	12.02	13.73	129.85
		>20～40	26.69	0.47	18.60	17.42	82.77
	0136145 _ YD _ 009	0～20	49.53	0.49	23.65	11.24	163.95
		>20～40	28.95	0.38	21.13	15.40	129.00
	0136145 _ YD _ 010	0～20	48.11	0.37	21.78	10.52	90.30
		>20～40	34.82	0.39	15.56	12.05	59.31
	0136145 _ YD _ 011	0～20	49.92	0.42	16.72	13.21	83.07
		>20～40	34.35	0.42	17.89	15.62	114.75
	0136145 _ YD _ 012	0～20	53.31	0.49	14.61	11.20	168.01
		>20～40	29.00	0.39	13.29	18.14	153.43
	0136145 _ YD _ 013	0～20	51.80	0.37	15.14	12.02	224.62
		>20～40	26.02	0.37	10.62	16.46	179.94
	0136145 _ YD _ 014	0～20	50.63	0.36	12.73	10.19	282.84
		>20～40	28.80	0.42	10.26	16.01	271.89
	0136145 _ YD _ 015	0～20	47.64	0.37	18.35	12.41	83.85
		>20～40	25.27	0.46	15.96	12.40	59.26
2012	0136145 _ YD _ 003	0～20	50.29	0.50	18.07	10.66	125.95
		>20～40	34.39	0.48	15.34	13.47	108.78
	0136145 _ YD _ 004	0～20	48.78	0.49	15.84	10.46	146.58
		>20～40	34.91	0.40	23.12	16.97	122.04
	0136145 _ YD _ 005	0～20	45.75	0.39	27.30	17.47	195.87

（续）

时间（年）	样地编号	观测层次/cm	有机质/(g/kg)	全磷/(g/kg)	速效磷/(mg/kg)	全钾/(g/kg)	有效钾/(mg/kg)
2012	0136145_YD_005	>20～40	33.81	0.39	11.31	10.30	150.99
	0136145_YD_006	0～20	51.18	0.39	10.75	13.97	116.08
		>20～40	32.65	0.38	16.76	11.17	74.56
	0136145_YD_007	0～20	52.73	0.38	21.09	17.03	146.21
		>20～40	34.09	0.47	18.98	13.00	115.84
	0136145_YD_008	0～20	47.38	0.40	20.82	13.54	86.35
		>20～40	30.36	0.43	16.61	15.46	63.33
	0136145_YD_009	0～20	54.38	0.44	17.50	17.78	86.97
		>20～40	34.79	0.42	18.90	17.57	121.22
	0136145_YD_010	0～20	52.57	0.49	14.25	16.91	163.89
		>20～40	31.83	0.40	12.95	13.98	149.43
	0136145_YD_011	0～20	50.14	0.42	14.99	18.05	222.41
		>20～40	27.29	0.42	10.67	12.19	180.62
	0136145_YD_012	0～20	50.61	0.43	32.45	11.56	280.4
		>20～40	26.80	0.42	26.38	13.03	273.14
	0136145_YD_013	0～20	52.31	0.48	18.85	10.57	74.07
		>20～40	32.97	0.41	17.03	10.67	53.21
	0136145_YD_014	0～20	53.98	0.42	12.06	10.84	131.56
		>20～40	34.38	0.40	9.51	12.46	124.29
	0136145_YD_015	0～20	53.33	0.42	19.21	17.33	117.90
		>20～40	29.86	0.42	16.22	17.22	82.13

表 3-32 杉木人工林综合观测场样地土壤养分

时间（年）	样地编号	观测层次/cm	有机质/(g/kg)	全氮/(g/kg)	碱解氮/(g/kg)	速效钾/(mg/kg)	有效磷/(mg/kg)
2007	0136145_YD_001	0～20	22.54	1.843	0.180	23.52	0.984
		>20～40	15.05	1.348	0.108	14.43	1.387
	0136145_YD_002	0～20	19.60	1.542	0.165	33.60	0.794
		>20～40	11.17	0.920	0.099	16.93	0.385
	0136145_YD_016	0～20	30.10	2.893	0.288	59.74	1.040
		>20～40	11.16	1.114	0.183	46.51	2.031
	0136145_YD_017	0～20	28.34	2.392	0.232	54.88	1.040

（续）

时间（年）	样地编号	观测层次/cm	有机质/(g/kg)	全氮/(g/kg)	碱解氮/(g/kg)	速效钾/(mg/kg)	有效磷/(mg/kg)
2007	0136145 _ YD _ 017	>20~40	18.33	1.932	0.177	43.66	3.123
	0136145 _ YD _ 018	0~20	30.82	2.745	0.262	56.79	2.031
		>20~40	21.52	1.568	0.131	55.67	0.839
	0136145 _ YD _ 019	0~20	24.80	2.129	0.209	53.89	1.208
		>20~40	13.64	1.233	0.122	40.24	2.166
2008	0136145 _ YD _ 001	0~20	21.21	1.926	0.181	27.95	1.570
		>20~40	16.99	1.650	0.164	22.45	1.469
	0136145 _ YD _ 002	0~20	17.60	1.705	0.160	31.56	1.183
		>20~40	15.90	1.540	0.151	22.02	0.572
	0136145 _ YD _ 016	0~20	23.90	1.723	0.198	44.82	1.351
		>20~40	17.82	1.712	0.183	34.93	1.419
	0136145 _ YD _ 017	0~20	25.95	1.512	0.154	41.81	1.318
		>20~40	17.24	0.899	0.089	31.57	2.018
	0136145 _ YD _ 018	0~20	27.49	1.568	0.160	50.70	2.234
		>20~40	14.26	1.606	0.125	41.17	1.536
	0136145 _ YD _ 019	0~20	20.09	1.908	0.169	48.86	1.495
		>20~40	18.10	1.891	0.163	34.84	1.712
2009	0136145 _ YD _ 001	0~20	25.13	2.387	0.259	27.37	1.561
		>20~40	21.40	1.513	0.191	17.57	1.354
	0136145 _ YD _ 002	0~20	16.06	1.573	0.120	25.13	1.676
		>20~40	12.65	1.419	0.093	21.99	1.464
	0136145 _ YD _ 016	0~20	20.87	1.532	0.211	38.77	1.431
		>20~40	15.23	1.511	0.172	35.38	1.487
	0136145 _ YD _ 017	0~20	22.86	1.681	0.169	40.29	1.519
		>20~40	18.34	0.947	0.108	35.43	1.754
	0136145 _ YD _ 018	0~20	25.61	1.432	0.175	46.51	1.967
		>20~40	15.33	1.519	0.139	41.84	1.813
	0136145 _ YD _ 019	0~20	18.02	1.817	0.182	46.72	1.537
		>20~40	16.19	1.689	0.119	32.51	1.619
2010	0136145 _ YD _ 001	0~20	28.82	1.866	0.189	32.67	1.381
		>20~40	19.26	1.905	0.176	18.75	1.357
	0136145 _ YD _ 002	0~20	21.98	1.683	0.143	29.91	1.269

（续）

时间（年）	样地编号	观测层次/cm	有机质/(g/kg)	全氮/(g/kg)	碱解氮/(g/kg)	速效钾/(mg/kg)	有效磷/(mg/kg)
2010	0136145 _ YD _ 002	>20～40	18.54	1.864	0.112	20.35	1.232
	0136145 _ YD _ 016	0～20	21.96	1.458	0.238	42.67	1.387
		>20～40	16.71	1.411	0.183	36.72	1.362
	0136145 _ YD _ 017	0～20	21.48	1.572	0.154	38.41	1.654
		>20～40	19.74	1.253	0.128	31.87	1.891
	0136145 _ YD _ 018	0～20	24.13	1.584	0.182	39.54	1.841
		>20～40	14.57	1.647	0.157	35.27	1.504
	0136145 _ YD _ 019	0～20	17.67	1.713	0.138	42.71	1.674
		>20～40	14.99	1.529	0.107	33.67	1.711
2011	0136145 _ YD _ 001	0～20	25.27	1.984	0.197	31.72	1.457
		>20～40	21.43	2.017	0.181	20.39	1.369
	0136145 _ YD _ 002	0～20	23.45	1.762	0.163	28.74	1.517
		>20～40	20.61	1.917	0.127	23.45	1.295
	0136145 _ YD _ 016	0～20	22.37	1.581	0.256	41.73	1.489
		>20～40	18.64	1.627	0.204	37.18	1.417
	0136145 _ YD _ 017	0～20	22.88	1.679	0.181	37.38	1.752
		>20～40	18.89	1.485	0.152	33.45	1.812
	0136145 _ YD _ 018	0～20	23.89	1.613	0.201	38.57	1.943
		>20～40	15.17	1.754	0.173	34.87	1.651
	0136145 _ YD _ 019	0～20	18.16	1.842	0.151	38.81	1.727
		>20～40	15.32	1.627	0.132	34.73	1.851
2012	0136145 _ YD _ 001	0～20	24.21	1.813	0.184	30.67	1.543
		>20～40	22.41	1.671	0.181	24.91	1.411
	0136145 _ YD _ 002	0～20	24.84	1.648	0.173	27.54	1.431
		>20～40	21.57	1.852	0.143	24.51	1.412
	0136145 _ YD _ 016	0～20	23.46	1.537	0.219	39.48	1.576
		>20～40	19.17	1.683	0.227	33.91	1.491
	0136145 _ YD _ 017	0～20	24.22	1.723	0.207	38.81	1.715
		>20～40	20.13	1.652	0.169	35.69	1.793
	0136145 _ YD _ 018	0～20	21.82	1.813	0.216	37.52	1.821
		>20～40	14.72	1.642	0.191	32.99	1.539
	0136145 _ YD _ 019	0～20	17.45	1.917	0.168	37.54	1.817
		>20～40	16.71	1.739	0.143	36.93	1.964

表 3－33　毛竹林综合观测场样地土壤养分

时间（年）	样地编号	观测层次/cm	有机质/(g/kg)	全氮/(g/kg)	碱解氮/(mg/kg)	速效钾/(mg/kg)	有效磷/(mg/kg)
2007	0136145 _ YD _ 023	0～20	25.48	2.92	208.24	57.00	1.86
		>20～40	25.40	1.93	201.15	28.16	1.62
	0136145 _ YD _ 024	0～20	11.73	1.08	113.27	15.71	0.36
		>20～40	9.35	1.01	113.30	20.00	0.30
	0136145 _ YD _ 025	0～20	19.75	3.42	174.66	18.63	0.80
		>20～40	15.62	1.98	131.30	17.96	0.50
	0136145 _ YD _ 026	0～20	11.88	1.24	103.37	17.27	1.16
		>20～40	12.78	1.06	78.02	30.02	0.71
2008	0136145 _ YD _ 023	0～20	23.26	2.19	215.80	38.31	1.54
		>20～40	21.99	1.51	186.51	25.61	1.17
	0136145 _ YD _ 024	0～20	12.71	1.61	122.35	21.00	0.26
		>20～40	9.55	1.47	126.69	15.87	0.23
	0136145 _ YD _ 025	0～20	25.12	2.58	167.13	23.95	0.91
		>20～40	23.24	1.51	129.45	22.45	0.66
	0136145 _ YD _ 026	0～20	21.02	1.47	103.37	22.56	1.28
		>20～40	16.64	1.33	85.98	21.02	0.98
2009	0136145 _ YD _ 023	0～20	25.37	1.94	189.38	29.18	1.36
		>20～40	24.84	1.61	164.24	21.34	0.98
	0136145 _ YD _ 024	0～20	14.95	1.76	125.33	19.86	0.77
		>20～40	10.35	1.33	117.54	16.33	0.56
	0136145 _ YD _ 025	0～20	23.16	2.18	149.81	21.59	0.95
		>20～40	21.94	1.65	135.44	19.77	0.74
	0136145 _ YD _ 026	0～20	19.88	1.68	115.94	23.48	1.13
		>20～40	17.68	1.67	90.35	19.68	0.79
2010	0136145 _ YD _ 023	0～20	26.85	1.88	176.35	28.34	1.22
		>20～40	22.39	1.74	153.18	19.66	1.01
	0136145 _ YD _ 024	0～20	16.48	1.98	131.28	18.97	0.98
		>20～40	11.36	1.43	122.33	17.66	0.63
	0136145 _ YD _ 025	0～20	25.38	2.02	156.39	20.58	0.89
		>20～40	23.39	1.71	123.95	16.97	0.51
	0136145 _ YD _ 026	0～20	21.36	1.83	121.36	21.36	1.30
		>20～40	19.38	1.61	101.32	16.88	0.89
2011	0136145 _ YD _ 023	0～20	28.12	1.64	168.98	29.36	1.33

（续）

时间（年）	样地编号	观测层次/cm	有机质/(g/kg)	全氮/(g/kg)	碱解氮/(mg/kg)	速效钾/(mg/kg)	有效磷/(mg/kg)
2011	0136145 _ YD _ 023	>20～40	21.39	1.51	146.35	19.59	1.03
	0136145 _ YD _ 024	0～20	17.98	1.79	153.32	16.35	1.21
		>20～40	13.56	1.36	133.59	15.51	0.89
	0136145 _ YD _ 025	0～20	21.38	1.92	167.39	22.15	0.91
		>20～40	19.63	1.68	116.84	18.34	0.63
	0136145 _ YD _ 026	0～20	23.39	1.63	135.58	23.75	1.24
		>20～40	18.39	1.42	105.33	18.69	0.99
2012	0136145 _ YD _ 023	0～20	31.20	1.95	189.31	28.01	1.22
		>20～40	24.39	1.66	156.55	16.59	1.11
	0136145 _ YD _ 024	0～20	19.38	1.73	169.64	17.08	1.09
		>20～40	14.57	1.29	123.19	13.22	0.75
	0136145 _ YD _ 025	0～20	22.68	1.77	166.67	19.80	1.21
		>20～40	20.67	1.56	122.36	12.08	0.86
	0136145 _ YD _ 026	0～20	24.15	1.79	140.01	21.30	1.34
		>20～40	19.18	1.34	105.68	17.33	1.05

3.2.3 土壤有效微量元素数据集

（1）概述

本数据集为2005年、2010年和2015年三种典型林分类型（常绿阔叶林、毛竹林和杉木人工林）观测样地土壤有效微量元素数据。

（2）数据采集和处理方法

a. 观测样地

参照中华人民共和国国家标准《森林生态系统长期定位观测方法》（GB/T 33027—2016），根据不同林型森林面积的大小、地形、土壤水分、肥力等特征，在林内坡面上部、中部、下部与等高线平行各设置一条样线，在样线上选择具有代表性的地段，每个样地设置3个面积20 m×20 m的标准地。

b. 采样方法

根据标准地地形选择采样点布设方法，利用S形取样法布置5个采样点。并根据研究需要，采集0～20 cm土壤混合后装袋，各样品重复3次，根据《森林土壤分析方法》进行风干过筛处理，过0.025 mm和1 mm筛后备用，供土壤有效微量元素含量的测定。

c. 分析方法

参照中华人民共和国国家标准《森林生态系统长期定位观测方法》（GB/T 33027—2016），土壤有效铁、有效铜和有效锌含量的测定采用DTPA浸提（碱性、中性土壤）/盐酸浸提（酸性土壤）-原子吸收分光光度法；土壤有效钼的测定采用硫氰酸钾（铵）比色法；土壤有效锰的测定采用火焰原子吸收光谱法；土壤有效硼的测定采用甲亚胺比色法或磷酸盐-乙酸溶液浸提法；土壤有效硫的测定采用硫酸钦比浊法。

（3）数据质量控制和评估

样品采集和试验分析依据国家标准执行，分析时进行 3 次平行样品测定。

（4）数据

具体土壤有效微量元素数据见表 3-34。

表 3-34 三种典型林分类型观测样地土壤有效微量元素

时间（年）	指标项目	常绿阔叶林		杉木人工林		毛竹林	
		平均值	标准差	平均值	标准差	平均值	标准差
2005	有效钼/（mg/kg）	—	—	—	—	—	—
	有效锌/（mg/kg）	0.62	0.04	0.40	0.05	0.99	0.07
	有效锰/（mg/kg）	17.66	3.65	8.79	0.77	32.84	8.14
	有效铜/（mg/kg）	1.21	0.28	1.29	0.07	2.54	1.15
	有效铁/（mg/kg）	13.56	2.24	13.48	2.23	32.64	4.03
	有效硼/（mg/kg）	—	—	—	—	—	—
	有效硫/（mg/kg）	—	—	—	—	—	—
2010	有效钼/（mg/kg）	0.02	0.00	0.06	0.00	0.11	0.01
	有效锌/（mg/kg）	0.93	0.08	0.62	0.07	35.16	4.57
	有效锰/（mg/kg）	21.38	4.31	11.13	0.94	39.44	9.12
	有效铜/（mg/kg）	1.33	0.17	1.37	0.07	3.77	0.99
	有效铁/（mg/kg）	23.16	3.21	12.54	1.92	37.90	5.85
	有效硼/（mg/kg）	0.06	0.00	0.00	0.00	0.09	0.00
	有效硫/（mg/kg）	129.29	26.05	141.24	5.96	121.19	23.75
2015	有效钼/（mg/kg）	0.09	0.01	0.08	0.01	0.37	0.02
	有效锌/（mg/kg）	1.51	0.18	0.78	0.06	1.40	0.17
	有效锰/（mg/kg）	23.58	3.99	10.96	0.87	42.68	8.72
	有效铜/（mg/kg）	0.98	0.05	1.41	0.02	1.35	0.52
	有效铁/（mg/kg）	27.97	7.10	15.19	0.24	37.90	5.85
	有效硼/（mg/kg）	0.12	0.00	0.08	0.01	0.11	0.01
	有效硫/（mg/kg）	129.29	26.05	141.24	5.96	121.19	23.75

3.2.4 剖面土壤机械组成数据集

（1）概述

本数据集为大岗山国家野外站林区三种典型林分类型（常绿阔叶林、杉木人工林和毛竹林）观测样地 2005—2015 年剖面（0～20 cm、>20～40 cm）土壤的机械组成（1～0.05 mm、0.05～0.001 mm、<0.001 mm）数据。

（2）数据采集和处理方法

a. 观测样地

观测样地为三种典型林分类型（常绿阔叶林、杉木人工林和毛竹林）样地；参照中华人民共和国国家标准《森林生态系统长期定位观测方法》（GB/T 33027—2016），根据不同林型森林面积的大小、地形、土壤水分、肥力等特征，在林内坡面上部、中部、下部与等高线平行各设置一条样线，在样线上选择具有代表性的地段，每个样地设置 3 个面积 20 m×20 m 的标准地。

b. 采样方法

根据标准地地形选择采样点布设方法，利用 S 形取样法布置 5 个采样点。并根据研究需要，按土壤层由上至下（0～20 cm 和>20～40 cm）分别选择全部或上部部分层次，各层次土壤分三部分进行采集。第一部分用容积为 100 cm^3 或 200 cm^3 的环刀按自然发生层次分别取各层原状土样（每层重复 3 个），进行土壤机械组成测定。第二、三部分采用塑封袋进行采集，袋内外附上标签，记录样方号、采集地点、深度、日期等信息，用于测定土壤化学性质。

c. 分析方法

参照中华人民共和国国家标准《森林生态系统长期定位观测方法》（GB/T 33027—2016），土壤颗粒组成（机械组成）采用吸管法和比重计法进行土壤颗粒粒径测定。

（3）数据质量控制和评估

样品采集和试验分析依据国家标准执行，分析时进行 3 次平行样品测定。

（4）数据价值/数据使用方法和建议

土壤由不同粒径的有机和无机颗粒按特定规律组成的各种团粒构成，土壤通气性、水分、根穿透性、土壤结构和肥力通常与粒径小于 1 mm 的土粒关系最为密切。大岗山国家野外站剖面土壤机械组成数据可为区域土壤理化性质、土壤养分状况和物质循环以及环境土壤学研究等工作提供数据基础。

（5）数据

具体剖面土壤机械组成数据见表 3－35。

表 3－35　三种典型林分类型观测样地剖面土壤机械组成

样地	时间（年）	观测层次/cm	剖面土壤机械组成/%		
			1～0.05 mm	0.05～0.001 mm	<0.001 mm
常绿阔叶林	2005	0～20	15.18	51.27	33.55
		>20～40	14.97	56.89	28.14
	2006	0～20	15.06	53.71	31.23
		>20～40	14.29	56.31	29.40
	2007	0～20	14.32	59.44	26.24
		>20～40	14.94	60.30	24.76
	2008	0～20	15.27	58.35	26.38
		>20～40	15.81	57.21	26.98
	2009	0～20	14.88	58.14	26.98
		>20～40	14.73	55.37	29.90
	2010	0～20	14.77	60.12	25.11
		>20～40	15.01	55.98	29.01
	2011	0～20	14.96	57.31	27.73
		>20～40	15.31	55.22	29.47
	2012	0～20	13.70	55.82	30.48
		>20～40	13.70	55.95	30.35
	2013	0～20	14.00	56.02	29.98

（续）

样地	时间（年）	观测层次/cm	剖面土壤机械组成/%		
			1～0.05 mm	0.05～0.001 mm	<0.001 mm
常绿阔叶林	2013	>20～40	13.60	57.20	29.20
	2014	0～20	14.30	62.90	22.80
		>20～40	14.63	58.77	26.60
	2015	0～20	15.31	59.72	24.97
		>20～40	16.65	54.18	29.17
杉木人工林	2005	0～20	20.57	51.05	28.38
		>20～40	23.87	44.86	31.27
	2006	0～20	16.17	43.53	27.36
		>20～40	15.79	55.04	29.17
	2007	0～20	12.49	56.04	31.47
		>20～40	16.79	52.83	30.38
	2008	0～20	18.11	58.17	23.72
		>20～40	19.44	55.87	24.69
	2009	0～20	19.37	54.44	26.19
		>20～40	20.98	51.54	27.48
	2010	0～20	21.81	52.31	25.88
		>20～40	22.37	49.27	28.36
	2011	0～20	19.96	53.87	26.17
		>20～40	18.65	55.33	26.02
	2012	0～20	20.94	54.31	24.75
		>20～40	21.35	51.29	27.36
	2013	0～20	21.79	54.58	23.63
		>20～40	22.56	54.17	23.27
	2014	0～20	20.83	52.39	26.78
		>20～40	21.66	51.92	26.42
	2015	0～20	21.37	55.31	23.32
		>20～40	21.62	51.69	26.69
毛竹林	2005	0～20	19.86	50.31	29.83
		>20～40	21.36	46.77	31.87
	2006	0～20	20.88	52.62	26.50
		>20～40	22.15	49.86	27.99
	2007	0～20	22.59	52.19	25.22

（续）

样地	时间（年）	观测层次/cm	剖面土壤机械组成/%		
			1～0.05 mm	0.05～0.001 mm	<0.001 mm
毛竹林	2007	>20～40	23.44	49.61	26.95
	2008	0～20	23.72	51.22	25.07
		>20～40	24.87	50.93	24.20
	2009	0～20	15.43	51.26	33.32
		>20～40	17.92	53.56	28.52
	2010	0～20	20.24	56.60	23.16
		>20～40	22.63	52.43	24.94
	2011	0～20	25.49	46.24	28.26
		>20～40	25.31	49.87	24.82
	2012	0～20	24.67	54.35	20.98
		>20～40	25.13	51.77	23.10
	2013	0～20	23.81	48.69	27.50
		>20～40	24.36	50.34	25.30
	2014	0～20	25.19	55.28	19.53
		>20～40	26.77	53.93	19.30
	2015	0～20	25.27	48.18	26.55
		>20～40	25.67	50.27	24.06

3.2.5 剖面土壤容重数据集

（1）概述

本数据集为大岗山国家野外站林区三种典型林分类型（常绿阔叶林、杉木人工林和毛竹林）观测样地2006—2011年剖面（0～10 cm、>10～20 cm、>20～40 cm、>40～60 cm、>60～80 cm）土壤的容重数据。

（2）数据采集和处理方法

a. 观测样地

观测样地为三种典型林分类型（常绿阔叶林、毛竹林和杉木人工林）样地，海拔均在300 m左右，且立地条件较一致；参照中华人民共和国国家标准《森林生态系统长期定位观测方法》（GB/T 33027—2016），根据不同林型森林面积的大小、地形、土壤水分、肥力等特征，在林内坡面上部、中部、下部与等高线平行各设置一条样线，在样线上选择具有代表性的地段，每个样地设置3个面积20 m×20 m的标准地。

b. 采样方法

根据标准地地形选择采样点布设方法，采用S形取样法。并根据研究需要，按土壤层由上至下（0～10 cm、>10～20 cm、>20～40 cm、>40～60 cm、>60～80 cm）分别选择全部或上部部分层次，各层次土壤分三部分进行采集。第一部分用容积为100 cm^3 或200 cm^3 的环刀按自然发生层次分别取各层原状土样（每层重复3个），进行土壤容重测定。第二、三部分采用塑封袋进行采集，袋内外附上标签，记录样方号、采集地点、深度、日期等信息，用于测定土壤化学性质。

c. 分析方法

参照中华人民共和国国家标准《森林生态系统长期定位观测方法》（GB/T 33027—2016），土壤容重采用环刀法。

（3）数据质量控制和评估

样品采集和试验分析依据国家标准执行，分析时进行3次平行样品测定。

（4）数据价值/数据使用方法和建议

土壤容重是一定容积的土壤（包括土粒及粒间的孔隙）烘干后质量与烘干前体积的比值。土壤容重可作为判断土壤肥力状况的指标之一。土壤容重过大，表明土壤紧实，不利于透水、通气、扎根；土壤容重过小，又会使有机质分解过速，并使植物根系扎不牢而易倾倒。土壤容重还是一个非常重要的基本数据，可用于计算土壤的孔隙度，进行土壤质量与土壤容积的换算，计算一定土层内的养分含量和盐分含量等。

（5）数据

具体剖面土壤容重数据见表3-36。

表3-36　三种典型林分类型观测样地剖面土壤容重

样地	时间（年）	观测层次/cm	容重/（g/cm³）
常绿阔叶林	2006	0～10	1.17
		>10～20	1.28
		>20～40	1.07
		>40～60	1.12
		>60～80	1.10
	2007	0～10	1.21
		>10～20	1.33
		>20～40	1.24
		>40～60	1.31
		>60～80	—
	2008	0～10	1.10
		>10～20	1.28
		>20～40	1.09
		>40～60	1.40
		>60～80	1.19
	2009	0～10	1.06
		>10～20	1.13
		>20～40	1.21
		>40～60	1.37
		>60～80	1.30

（续）

样地	时间（年）	观测层次/cm	容重/（g/cm³）
常绿阔叶林	2010	0～10	1.33
		>10～20	1.21
		>20～40	1.33
		>40～60	1.39
		>60～80	1.43
	2011	0～10	1.43
		>10～20	—
		>20～40	1.34
		>40～60	0.98
		>60～80	1.43
杉木人工林	2006	0～10	1.29
		>10～20	1.34
		>20～40	1.30
		>40～60	1.16
		>60～80	1.28
	2007	0～10	1.21
		>10～20	1.23
		>20～40	1.33
		>40～60	1.32
		>60～80	1.37
	2008	0～10	1.23
		>10～20	1.31
		>20～40	1.22
		>40～60	1.37
		>60～80	1.36
	2009	0～10	1.20
		>10～20	1.35
		>20～40	1.35

（续）

样地	时间（年）	观测层次/cm	容重/（g/cm³）
杉木人工林	2009	>40～60	1.40
		>60～80	1.36
	2010	0～10	1.28
		>10～20	1.25
		>20～40	1.25
		>40～60	1.49
		>60～80	1.35
	2011	0～10	1.34
		>10～20	1.29
		>20～40	1.25
		>40～60	1.16
		>60～80	1.22
毛竹林	2006	0～10	0.74
		>10～20	0.76
		>20～40	0.97
		>40～60	0.91
		>60～80	1.34
	2007	0～10	0.95
		>10～20	0.92
		>20～40	0.91
		>40～60	0.98
		>60～80	1.12
	2008	0～10	1.01
		>10～20	1.18
		>20～40	1.29
		>40～60	1.56
		>60～80	1.62
	2009	0～10	0.88

（续）

样地	时间（年）	观测层次/cm	容重/（g/cm³）
毛竹林	2009	>10～20	1.25
		>20～40	1.30
		>40～60	1.52
		>60～80	1.37
	2010	0～10	1.19
		>10～20	1.01
		>20～40	1.14
		>40～60	1.31
		>60～80	1.57
	2011	0～10	1.06
		>10～20	0.91
		>20～40	1.19
		>40～60	1.29
		>60～80	1.35

3.2.6 剖面土壤重金属全量数据集

（1）概述

本数据集为大岗山林区三种典型林分类型（常绿阔叶林、毛竹林和杉木人工林）样地2015年剖面（0～10 cm、>10～20 cm、>20～40 cm、>40～60 cm和>60～100 cm）土壤的4种重金属（镉、铬、镍和铅）全量数据。

（2）数据采集和处理方法

a. 观测样地

观测样地为三种典型林分类型（常绿阔叶林、毛竹林和杉木人工林）样地，参照中华人民共和国国家标准《森林生态系统长期定位观测方法》（GB/T 33027—2016），根据不同林型森林面积的大小、地形、土壤水分、肥力等特征，在林内坡面上部、中部、下部与等高线平行各设置一条样线，在样线上选择具有代表性的地段，每个样地设置3个面积20 m×20 m的标准地。

b. 采样方法

在采样点挖取长1.5 m、宽1 m、深1.2 m的土壤剖面，观察面向阳，挖出的土壤按不同层次分开放置，用木制土铲铲除观察面表层与铁锹接触的土壤，自下向上采集各层土样，每层约1.5 kg，装入棉质土袋中，最后将挖出土壤按层回填。取回的土样置于干净的白纸上风干，挑除根系和石子，四分法取适量碾磨后，过2 mm尼龙筛，再四分法取适量碾磨后，过0.149 mm尼龙筛，装入广口瓶备用。

c. 分析方法

参照中华人民共和国国家标准《森林生态系统长期定位观测方法》（GB/T 33027—2016），铅、铬、镉和镍采用盐酸-硝酸-氢氟酸-高氯酸消煮-ICP－AES法（ICP－AES法指电感耦合等离子体原子发射光谱法）。

（3）数据质量控制和评估

样品采集和试验分析依据国家标准执行，分析时进行3次平行样品测定。

（4）数据价值/数据使用方法和建议

土壤重金属含量是土壤重要的环境要素，尽管土壤具有对污染物的降解能力，但对于重金属元素，土壤尚不能发挥其天然净化功能，因此，对其进行长期、系统的监测显得尤为重要。大岗山国家野外站剖面土壤重金属元素数据可为区域土壤环境质量评估、土壤污染风险评估以及环境土壤学研究等工作提供数据基础。

（5）数据

具体坡面土壤重金属全量数据见表3－37至表3－38。

表3－37　剖面土壤重金属（镉和铬）

时间（年-月）	样地	观测层次/cm	镉/（mg/kg）		铬/（mg/kg）	
			平均值	标准差	平均值	标准差
2015－08	常绿阔叶林	0～10	2.78	0.25	79.79	7.61
		>10～20	2.79	0.11	86.31	6.68
		>20～40	2.87	0.20	88.37	7.18
		>40～60	2.82	0.17	91.63	14.23
		>60～100	2.95	0.05	86.46	7.55
2015－08	毛竹林	0～10	2.58	0.04	79.65	7.98
		>10～20	2.48	0.35	79.88	13.60
		>20～40	2.51	0.21	81.97	3.09
		>40～60	2.48	0.03	86.29	5.66
		>60～100	2.65	0.07	88.51	3.86
2015－08	杉木人工林	0～10	3.03	0.07	97.03	2.54
		>10～20	2.97	0.01	98.58	5.55
		>20～40	2.73	0.65	85.15	21.86
		>40～60	3.13	0.42	101.47	10.62
		>60～100	2.93	0.75	92.52	23.01

表3－38　剖面土壤重金属（镍和铅）

时间（年-月）	样地	观测层次/cm	镍/（mg/kg）		铅/（mg/kg）	
			平均值	标准差	平均值	标准差
2015－08	常绿阔叶林	0～10	23.05	3.30	39.61	3.13
		>10～20	27.23	4.57	36.44	2.06
		>20～40	28.04	5.30	35.32	3.12
		>40～60	29.81	6.22	35.30	3.15
		>60～100	29.70	5.84	35.31	1.23
2015－08	毛竹林	0～10	36.60	8.24	50.40	4.61
		>10～20	37.20	7.71	54.35	5.37

（续）

时间（年-月）	样地	观测层次/cm	镍/（mg/kg）		铅/（mg/kg）	
			平均值	标准差	平均值	标准差
2015-08	毛竹林	>20～40	38.06	5.18	55.75	2.98
		>40～60	42.24	3.74	56.59	5.45
		>60～100	39.18	4.89	58.75	3.14
2015-08	杉木人工林	0～10	29.48	2.82	40.28	1.79
		>10～20	28.44	3.46	37.46	1.36
		>20～40	23.84	6.85	33.01	9.17
		>40～60	32.26	0.83	36.07	4.07
		>60～100	27.75	7.42	35.73	10.46

3.2.7 剖面土壤微量元素数据集

（1）概述

微量元素的丰缺可影响作物生理代谢和产量形成，其在土壤中缺少或不能被植物利用时，植物生长不良，过多又容易引起中毒。本数据集为大岗山林区三种典型林分类型（常绿阔叶林、毛竹林和杉木人工林）样地 2015 年剖面（0～20 cm）土壤微量元素（全铁、全硼、全铜、全锰、全锌、全钼及全硫）数据。

（2）数据采集和处理方法

a. 观测样地

观测样地为三种典型林分类型（常绿阔叶林、毛竹林和杉木人工林）样地。根据不同林型森林面积的大小、地形、土壤水分、肥力等特征，在林内坡面上部、中部、下部与等高线平行各设置一条样线，在样线上选择具有代表性的地段，每个样地设置 3 个面积 20 m×20 m 的标准地。

b. 采样方法

根据标准地地形，利用 S 形取样法布置 5 个采样点，并根据研究需要，按土壤层由上至下（0～10 cm、>10～20 cm）分别选择全部或上部部分层次。同一样地同一层次土样混合均匀后留取约 1 kg，装于采集袋中，分出杂物，风干，研磨，过筛后，进行土壤微量元素的测定。

c. 分析方法

参照中华人民共和国国家标准《森林生态系统长期定位观测方法》（GB/T 33027—2016），全铁采用盐酸-氢氟酸-硝酸-高氯酸消煮-ICP-AES 法；全硼采用磷酸-硝酸-氢氟酸-高氯酸消煮-ICP-AES 法；全铜采用氢氟酸-硝酸-高氯酸消煮-ICP-AES 法；全锰采用盐酸-氢氟酸-高氯酸-硝酸消煮-ICP-AES 法；全锌采用盐酸-硝酸-氢氟酸-高氯酸消煮-ICP-AES 法；全钼采用盐酸-硝酸-氢氟酸-高氯酸消煮-ICP-MS 法（ICP-MS 法指电感耦合等离子体质谱法）；全硫采用燃烧测定法。

（3）数据质量控制和评估

样品采集和试验分析依据国家标准执行，分析时进行 3 次平行样品测定。

（4）数据价值/数据使用方法和建议

土壤微量元素是衡量土壤健康的主要指标之一，在植物的生长过程中发挥着重要的作用，影响着植物的生长发育。森林土壤微量元素评价是根据植物对营养元素的需求和土壤中有效微量元素含量进行分级评价的方法，评价结果对制定林业生产活动、科学管理等具有重要意义，本数据集可为土壤养分的定量化评价提供数据支撑。

（5）数据

具体剖面土壤微量元素数据见表 3-39。

表 3-39　2015 年剖面土壤重金属（铅、铬、镍和镉）

指标项目	观测层次/cm	常绿阔叶林剖面土壤重金属含量/（mg/kg）		杉木人工林剖面土壤重金属含量/（mg/kg）		毛竹林剖面土壤重金属含量/（mg/kg）	
		平均值	标准差	平均值	标准差	平均值	标准差
全铁	0～10	31.92	2.71	34.52	0.43	28.62	0.44
	>10～20	32.96	1.63	33.90	0.22	28.57	4.08
全硼	0～10	50.71	4.91	68.46	2.96	48.77	3.72
	>10～20	54.89	4.30	66.12	2.39	52.06	6.09
全铜	0～10	30.30	3.04	40.17	2.89	28.34	1.45
	>10～20	32.34	3.42	41.74	0.77	29.13	3.23
全锰	0～10	293.59	77.26	174.38	8.21	483.35	85.46
	>10～20	219.99	18.21	156.65	5.30	359.47	52.14
全锌	0～10	70.32	3.27	94.59	0.27	102.29	3.41
	>10～20	70.61	0.38	95.31	2.75	100.71	9.92
全钼	0～10	2.06	0.39	1.61	0.22	8.60	4.43
	>10～20	1.49	0.12	1.49	0.15	4.31	1.08
全硫	0～10	58.17	10.42	45.39	9.55	60.28	21.35
	>10～20	45.92	15.03	46.01	1.78	65.01	30.62

3.2.8　剖面土壤矿质全量数据集

（1）概述

土壤矿质全量指土壤原生矿物和次生矿物的化学组成，包括二氧化硅、氧化铁、氧化铝、氧化钙、氧化镁、氧化钛、氧化锰、氧化钾、氧化钠、五氧化二磷、烧失量等。本数据集以大岗山林区三种典型林分类型（常绿阔叶林、毛竹林和杉木人工林）样地 2015 年剖面（0～10 cm、>10～20 cm、>20～40 cm、>40～60 cm 和>60～100 cm）土壤矿质全量（Al_2O_3、TiO_2、Fe_2O_3、MnO_2、P_2O_5、K_2O、CaO、Na_2O）数据。

（2）数据采集和处理方法

a. 观测样地

观测样地为三种典型林分类型（常绿阔叶林、毛竹林和杉木人工林）样地。根据不同林型森林面积的大小、地形、土壤水分、肥力等特征，在林内坡面上部、中部、下部与等高线平行各设置一条样线，在样线上选择具有代表性的地段，每个样地设置 3 个面积 20 m×20 m 的标准地。

b. 采样方法

根据标准地地形，利用 S 形取样法布置 5 个采样点，并根据研究需要，按土壤层由上至下（0～10 cm、>10～20 cm、>20～40 cm、>40～60 cm、>60～100 cm）分别选择全部或上部部分层次。同一样地同一层次土样混合均匀后留取约 1 kg，装于采集袋中，分出杂物，风干，研磨，过筛后，进行土壤矿质全量的测定。

c. 分析方法

参照中华人民共和国国家标准《森林生态系统长期定位观测方法》（GB/T 33027—2016），土壤剖面矿质全量测定采用偏硼酸锂熔融- ICP - AES 法。

（3）数据质量控制和评估

样品采集和试验分析依据国家标准执行，分析时进行3次平行样品测定。

（4）数据价值/数据使用方法和建议

土壤矿质元素参与植物的光合作用、多种调节作用以及酶和激素等的合成，对植物体生命活动有着重要的意义。土壤矿质元素含量及其比例关系与树木生长发育有着密切的关系，是评价土壤肥力质量的重要指标之一，可以此来体现土壤养分含量的高低。因此，本数据集可为评价不同林分类型土壤肥力状况提供数据支撑。

（5）数据

具体剖面土壤矿质全量数据见表3-40。

表3-40 2015年剖面土壤矿质全量

指标项目	观测层次/cm	常绿阔叶林剖面土壤矿质全量/（g/kg）		杉木人工林剖面土壤矿质全量/（g/kg）		毛竹林剖面土壤矿质全量/（g/kg）	
		平均值	标准差	平均值	标准差	平均值	标准差
Al_2O_3	0～10	9.58	0.40	8.64	0.21	10.78	1.27
	>10～20	9.25	0.52	8.99	0.54	9.43	1.71
	>20～40	9.19	0.28	10.00	0.83	9.32	0.85
	>40～60	8.98	0.99	9.44	1.68	9.06	0.30
	>60～100	8.63	1.09	8.53	2.28	8.70	0.37
TiO_2	0～10	6.17	0.23	6.24	0.14	5.73	0.32
	>10～20	6.35	0.19	6.39	0.12	5.48	0.70
	>20～40	6.38	0.46	5.56	1.08	6.01	0.15
	>40～60	6.17	0.42	6.51	0.65	6.33	0.13
	>60～100	6.13	0.39	5.97	1.21	6.51	0.14
Fe_2O_3	0～10	44.24	3.90	48.62	0.60	40.16	0.64
	>10～20	45.66	2.16	47.75	0.32	40.09	5.74
	>20～40	46.17	2.89	44.54	8.77	40.08	2.28
	>40～60	45.25	2.73	51.22	6.13	39.17	0.72
	>60～100	47.80	2.10	47.83	10.09	40.66	0.21
MnO_2	0～10	0.45	0.12	0.27	0.01	0.75	0.13
	>10～20	0.34	0.03	0.24	0.01	0.56	0.08
	>20～40	0.36	0.09	0.21	0.04	0.50	0.07
	>40～60	0.38	0.09	0.25	0.01	0.43	0.06
	>60～100	0.41	0.05	0.27	0.09	0.06	0.01
P_2O_5	0～10	0.50	0.04	0.51	0.01	0.51	0.12
	>10～20	0.47	0.03	0.50	0.02	0.44	0.06
	>20～40	0.46	0.04	0.43	0.11	0.46	0.08
	>40～60	0.42	0.03	0.49	0.07	0.46	0.07
	>60～100	0.46	0.03	0.44	0.12	0.42	0.01
K_2O	0～10	12.22	0.98	13.97	0.79	15.63	0.82
	>10～20	13.25	1.01	14.65	0.61	13.29	2.66
	>20～40	13.77	2.64	12.12	1.67	13.96	0.68

（续）

指标项目	观测层次/cm	常绿阔叶林剖面土壤矿质全量/（g/kg）		杉木人工林剖面土壤矿质全量/（g/kg）		毛竹林剖面土壤矿质全量/（g/kg）	
		平均值	标准差	平均值	标准差	平均值	标准差
K_2O	>40～60	14.69	3.14	12.37	1.41	13.89	0.73
	>60～100	12.78	2.26	12.51	2.94	13.85	0.28
CaO	0～10	0.07	0.04	0.03	0.01	0.32	0.19
	>10～20	0.03	0.00	0.03	0.01	0.12	0.05
	>20～40	0.03	0.01	0.02	0.01	0.10	0.05
	>40～60	0.03	0.01	0.02	0.00	0.06	0.02
	>60～100	0.04	0.01	0.02	0.01	0.05	0.01
Na_2O	0～10	0.39	0.05	0.55	0.05	1.70	0.88
	>10～20	0.34	0.02	0.54	0.00	1.11	0.48
	>20～40	0.33	0.00	0.40	0.18	1.05	0.44
	>40～60	0.34	0.04	0.44	0.05	0.81	0.30
	>60～100	0.29	0.04	0.37	0.14	0.62	0.05

3.3 气象监测数据

3.3.1 气压数据集

（1）概述

本数据集为大岗山国家野外站自动气象站2005—2015年气压观测数据，采用B100（BPS）数字气压表观测，通过CR1000数据采集器获取。

（2）数据采集和处理方法

数字气压表距地面1 m，每10 min采测1个气压值，每分钟采测6个气压值，去除一个最大值和一个最小值后取平均值，作为每分钟的气压值。原始数据观测频率为日，数据产品频率为月，数据单位为hPa。

（3）数据质量控制和评估

①超出气候学界限值域300～1 100 hPa的数据为错误数据。

②所观测的气压不小于日最低气压且不大于日最高气压。海拔高度大于0 m时，台站气压小于海平面气压；海拔高度等于0 m时，台站气压等于海平面气压；海拔高度小于0 m时，台站气压大于海平面气压。

③24h变压的绝对值小于50 hPa。

④1 min内允许的最大变化值为1.0 hPa，1 h内变化幅度的最小值为0.1 hPa。

⑤某一定时气压缺测时，用前、后两定时数据内插求得，按正常数据统计，若连续两个或以上定时数据缺测时，不能内插，仍按缺测处理。

⑥一日中若24次定时观测记录有缺测时，该日按照2时、8时、14时、20时四次定时记录做日平均，若四次定时记录缺测一次或以上，但该日各定时记录缺测五次或以下时，按实有记录做日统计，缺测六次或以上时，不做日平均。

（4）数据

具体气压数据见表3-41。

表 3-41 气压观测数据

时间（年-月）	月平均值/hPa	日最大值月平均/hPa	日最小值月平均/hPa	月极大值/hPa	极大值日期	月极小值/hPa	极小值日期
2005-01	1 000.5	1 003.8	992.8	1 008.1	9	987.6	25
2005-02	967.6	971.2	963.4	977.7	11	954.8	23
2005-03	990.7	992.9	985.6	998.7	5	981.4	20
2005-04	986.3	992.4	982.8	996.7	12	977.9	28
2005-05	983.1	987.6	979.8	991.1	19	976.2	5
2005-06	985.2	989.1	981.7	994.5	10	872.1	24
2005-07	987.2	991.9	984.5	993.8	14	980.0	31
2005-08	990.8	993.7	985.9	998.7	20	979.8	7
2005-09	998.6	1 001.9	995.8	1 003.2	17	994.7	3
2005-10	1 002.2	1 004.8	997.6	1 007.1	23	993.5	1
2005-11	1 005.9	1 007.2	1 001.1	1 009.4	20	996.6	6
2005-12	1 010.5	1 012.7	1 004.8	1 014.3	21	1 001.4	3
2006-01	1 000.5	1 002.8	997.7	1 004.1	19	992.8	12
2006-02	977.6	981.4	973.2	983.1	8	968.9	4
2006-03	990.7	994.2	986.7	998.7	10	982.1	16
2006-04	986.3	990.5	982.3	995.8	13	978.7	15
2006-05	983.1	986.6	979.9	992.1	6	975.2	14
2006-06	985.2	988.8	981.5	994.9	12	976.8	7
2006-07	987.2	991.0	983.8	995.6	28	976.9	6
2006-08	990.8	994.1	986.5	999.0	30	984.1	14
2006-09	998.6	1 000.5	995.5	1 002.1	15	989.4	5
2006-10	1 002.2	1 005.5	998.6	1 007.9	24	991.0	6
2006-11	1 005.9	1 008.7	1 001.8	1 011.4	17	997.6	28
2006-12	1 010.5	1 013.0	1 005.7	1 016.8	14	1002.4	25
2007-01	989.7	994.1	985.4	998.5	8	981.2	13
2007-02	974.7	977.7	970.2	985.4	1	965.9	15
2007-03	984.0	988.2	979.8	995.0	18	976.1	5
2007-04	980.1	984.1	975.9	991.0	14	970.1	26
2007-05	975.0	978.5	972.1	984.6	12	964.7	22
2007-06	971.4	975.9	967.2	980.2	23	961.1	27
2007-07	973.2	975.8	968.7	984.5	27	964.3	13
2007-08	978.2	984.3	974.7	988.6	26	967.8	10
2007-09	983.2	986.8	979.5	992.7	12	974.1	17

（续）

时间（年-月）	月平均值/hPa	日最大值月平均/hPa	日最小值月平均/hPa	月极大值/hPa	极大值日期	月极小值/hPa	极小值日期
2007-10	987.0	991.0	984.1	996.8	15	975.9	7
2007-11	989.7	992.7	986.0	999.9	1	980.1	13
2007-12	993.5	996.8	989.7	1 000.4	30	985.4	11
2008-01	988.2	992.8	984.8	999.5	17	979.6	9
2008-02	973.8	977.7	968.9	984.6	25	973.1	10
2008-03	982.6	985.7	978.8	994.1	22	975.8	20
2008-04	978.5	982.0	975.1	989.3	12	969.9	5
2008-05	973.9	978.2	969.4	985.1	13	962.8	27
2008-06	970.1	973.5	966.6	982.1	5	961.7	24
2008-07	971.8	975.1	968.5	982.7	24	962.5	18
2008-08	977.5	981.0	974.3	988.6	30	966.5	15
2008-09	982.1	985.4	979.6	991.8	24	971.5	5
2008-10	985.5	989.2	981.1	996.0	19	975.4	7
2008-11	988.1	991.4	986.0	997.2	21	976.9	4
2008-12	991.6	995.0	987.7	1 000.3	22	980.4	6
2009-01	986.7	989.9	984.3	995.9	20	975.8	16
2009-02	973.0	976.8	969.4	984.2	5	964.8	14
2009-03	981.3	984.9	977.8	990.4	22	973.5	18
2009-04	993.0	995.6	988.5	999.9	2	980.4	22
2009-05	972.7	975.9	967.5	983.1	9	963.7	31
2009-06	968.8	971.5	965.8	978.9	21	959.4	24
2009-07	970.5	973.8	966.6	981.3	6	961.2	23
2009-08	976.9	979.9	972.1	985.5	17	966.4	11
2009-09	981.1	984.5	976.5	992.0	9	970.9	18
2009-10	984.0	988.1	980.5	993.2	20	972.1	15
2009-11	986.5	989.3	984.1	995.7	21	975.6	15
2009-12	989.7	993.2	985.9	999.9	10	980.2	1
2010-01	985.1	988.4	981.0	996.3	15	974.8	20
2010-02	972.2	976.0	968.7	983.1	19	964.3	25
2010-03	980.0	984.2	976.8	991.2	2	970.0	8
2010-04	986.0	989.9	983.1	995.4	1	974.7	23
2010-05	971.6	975.6	967.4	982.2	9	963.5	16

（续）

时间（年-月）	月平均值/hPa	日最大值月平均/hPa	日最小值月平均/hPa	月极大值/hPa	极大值日期	月极小值/hPa	极小值日期
2010-06	967.4	970.5	962.4	977.7	12	956.9	22
2010-07	969.1	972.8	965.5	980.5	18	960.1	25
2010-08	967.9	971.0	964.7	977.4	18	958.9	7
2010-09	968.9	971.6	964.3	979.9	21	957.5	14
2010-10	975.7	979.1	972.3	986.1	17	954.8	1
2010-11	978.2	981.3	974.9	988.8	28	969.2	10
2010-12	977.4	980.9	974.4	987.6	22	966.5	31
2011-01	985.5	988.9	981.7	996.4	25	976.3	5
2011-02	976.7	980.0	972.1	986.6	18	965.4	24
2011-03	979.3	984.1	975.5	988.8	23	968.7	30
2011-04	971.8	975.4	967.8	982.5	15	963.0	18
2011-05	967.8	971.1	964.3	978.2	6	956.7	24
2011-06	962.8	965.9	958.8	975.0	13	951.6	24
2011-07	961.7	965.4	958.2	972.8	21	952.0	18
2011-08	975.6	979.0	971.3	986.4	5	966.6	12
2011-09	979.0	982.8	974.7	990.1	27	968.9	20
2011-10	981.0	985.2	976.1	993.4	29	973.1	8
2011-11	977.1	981.3	974.6	986.9	20	966.6	6
2011-12	983.8	986.9	979.4	994.2	20	972.8	9
2012-01	981.4	985.6	976.8	992.3	15	970.7	21
2012-02	968.1	971.5	964.9	979.5	14	957.9	22
2012-03	975.0	978.9	971.0	986.6	8	964.4	25
2012-04	968.8	973.1	965.4	978.0	11	959.9	20
2012-05	966.3	969.4	962.1	978.1	1	954.3	21
2012-06	961.0	965.5	957.3	973.2	2	953.4	7
2012-07	962.2	966.7	959.8	972.3	9	951.8	9
2012-08	974.9	977.7	971.2	984.8	4	965.8	15
2012-09	975.2	978.4	972.0	986.7	21	963.4	13
2012-10	974.0	977.5	970.7	985.1	29	963.7	6
2012-11	974.4	978.0	971.5	984.9	16	965.5	26
2012-12	981.2	985.4	976.9	992.0	21	970.3	3
2013-01	983.4	987.3	979.6	994.5	15	972.8	21

（续）

时间（年-月）	月平均值/hPa	日最大值月平均/hPa	日最小值月平均/hPa	月极大值/hPa	极大值日期	月极小值/hPa	极小值日期
2013-02	966.6	969.9	962.1	978.2	14	955.9	22
2013-03	973.0	977.2	970.1	984.3	10	962.1	22
2013-04	970.6	974.0	966.6	981.5	9	958.9	19
2013-05	965.5	969.7	961.4	976.8	3	954.8	20
2013-06	962.2	966.6	957.8	974.2	2	951.7	17
2013-07	961.6	965.9	957.8	972.3	8	949.9	16
2013-08	968.8	972.5	964.7	979.0	4	956.8	7
2013-09	973.7	977.2	970.1	983.5	22	964.0	15
2013-10	974.3	978.1	971.3	985.4	28	964.1	6
2013-11	982.0	985.7	978.6	993.4	14	973.5	28
2013-12	980.1	984.2	977.9	992.1	21	970.0	2
2014-01	982.1	986.9	978.8	993.5	9	974.5	15
2014-02	967.6	971.4	963.4	978.0	2	958.9	26
2014-03	974.7	978.6	970.5	985.3	6	965.3	21
2014-04	988.1	992.8	984.9	998.0	10	979.9	4
2014-05	967.1	971.9	963.0	978.5	24	958.2	15
2014-06	962.7	966.6	959.1	973.1	26	953.3	19
2014-07	963.7	967.5	960.0	975.2	28	954.7	13
2014-08	973.6	977.7	969.4	982.4	21	964.6	5
2014-09	975.8	979.9	971.2	986.3	23	964.7	12
2014-10	976.5	979.7	973.2	988.0	22	968.2	17
2014-11	978.3	981.1	975.6	989.9	9	969.8	13
2014-12	980.3	984.5	976.7	992.1	8	971.6	14
2015-01	980.9	985.0	977.2	990.3	7	972.1	17
2015-02	966.7	970.8	962.4	978.4	5	955.5	21
2015-03	973.4	976.8	969.9	984.9	13	962.4	28
2015-04	988.1	991.1	984.8	999.5	30	979.2	1
2015-05	966.0	969.9	961.8	977.6	10	954.9	5
2015-06	961.3	964.2	957.3	972.8	4	952.1	25
2015-07	962.4	965.5	957.0	973.4	26	953.7	18
2015-08	973.0	976.3	969.6	976.5	18	962.8	9
2015-09	974.7	977.6	971.2	985.3	21	963.5	1

（续）

时间（年-月）	月平均值/hPa	日最大值月平均/hPa	日最小值月平均/hPa	月极大值/hPa	极大值日期	月极小值/hPa	极小值日期
2015-10	975.0	978.4	971.7	986.1	14	964.3	21
2015-11	976.7	979.0	972.5	988.0	13	967.3	6
2015-12	978.4	981.7	974.1	987.2	19	967.0	4

3.3.2 气温数据集

（1）概述

本数据集为大岗山国家野外站自动气象站2005—2015年气温观测数据，采用HMP45D温湿度传感器进行观测。

（2）数据采集和处理方法

HMP45D温湿度传感器距地面1.5 m，每10 min采测1个气压值，每10 s采测1个温度值，每分钟采测6个温度值，去除一个最大值和一个最小值后取平均值，作为每分钟的温度值存储。原始数据观测频率为日，数据产品频率为月，数据单位为℃。

（3）数据质量控制和评估

①超出气候学界限值域−80～60 ℃的数据为错误数据。

②1 min内允许的最大变化值为3 ℃，1 h内变化幅度的最小值为0.1 ℃。

③定时气温大于等于日最低地温且小于等于日最高气温。

④气温大于等于露点温度。

⑤24 h气温变化范围小于50 ℃。

⑥利用与台站下垫面及周围环境相似的一个或多个邻近站观测数据计算本站气温，比较台站观测值和计算值，如果超出阈值即认为观测数据可疑。

⑦某一定时气温缺测时，用前、后两定时数据内插求得，按正常数据统计，若连续两个或以上定时数据缺测时，不能内插，仍按缺测处理。

⑧一日中若24次定时观测记录有缺测时，该日按照2时、8时、14时、20时四次定时记录做日平均，若四次定时记录缺测一次或以上，但该日各定时记录缺测五次或以下时，按实有记录做日统计，缺测六次或以上时，不做日平均。

（4）数据

具体气温数据见表3-42。

表3-42 气温观测数据

时间（年-月）	月平均值/℃	日最大值月平均/℃	日最小值月平均/℃	月极大值/℃	极大值日期	月极小值/℃	极小值日期
2005-01	2.4	5.0	0.4	10.7	6	−6.5	1
2005-02	3.9	5.8	2.0	18.5	24	−1.8	21
2005-03	9.7	13.5	6.4	22.5	21	−3.5	13
2005-04	18.7	23.6	14.3	33.4	30	8.5	12
2005-05	20.9	23.9	18.4	29.9	16	11.7	7
2005-06	24.8	28.6	21.9	32.6	16	20.1	22

（续）

时间（年-月）	月平均值/℃	日最大值月平均/℃	日最小值月平均/℃	月极大值/℃	极大值日期	月极小值/℃	极小值日期
2005-07	27.1	31.6	23.8	34.4	16	21.8	22
2005-08	25.9	30.4	22.7	34.7	10	20.2	19
2005-09	22.6	27.1	19.2	31.1	4	14.4	24
2005-10	17.7	22.8	13.4	26.0	11	8.5	3
2005-11	13.8	18.3	10.3	24.8	3	3.1	28
2005-12	7.8	11.9	4.6	22.2	3	−4.8	31
2006-01	3.7	8.0	1.5	10.5	6	−3.1	14
2006-02	5.1	8.6	2.6	19.5	24	−2.6	8
2006-03	10.7	15.4	6.2	24.0	21	−2.2	12
2006-04	18.2	25.4	12.5	34.0	30	5.2	10
2006-05	21.8	25.6	19.1	31.5	30	9.1	7
2006-06	24.8	28.8	21.9	32.4	22	18.8	7
2006-07	27.0	30.6	24.1	33.5	5	21.6	29
2006-08	26.5	30.9	22.9	34.4	14	20.2	20
2006-09	21.8	25.7	18.6	33.4	1	15.8	9
2006-10	19.8	23.6	16.8	27.3	6	13.0	28
2006-11	13.7	17.0	11.0	26.3	10	6.0	30
2006-12	7.2	11.5	4.0	16.7	26	−1.5	18
2007-01	4.7	7.8	2.3	19.4	31	−1.6	10
2007-02	11.4	15.4	8.2	23.6	7	1.0	2
2007-03	12.4	15.8	9.5	30.5	29	1.4	6
2007-04	15.6	19.9	11.8	27.4	1	4.4	4
2007-05	23.0	28.1	18.8	32.7	31	13.0	13
2007-06	24.0	27.7	21.6	33.2	23	18.3	6
2007-07	28.0	32.5	24.3	35.0	21	22.0	21
2007-08	26.4	30.5	23.5	34.5	11	21.0	16
2007-09	22.5	25.6	19.8	31.5	28	17.1	4
2007-10	19.1	23.2	15.7	30.2	7	10.2	30
2007-11	12.8	17.7	8.6	24.1	15	1.7	28
2007-12	7.9	10.7	5.7	18.0	11	−0.3	31

（续）

时间（年-月）	月平均值/℃	日最大值月平均/℃	日最小值月平均/℃	月极大值/℃	极大值日期	月极小值/℃	极小值日期
2008-01	1.2	4.5	0.9	21.8	10	−2.2	31
2008-02	3.4	5.7	0.7	10.2	15	−1.7	25
2008-03	9.7	12.6	5.3	21.1	12	0.7	21
2008-04	14.5	17.4	10.3	23.8	3	4.7	17
2008-05	22.0	27.8	12.5	30.7	28	12.1	10
2008-06	23.6	27.2	18.8	33.5	22	15.0	3
2008-07	26.6	31.1	24.1	38.5	16	22.0	21
2008-08	28.2	32.7	25.6	39.4	18	23.7	25
2008-09	24.4	27.5	22.2	37.0	21	18.0	27
2008-10	20.0	23.2	16.7	30.0	2	12.0	28
2008-11	11.5	16.7	6.4	20.8	12	2.3	25
2008-12	5.9	9.7	3.2	15.3	10	−5.1	30
2009-01	3.8	8.3	1.9	18.5	26	−0.8	16
2009-02	7.6	14.7	9.3	21.2	11	1.3	5
2009-03	11.2	15.1	10.6	29.4	18	2.1	7
2009-04	17.6	20.6	12.3	30.9	22	5.1	8
2009-05	21.5	29.4	19.7	32.2	27	12.7	4
2009-06	23.9	28.5	22.6	34.1	7	16.8	13
2009-07	27.3	33.8	25.3	38.2	26	21.3	7
2009-08	25.9	32.7	24.9	37.6	3	19.9	20
2009-09	22.3	29.8	16.7	34.3	11	16.7	19
2009-10	16.7	25.8	14.1	31.7	4	9.6	28
2009-11	14.8	18.9	10.1	25.7	17	2.6	30
2009-12	5.7	8.9	2.7	16.4	6	−1.1	29
2010-01	3.5	10.0	2.5	12.5	6	−3.6	26
2010-02	7.3	16.5	4.4	25.5	21	−1.6	9
2010-03	11.1	16.2	7.0	26.0	10	1.4	4
2010-04	17.5	23.3	13.5	32.5	22	5.2	4
2010-05	21.5	28.4	17.3	35.6	10	8.1	5
2010-06	23.8	30.4	20.7	36.7	29	16.1	12

（续）

时间（年-月）	月平均值/℃	日最大值月平均/℃	日最小值月平均/℃	月极大值/℃	极大值日期	月极小值/℃	极小值日期
2010-07	28.2	33.3	29.8	37.5	24	21.1	4
2010-08	26.2	32.5	23.0	38.5	9	20.6	20
2010-09	24.1	29.0	18.7	33.0	4	13.0	24
2010-10	17.0	23.9	11.4	28.1	11	6.6	3
2010-11	12.1	19.5	8.4	26.0	3	1.8	22
2010-12	7.5	13.0	3.3	19	15	−0.6	8
2011-01	1.3	8.0	0.5	10.5	6	−2.8	16
2011-02	5.8	9.6	2.6	17.5	24	−1.6	8
2011-03	9.7	15.4	6.2	24.0	21	1.2	12
2011-04	17.4	25.4	12.5	34.0	30	5.2	10
2011-05	20.4	25.6	19.1	31.5	30	9.1	7
2011-06	24.6	30.3	20.0	34.5	18	15.8	1
2011-07	26.7	35.4	23.4	40.5	16	21.1	8
2011-08	25.7	32.5	23.0	39.0	1	20.6	20
2011-09	22.1	30.1	19.2	36.0	6	11.1	14
2011-10	16.3	23.9	11.4	30.5	3	7.1	19
2011-11	14.5	19.0	8.6	30.0	18	1.9	30
2011-12	5.7	13.9	0.9	20.2	28	−2.1	26
2012-01	4.3	9.2	1.3	14.0	31	−3.5	31
2012-02	5.1	11.8	3.4	20.6	15	−1.5	3
2012-03	10.5	16.8	7.4	26.0	29	0.5	20
2012-04	17.5	21.8	11.3	36.0	19	2.0	4
2012-05	21.4	28.1	17.0	40.1	11	12.6	13
2012-06	22.7	32.7	19.2	39.0	22	15.0	16
2012-07	27.1	32.7	22.2	39.5	23	19.0	29
2012-08	25.6	30.1	21.6	41.0	10	19.0	14
2012-09	21.9	25.2	17.4	32.5	19	13.0	20
2012-10	16.2	23.7	13.4	31.0	2	10.7	8
2012-11	15.6	19.4	7.4	25.0	24	2.1	28
2012-12	5.2	12.1	2.7	23.0	24	−0.5	8

（续）

时间（年-月）	月平均值/℃	日最大值月平均/℃	日最小值月平均/℃	月极大值/℃	极大值日期	月极小值/℃	极小值日期
2013-01	2.5	7.2	0.5	16.1	10	−1.5	25
2013-02	6.4	10.1	2.2	24.0	10	1.4	4
2013-03	10.9	19.1	7.0	29.0	24	3.5	4
2013-04	17.5	21.7	12.2	32.0	28	6.0	1
2013-05	21.4	26.2	16.2	36.5	16	9.5	12
2013-06	23.3	27.2	18.8	38.5	22	15.0	3
2013-07	27.1	31.1	24.1	39.5	16	22.0	21
2013-08	25.5	30.7	20.6	39.4	14	20.1	26
2013-09	21.8	27.5	16.2	34.0	21	13.2	18
2013-10	16.0	23.2	11.7	30.0	2	8.7	12
2013-11	14.9	18.6	8.3	23.1	17	3.4	27
2013-12	5.9	11.6	2.3	16.7	5	−3.2	31
2014-01	2.1	8.1	0.5	14.5	13	−1.0	9
2014-02	6.1	14.7	4.9	20.0	13	−2.2	2
2014-03	10.9	18.5	9.6	28.1	20	1.0	6
2014-04	17.4	24.6	13.6	30.0	3	6.5	12
2014-05	21.4	25.7	17.1	32.5	28	14.0	8
2014-06	23.2	31.1	21.8	38.0	5	17.1	1
2014-07	27.0	32.6	22.9	38.0	15	20.6	10
2014-08	25.4	30.9	22.2	37.0	23	18.1	10
2014-09	21.7	27.5	19.0	35.5	3	14.0	30
2014-10	15.8	23.7	12.5	32.0	2	6.2	24
2014-11	15.1	17.5	7.9	27.3	12	1.4	7
2014-12	5.8	11.4	4.1	22.0	5	−1.6	26
2015-01	1.8	11.2	0.8	20.0	17	−2.6	7
2015-02	5.7	13.2	4.2	23.0	21	−0.6	11
2015-03	10.8	16.0	6.5	28.5	29	−0.1	7
2015-04	17.4	22.3	12.7	32.0	27	4.8	10
2015-05	21.4	26.4	18.0	32.0	6	9.0	1
2015-06	23.0	30.3	21.0	34.5	18	15.6	1

（续）

时间（年-月）	月平均值/℃	日最大值月平均/℃	日最小值月平均/℃	月极大值/℃	极大值日期	月极小值/℃	极小值日期
2015-07	26.9	37.0	23.8	40.5	14	21.1	8
2015-08	25.4	34.1	23.0	40.0	2	21.5	18
2015-09	21.5	30.4	19.2	36.0	6	11.0	14
2015-10	15.6	24.6	12.3	32.5	1	7.1	18
2015-11	15.3	16.0	6.5	28.5	29	−0.1	7
2015-12	5.7	8.3	2.7	21.5	16	−2.4	10

3.3.3 相对湿度数据集

（1）概述

本数据集为大岗山国家野外站自动气象站2005—2015年相对湿度观测数据，采用HMP50-L6空气温湿度传感器进行观测。

（2）数据采集和处理方法

HMP50-L6空气温湿度传感器距地面1.5 m，每10 s采测1个湿度值，每分钟采测6个湿度值，去除1个最大值和1个最小值后取平均值，作为每分钟的湿度值存储。原始数据观测频率为日，数据产品频率为月，数据单位为%。

（3）数据质量控制和评估

①相对湿度介于0%～100%。

②定时相对湿度大于等于日最小相对湿度。

③干球温度大于等于湿球温度（结冰期除外）。

④某一定时相对湿度缺测时，用前、后两定时数据内插求得，按正常数据统计，若连续两个或以上定时数据缺测时，不能内插，仍按缺测处理。

⑤一日中若24次定时观测记录有缺测时，该日按照2时、8时、14时、20时四次定时记录做日平均，若四次定时记录缺测一次或以上，但该日各定时记录缺测五次或以下时，按实有记录做日统计，缺测六次或以上时，不做日平均。

（4）数据

具体相对湿度数据见表3-43。

表3-43 相对湿度观测数据

时间（年-月）	月平均值/%	日最大值月平均/%	日最小值月平均/%	月极大值/%	极大值日期	月极小值/%	极小值日期
2005-01	88.0	96.7	72.7	98.5	15	44.6	2
2005-02	87.9	94.7	78.5	98.6	11	29.5	21
2005-03	76.2	90.6	60.2	98.2	27	34.3	6
2005-04	72.6	90.5	51.5	98.1	24	39.3	13
2005-05	89.5	97.8	77.1	99.1	25	39.7	7
2005-06	84.3	95.5	68.8	99.5	21	48.0	3

（续）

时间（年-月）	月平均值/%	日最大值月平均/%	日最小值月平均/%	月极大值/%	极大值日期	月极小值/%	极小值日期
2005-07	76.7	90.8	57.9	98.8	22	45.4	4
2005-08	82.2	94.2	64.0	97.5	15	50.0	10
2005-09	81.3	93.9	62.4	97.6	19	38.8	12
2005-10	65.4	82.9	44.5	95.9	1	29.2	15
2005-11	74.9	89.4	55.4	98.2	15	22.0	3
2005-12	75.3	86.4	60.3	99.0	29	20.6	5
2006-01	82.8	95.4	68.5	98.7	17	48.5	6
2006-02	82.4	94.3	73.2	98.3	15	39.7	23
2006-03	84.2	95.1	63.7	97.5	24	41.0	12
2006-04	86.7	93.5	52.5	98.2	21	43.8	10
2006-05	92.2	94.7	63.9	99.2	23	48.9	9
2006-06	91.5	96.7	65.9	98.7	20	45.3	6
2006-07	85.6	97.5	63.2	99.2	21	46.7	1
2006-08	76.7	91.1	59.8	97.3	26	40.9	20
2006-09	74.7	88.1	59.8	98.1	30	36.9	26
2006-10	83.6	96.1	65.4	97.6	29	45.5	6
2006-11	75.8	85.9	62.6	97.8	29	25.3	7
2006-12	71.1	85.3	52.4	98.4	14	20.9	19
2007-01	80.4	89.9	66.0	100.0	25	20.1	31
2007-02	77.5	89.4	60.6	100.0	25	21.0	1
2007-03	85.4	97.0	68.1	100.0	17	35.4	27
2007-04	77.5	93.5	56.1	100.0	30	26.2	25
2007-05	74.8	90.7	53.0	100.0	13	24.3	6
2007-06	89.8	98.3	73.2	100.0	14	54.9	23
2007-07	74.9	90.3	54.9	96.9	21	35.8	25
2007-08	81.7	93.8	62.9	99.9	27	43.4	7
2007-09	80.9	91.7	65.9	100.0	3	32.8	19
2007-10	68.7	84.1	50.7	96.0	15	27.7	19
2007-11	61.8	77.7	42.3	98.8	18	24.4	29
2007-12	81.4	92.1	68.5	100.0	22	31.8	1
2008-01	75.2	86.5	64.7	100.0	19	38.1	31
2008-02	78.5	90.1	63.2	99.7	23	40.2	6

（续）

时间（年-月）	月平均值/%	日最大值月平均/%	日最小值月平均/%	月极大值/%	极大值日期	月极小值/%	极小值日期
2008 - 03	86.7	93.3	68.9	100.0	15	42.5	27
2008 - 04	86.5	94.2	67.1	97.6	21	45.1	5
2008 - 05	85.6	96.7	70.1	99.8	19	44.0	24
2008 - 06	90.3	97.1	69.0	100.0	17	42.9	22
2008 - 07	84.0	95.5	66.5	100.0	23	39.8	7
2008 - 08	86.2	96.4	67.4	97.8	31	48.2	9
2008 - 09	80.4	89.7	59.3	98.7	2	36.7	28
2008 - 10	78.9	90.3	64.1	97.5	27	40.1	11
2008 - 11	78.4	91.2	65.2	99.0	25	42.6	13
2008 - 12	81.7	93.8	66.6	98.2	30	43.0	3
2009 - 01	87.6	98.1	65.4	100.0	26	45.5	12
2009 - 02	80.9	94.3	58.2	98.2	18	47.1	7
2009 - 03	87.0	97.7	65.0	99.5	21	46.3	15
2009 - 04	86.4	96.9	65.4	99.2	26	46.1	18
2009 - 05	83.7	95.4	63.5	98.7	27	43.2	21
2009 - 06	80.8	90.1	60.9	97.6	21	43.8	6
2009 - 07	84.2	95.3	63.8	98.7	21	46.2	8
2009 - 08	86.1	93.7	64.8	98.2	15	45.1	23
2009 - 09	90.1	98.7	70.4	100.0	8	48.7	22
2009 - 10	77.7	91.5	60.0	99.6	12	42.1	30
2009 - 11	77.0	92.0	61.3	98.9	9	43.5	27
2009 - 12	80.9	94.1	65.6	100.0	23	45.4	19
2010 - 01	87.1	98.1	65.7	99.8	19	43.1	7
2010 - 02	80.8	93.2	59.2	97.6	24	45.6	12
2010 - 03	87.3	96.9	66.6	98.2	21	40.9	10
2010 - 04	87.0	97.2	66.0	96.9	15	37.8	25
2010 - 05	82.9	95.3	63.8	97.1	26	39.6	13
2010 - 06	89.1	94.8	67.1	99.5	30	45.4	9
2010 - 07	83.2	95.5	64.3	98.9	10	46.1	27
2010 - 08	86.5	96.7	65.7	98.4	11	44.4	15
2010 - 09	89.5	98.4	70.0	100.0	25	43.2	18
2010 - 10	83.6	93.5	63.1	99.7	19	45.6	23

（续）

时间（年-月）	月平均值/%	日最大值月平均/%	日最小值月平均/%	月极大值/%	极大值日期	月极小值/%	极小值日期
2010-11	84.7	94.1	64.9	98.2	21	41.1	8
2010-12	85.4	96.4	67.7	98.9	9	40.0	30
2011-01	81.8	92.4	64.5	97.5	12	42.5	28
2011-02	85.2	94.8	65.8	98.1	20	44.9	1
2011-03	81.9	93.1	65.2	97.9	15	43.2	28
2011-04	79.7	91.7	63.7	96.8	20	44.7	12
2011-05	83.0	94.8	68.1	98.7	8	45.1	23
2011-06	89.5	98.7	70.2	100.0	25	50.1	7
2011-07	85.5	96.8	69.8	99.5	19	48.1	30
2011-08	85.3	95.2	66.7	98.7	26	47.5	5
2011-09	90.2	99.4	71.2	100.0	12	49.7	25
2011-10	75.7	90.0	63.1	96.9	18	45.3	24
2011-11	85.5	96.7	66.9	99.4	27	47.8	13
2011-12	77.9	89.9	62.7	95.4	15	39.8	31
2012-01	89.4	98.6	72.5	99.5	25	48.1	7
2012-02	85.7	96.0	69.8	99.1	18	47.5	27
2012-03	86.8	97.2	71.3	99.6	22	48.6	1
2012-04	85.9	95.8	68.5	98.1	12	49.2	26
2012-05	88.0	97.3	70.9	98.3	8	46.7	22
2012-06	89.2	98.1	73.1	100.0	21	45.1	18
2012-07	85.5	96.4	70.0	99.3	25	42.1	10
2012-08	85.4	96.8	69.3	98.9	26	43.8	17
2012-09	84.7	95.7	66.4	98.8	11	45.6	23
2012-10	74.1	91.0	59.9	97.6	26	47.5	5
2012-11	79.9	92.1	61.8	98.1	19	45.2	21
2012-12	92.2	98.9	71.2	100.0	18	48.9	22
2013-01	86.3	97.1	70.5	99.5	27	49.2	15
2013-02	80.3	93.1	65.4	97.1	2	42.7	25
2013-03	87.4	97.9	69.8	98.9	26	48.7	1
2013-04	79.8	90.4	61.3	97.6	23	45.9	16
2013-05	78.7	90.2	60.4	96.8	27	46.7	7
2013-06	89.6	98.7	69.3	100.0	8	48.6	23
2013-07	84.3	95.4	68.2	98.9	21	45.3	12

（续）

时间（年-月）	月平均值/%	日最大值月平均/%	日最小值月平均/%	月极大值/%	极大值日期	月极小值/%	极小值日期
2013-08	81.2	92.3	63.0	97.4	30	46.9	17
2013-09	79.9	90.1	62.1	96.2	23	47.2	8
2013-10	75.7	89.4	59.8	95.3	12	45.8	24
2013-11	77.6	92.1	64.2	97.5	11	46.7	19
2013-12	72.4	88.7	60.5	95.6	15	46.1	20
2014-01	89.3	94.8	64.2	98.4	22	48.0	13
2014-02	87.8	96.7	67.7	98.9	19	49.2	25
2014-03	88.7	97.8	68.9	99.2	24	49.3	7
2014-04	87.2	98.5	70.4	100.0	4	51.2	16
2014-05	79.1	91.2	64.1	96.8	18	38.9	31
2014-06	88.0	97.5	71.1	99.6	27	48.6	6
2014-07	82.0	93.6	68.6	97.8	20	47.5	29
2014-08	82.3	94.5	67.5	98.5	26	46.4	9
2014-09	90.5	98.9	72.2	100.0	22	48.1	12
2014-10	73.4	87.9	59.5	96.5	7	39.4	15
2014-11	76.5	90.1	63.9	97.8	14	45.6	22
2014-12	78.6	91.0	64.8	98.1	9	46.1	19
2015-01	90.7	98.7	73.9	100.0	18	48.9	12
2015-02	87.9	97.9	72.5	99.7	15	47.8	24
2015-03	88.6	98.6	70.6	100.0	29	45.6	8
2015-04	87.2	98.9	71.7	100.0	3	46.9	22
2015-05	78.1	90.1	65.1	96.8	24	45.3	15
2015-06	88.4	97.6	70.4	99.7	17	46.7	28
2015-07	82.3	96.5	69.7	99.2	19	47.1	2
2015-08	81.8	93.5	66.6	97.9	12	42.5	27
2015-09	90.7	99.4	75.6	100.0	21	48.6	13
2015-10	72.6	89.3	63.2	96.5	24	37.9	9
2015-11	75.1	90.6	64.1	97.1	17	38.9	11
2015-12	78.0	91.2	65.3	97.5	14	39.4	22

3.3.4 地表温度数据集

（1）概述

本数据集为大岗山国家野外站自动气象站2005—2015年地表温度观测数据，采用QMT110地温传感器进行观测。

（2）数据采集和处理方法

QMT110 地温传感器紧贴地面，每 10 s 采测 1 个地表温度值，每分钟采测 6 次，去除 1 个最大值和 1 个最小值后取平均值，作为每分钟的温度值存储。原始数据观测频率为日，数据产品频率为月，数据单位为℃。

（3）数据质量控制和评估

①超出气候学界限值域－90～90 ℃的数据为错误数据。

②1 min 内允许的最大变化值为 5 ℃，1 h 内变化幅度的最小值为 0.1 ℃。

③定时观测地表温度大于等于日地表最低温度且小于等于日地表最高温度。

④地表温度 24 h 变化范围小于 60 ℃。

⑤某一定时地表温度缺测时，用前、后两定时数据内插求得，按正常数据统计，若连续两个或以上定时数据缺测时，不能内插，仍按缺测处理。

⑥一日中若 24 次定时观测记录有缺测时，该日按照 2 时、8 时、14 时、20 时四次定时记录做日平均，若四次定时记录缺测一次或以上，但该日各定时记录缺测五次或以下时，按实有记录做日统计，缺测六次或以上时，不做日平均。

（4）数据

具体地表温度数据见表 3-44。

表 3-44　地表温度观测数据

时间（年-月）	地表温度/℃	日最大值月平均/℃	日最小值月平均/℃	月极大值/℃	极大值日期	月极小值/℃	极小值日期
2005-01	4.4	4.9	3.9	6.4	6	1.7	1
2005-02	4.8	5.3	4.2	9.6	24	2.3	21
2005-03	8.5	9.4	7.6	12.6	10	3.5	13
2005-04	15.3	16.3	14.1	21.9	30	10.1	1
2005-05	19.5	20.0	18.9	22.0	16	15.4	7
2005-06	22.5	23.1	21.8	24.8	29	20.6	3
2005-07	24.3	25.0	23.7	25.9	17	22.7	22
2005-08	24.1	24.9	23.4	26.6	10	22.0	20
2005-09	21.5	22.3	20.8	25.4	4	18.1	24
2005-10	16.9	17.8	16.0	21.7	1	13.9	28
2005-11	14.0	14.9	13.2	17.8	8	8.7	28
2005-12	9.3	10.1	8.4	14.6	3	2.4	31
2006-01	3.9	4.5	2.9	5.8	11	1.9	5
2006-02	5.3	6.1	3.7	10.1	21	2.2	17
2006-03	9.4	10.2	5.5	13.0	14	4.1	18
2006-04	14.9	17.5	13.3	20.8	27	10.4	6
2006-05	20.6	21.6	18.8	22.3	19	16.1	10
2006-06	22.7	23.2	22.1	24.9	24	19.3	7
2006-07	24.9	25.4	24.4	26.3	13	23.5	27

（续）

时间（年-月）	地表温度/℃	日最大值月平均/℃	日最小值月平均/℃	月极大值/℃	极大值日期	月极小值/℃	极小值日期
2006 - 08	24.7	25.4	24.1	26.9	15	22.7	21
2006 - 09	21.4	22.0	20.8	26.4	3	18.9	30
2006 - 10	19.8	20.4	19.3	21.6	13	17.2	30
2006 - 11	15.1	15.5	14.6	18.9	10	11.2	30
2006 - 12	9.3	9.8	8.8	11.7	2	7.0	18
2007 - 01	6.7	7.1	6.3	8.7	1	5.2	26
2007 - 02	10.3	10.9	9.7	14.2	13	6.1	2
2007 - 03	11.5	12.1	10.8	18.3	20	7.7	31
2007 - 04	14.5	15.2	13.8	18.5	1	10.8	6
2007 - 05	19.6	20.3	18.9	23.2	31	14.7	1
2007 - 06	22.8	23.2	22.4	25.2	24	20.8	6
2007 - 07	25.4	25.9	24.8	26.6	21	23.8	2
2007 - 08	25.1	25.6	24.6	26.6	11	23.4	16
2007 - 09	22.2	22.7	21.8	25.1	1	20.6	20
2007 - 10	19.5	20.0	18.9	24.0	4	15.9	30
2007 - 11	13.8	14.5	13.1	16.6	15	9.2	29
2007 - 12	10.0	10.5	9.6	12.3	11	6.7	31
2008 - 01	5.8	6.3	5.4	12.8	11	2.2	28
2008 - 02	4.9	5.3	4.3	10.9	22	2.3	1
2008 - 03	12.3	13.2	11.3	17.4	27	7.1	1
2008 - 04	16.0	16.8	15.1	20.5	8	11.0	1
2008 - 05	20.1	21.0	19.2	24.5	27	16.4	14
2008 - 06	23.3	24.0	22.6	26.2	23	21.0	2
2008 - 07	23.0	23.6	21.7	25.7	20	22.0	12
2008 - 08	22.1	23.0	21.1	23.8	15	20.7	21
2008 - 09	20.3	21.1	19.2	21.9	9	18.9	24
2008 - 10	16.4	17.2	15.7	18.5	12	14.3	26
2008 - 11	12.1	13.0	11.5	14.1	20	10.6	30
2008 - 12	7.5	8.4	6.7	9.8	3	5.9	22
2009 - 01	4.7	5.5	3.9	11.3	23	3.2	10

（续）

时间（年-月）	地表温度/℃	日最大值月平均/℃	日最小值月平均/℃	月极大值/℃	极大值日期	月极小值/℃	极小值日期
2009 - 02	5.1	6.2	4.1	12.1	22	3.8	17
2009 - 03	11.7	12.5	11.0	15.4	26	8.1	8
2009 - 04	15.1	16.3	14.5	16.8	19	13.5	11
2009 - 05	18.7	19.5	16.6	21.7	10	15.4	20
2009 - 06	21.3	22.3	19.8	24.6	15	17.1	26
2009 - 07	25.0	25.5	24.3	26.9	18	22.9	23
2009 - 08	26.3	27.1	25.2	27.8	13	23.4	25
2009 - 09	22.3	23.2	21.5	24.4	16	20.4	28
2009 - 10	19.8	21.0	18.8	22.1	11	16.5	22
2009 - 11	15.2	16.4	15.1	16.7	7	10.1	28
2009 - 12	9.9	10.8	9.1	12.8	17	6.6	30
2010 - 01	6.7	7.8	5.3	10.6	23	4.1	9
2010 - 02	7.3	8.5	6.1	11.9	19	6.1	7
2010 - 03	12.1	12.9	11.3	14.8	21	9.9	12
2010 - 04	14.5	15.8	13.1	17.7	30	12.2	15
2010 - 05	17.4	18.8	16.1	22.5	18	15.3	11
2010 - 06	22.3	24.7	20.7	25.8	25	18.3	15
2010 - 07	24.7	25.2	23.9	26.7	20	22.1	8
2010 - 08	27.5	28.1	26.4	28.5	19	24.4	24
2010 - 09	25.1	25.8	24.3	26.5	12	24.2	20
2010 - 10	21.1	22.2	19.7	23.6	7	17.4	30
2010 - 11	17.2	17.9	16.3	18.9	11	14.8	23
2010 - 12	10.3	10.9	9.1	12.4	14	7.3	30
2011 - 01	7.2	8.1	6.5	10.8	19	5.1	21
2011 - 02	7.8	8.9	6.8	11.4	9	6.2	25
2011 - 03	11.9	12.5	11.0	14.2	22	10.0	10
2011 - 04	15.3	15.9	14.5	17.5	25	13.4	17
2011 - 05	18.6	19.2	18.0	21.7	23	17.1	9
2011 - 06	21.8	22.5	20.9	23.4	20	19.7	13
2011 - 07	24.2	25.1	23.7	26.5	19	21.3	15

（续）

时间（年-月）	地表温度/℃	日最大值月平均/℃	日最小值月平均/℃	月极大值/℃	极大值日期	月极小值/℃	极小值日期
2011-08	26.4	27.2	25.5	28.4	22	22.4	17
2011-09	25.1	25.8	24.3	26.3	18	22.7	22
2011-10	21.3	22.0	20.7	23.5	12	18.8	25
2011-11	16.7	17.4	16.0	18.8	27	14.5	19
2011-12	10.5	11.2	9.5	12.1	26	8.1	12
2012-01	6.3	7.0	5.7	9.9	15	5.5	20
2012-02	7.1	7.8	6.5	10.0	1	6.0	15
2012-03	10.0	10.7	9.3	12.1	10	8.1	31
2012-04	13.8	14.4	13.0	15.8	22	11.7	15
2012-05	17.8	18.4	16.8	20.2	19	14.4	8
2012-06	20.6	21.2	19.9	23.7	18	17.6	21
2012-07	24.5	25.4	23.8	26.4	21	19.9	31
2012-08	25.8	26.3	25.0	27.9	15	21.1	22
2012-09	23.7	24.2	23.1	25.8	18	18.8	27
2012-10	20.3	20.9	19.5	22.1	15	17.5	26
2012-11	15.9	16.5	15.2	19.3	3	14.5	20
2012-12	11.0	11.8	10.3	13.4	8	8.3	30
2013-01	7.1	7.8	6.6	9.5	12	4.6	21
2013-02	9.5	10.2	8.4	12.1	15	6.8	18
2013-03	11.3	11.9	10.5	14.2	20	8.6	11
2013-04	14.6	15.3	13.9	18.3	9	11.9	24
2013-05	16.9	17.6	16.1	20.3	5	14.5	30
2013-06	21.2	22.5	20.4	24.6	14	18.7	27
2013-07	24.8	25.6	24.0	27.2	16	21.9	24
2013-08	26.5	27.4	25.7	28.0	21	23.4	25
2013-09	25.7	26.5	24.8	27.7	18	22.6	26
2013-10	20.6	21.3	19.9	23.9	24	17.7	16
2013-11	13.6	14.1	12.8	16.5	29	10.9	8
2013-12	9.7	10.7	8.8	13.1	22	7.2	2
2014-01	8.6	9.1	6.9	11.1	13	5.1	19

（续）

时间（年-月）	地表温度/℃	日最大值月平均/℃	日最小值月平均/℃	月极大值/℃	极大值日期	月极小值/℃	极小值日期
2014-02	9.3	10.0	8.4	12.4	20	6.3	15
2014-03	10.9	11.6	10.1	13.9	21	8.8	31
2014-04	13.7	14.3	12.9	16.7	10	11.5	22
2014-05	16.2	17.0	15.4	19.8	15	13.4	25
2014-06	19.9	20.6	18.8	23.2	18	16.3	11
2014-07	23.5	24.3	22.5	26.8	16	20.0	19
2014-08	26.7	27.7	26.1	28.6	20	24.0	18
2014-09	24.3	25.0	23.6	26.8	17	21.9	28
2014-10	19.5	20.2	18.8	23.5	5	16.7	14
2014-11	14.8	15.8	14.2	17.7	3	12.1	24
2014-12	10.1	10.8	9.6	12.2	11	7.4	30
2015-01	6.5	7.2	5.8	9.9	16	4.1	21
2015-02	9.9	10.6	8.8	13.6	18	6.3	11
2015-03	11.2	12.0	10.5	15.8	22	8.8	17
2015-04	14.7	15.6	14.0	18.7	20	12.0	12
2015-05	16.3	17.4	15.7	20.9	16	13.5	17
2015-06	21.0	22.1	20.0	24.3	26	18.2	10
2015-07	23.8	24.3	23.3	26.3	19	21.1	22
2015-08	25.6	26.1	25.1	27.9	14	23.4	25
2015-09	24.7	25.4	24.2	26.6	20	22.1	11
2015-10	20.6	21.2	19.9	24.3	8	18.0	29
2015-11	15.4	16.3	14.5	18.1	13	13.4	27
2015-12	9.9	10.5	9.1	12.2	18	7.7	23

3.3.5 降水量数据集

（1）概述

本数据集为大岗山国家野外站自动气象站2005—2015年降水量观测数据，采用RG13H型雨量计进行观测。

（2）数据采集和处理方法

RG13H型雨量计距离地面70 cm，每分钟计算出1 min降水量，正点时计算、存储1 h的累积降水量，每日20时存储每日累积降水量。原始数据观测频率为日，数据产品频率为月，数据单位为mm。

（3）数据质量控制和评估

①降水强度超出气候学界限值域 0～400 mm/min 的数据为错误数据。

②降水量大于 0.0 mm 或者微量时，应有降水或者雪暴天气现象。

③一日中各时降水量缺测数小时但不是全天缺测时，按实有记录做日合计；全天缺测时，不做日合计，按缺测处理。

（4）数据

具体降水量数据见表 3-45。

表 3-45 降水量观测数据

时间（年-月）	月累计降水量/mm	月极大值/mm	极大值日期
2005-01	69.92	10.57	27
2005-02	181.04	36.51	15
2005-03	122.08	35.23	27
2005-04	85.96	29.15	23
2005-05	432.04	49.09	5
2005-06	123.07	32.27	27
2005-07	92.66	22.51	13
2005-08	171.02	62.54	14
2005-09	220.01	47.57	21
2005-10	2.04	1.05	13
2005-11	43.53	25.44	6
2005-12	22.97	14.22	13
2006-01	16.72	7.86	4
2006-02	32.71	13.42	10
2006-03	41.57	21.67	9
2006-04	93.37	31.28	29
2006-05	146.42	36.89	10
2006-06	221.57	42.57	12
2006-07	101.37	31.28	10
2006-08	87.64	26.78	17
2006-09	90.54	27.77	15
2006-10	57.48	18.67	12
2006-11	45.56	21.57	25
2006-12	24.31	10.11	20
2007-01	44.21	23.57	25
2007-02	20.15	8.61	26
2007-03	3.04	1.34	24

（续）

时间（年-月）	月累计降水量/mm	月极大值/mm	极大值日期
2007-04	40.08	21.10	3
2007-05	38.93	17.39	14
2007-06	137.45	34.15	24
2007-07	96.96	28.61	28
2007-08	90.11	24.43	22
2007-09	73.22	21.34	29
2007-10	2.07	1.84	29
2007-11	5.78	1.46	21
2007-12	24.30	8.77	6
2008-01	16.27	5.24	8
2008-02	95.00	18.31	24
2008-03	121.79	26.59	10
2008-04	147.06	25.94	1
2008-05	171.22	33.67	14
2008-06	307.34	45.48	2
2008-07	190.14	27.64	17
2008-08	156.14	25.66	14
2008-09	76.94	18.33	14
2008-10	95.51	21.54	2
2008-11	56.77	23.57	15
2008-12	51.93	21.73	19
2009-01	31.28	13.43	15
2009-02	45.48	13.42	8
2009-03	72.32	14.17	25
2009-04	93.37	21.45	5
2009-05	146.74	22.39	30
2009-06	189.15	28.76	3
2009-07	126.51	22.51	21
2009-08	101.39	17.18	29
2009-09	99.27	15.62	20
2009-10	46.47	14.33	20
2009-11	41.89	13.55	12
2009-12	40.77	9.44	24

（续）

时间（年-月）	月累计降水量/mm	月极大值/mm	极大值日期
2010 - 01	34.62	8.57	22
2010 - 02	46.79	16.81	14
2010 - 03	79.15	14.10	8
2010 - 04	98.93	12.36	21
2010 - 05	152.61	27.08	31
2010 - 06	226.45	39.67	1
2010 - 07	110.62	14.84	15
2010 - 08	98.12	24.88	23
2010 - 09	73.41	15.79	16
2010 - 10	40.65	18.95	7
2010 - 11	39.62	8.70	12
2010 - 12	42.23	10.48	22
2011 - 01	36.08	13.85	29
2011 - 02	47.84	15.48	12
2011 - 03	91.22	33.21	19
2011 - 04	75.69	15.96	24
2011 - 05	70.64	18.77	9
2011 - 06	236.01	41.54	21
2011 - 07	56.13	19.88	17
2011 - 08	82.87	31.11	8
2011 - 09	79.76	25.96	29
2011 - 10	58.08	12.76	11
2011 - 11	9.14	1.07	19
2011 - 12	24.64	9.90	3
2012 - 01	21.30	11.66	5
2012 - 02	52.94	19.53	28
2012 - 03	82.12	27.62	18
2012 - 04	47.18	15.55	27
2012 - 05	64.36	39.97	19
2012 - 06	127.05	28.34	15
2012 - 07	112.83	21.11	26
2012 - 08	99.10	22.94	27
2012 - 09	87.00	41.66	16

（续）

时间（年-月）	月累计降水量/mm	月极大值/mm	极大值日期
2012-10	89.83	29.95	8
2012-11	36.49	10.33	19
2012-12	45.15	12.58	21
2013-01	12.96	3.56	9
2013-02	38.64	18.19	17
2013-03	177.55	34.96	1
2013-04	162.56	36.79	28
2013-05	311.40	54.13	2
2013-06	125.73	13.84	18
2013-07	105.41	23.24	21
2013-08	125.22	32.77	14
2013-09	97.33	38.32	8
2013-10	32.78	14.96	29
2013-11	111.80	20.33	3
2013-12	59.94	15.81	17
2014-01	47.98	14.60	22
2014-02	74.37	25.16	13
2014-03	97.02	20.83	11
2014-04	107.71	22.19	2
2014-05	175.44	27.95	9
2014-06	227.46	33.54	23
2014-07	113.57	29.84	18
2014-08	88.80	24.68	26
2014-09	96.02	27.62	3
2014-10	71.27	23.69	15
2014-11	32.89	12.38	28
2014-12	47.56	15.67	13
2015-01	21.32	8.39	6
2015-02	35.48	12.77	15
2015-03	103.40	28.64	15
2015-04	91.90	21.95	11
2015-05	181.60	29.18	30
2015-06	227.77	27.69	28

（续）

时间（年-月）	月累计降水量/mm	月极大值/mm	极大值日期
2015-07	114.83	25.34	18
2015-08	89.61	15.84	16
2015-09	42.16	13.88	25
2015-10	77.02	25.61	30
2015-11	30.97	10.22	5
2015-12	49.06	21.49	19

3.3.6 太阳辐射数据集

（1）概述

本数据集为大岗山国家野外站自动气象站2005—2015年太阳辐射观测数据，采用CNR2光合有效辐射传感器进行观测。

（2）数据采集和处理方法

CNR2光合有效辐射传感器距离地面1.5 m，每10 s采测1次，每分钟采测6次辐照度（瞬时值），去除1个最大值和1个最小值后取平均值。原始数据观测频率为日，数据产品频率为月，数据单位为MJ/m^2。

（3）数据质量控制和评估

①总辐射最大值不能超过气候学界限值172.8 MJ/m^2。

②当前瞬时值与前一次值的差异小于最大变幅69.12 MJ/m^2。

③小时总辐射量大于等于小时净辐射、反射辐射和紫外辐射；除阴天、雨天和雪天外总辐射一般在中午前后出现极大值。

④小时总辐射累积值应小于同一地理位置大气层顶的辐射总量，小时总辐射累积值可以稍微大于同一地理位置在大气具有很大透过率和非常晴朗天空状态下的小时总辐射累积值，所有夜间观测的小时总辐射累积值小于0 MJ/m^2时用0 MJ/m^2代替。

⑤辐照度缺测数小时但不是全天缺测时，按实有记录做日合计；全天缺测时，不做日合计。

（4）数据

具体太阳辐射数据见表3-46。

表3-46 太阳辐射观测数据（其他辐射数据）

时间（年-月）	月总辐射/（MJ/m^2）	日最高辐射/（MJ/m^2）	日最高辐射出现日期
2005-01	296.17	19.938	20
2005-02	321.27	21.797	4
2005-03	361.24	22.518	4
2005-04	382.65	23.506	8
2005-05	356.89	22.656	12
2005-06	387.42	23.481	28
2005-07	452.39	22.469	12
2005-08	342.37	18.614	13

（续）

时间（年-月）	月总辐射/（MJ/m²）	日最高辐射/（MJ/m²）	日最高辐射出现日期
2005-09	371.98	20.444	15
2005-10	295.51	19.432	21
2005-11	278.38	18.420	27
2005-12	256.72	17.408	17
2006-01	236.27	19.637	19
2006-02	382.14	23.353	18
2006-03	352.86	22.474	30
2006-04	323.99	22.579	22
2006-05	359.54	23.345	19
2006-06	387.44	23.219	16
2006-07	417.66	21.936	15
2006-08	382.53	23.345	14
2006-09	332.53	19.369	17
2006-10	268.12	18.085	21
2006-11	239.45	18.751	23
2006-12	219.68	15.518	16
2007-01	223.21	15.955	25
2007-02	214.32	14.333	13
2007-03	209.97	13.078	8
2007-04	195.36	18.696	31
2007-05	218.23	23.016	5
2007-06	321.85	22.763	10
2007-07	367.59	23.655	17
2007-08	377.41	24.897	12
2007-09	331.28	25.295	30
2007-10	289.85	24.615	23
2007-11	255.21	21.010	6
2007-12	247.31	21.254	23
2008-01	219.54	19.574	15
2008-02	197.65	15.727	15
2008-03	193.19	15.510	14
2008-04	183.27	14.975	31
2008-05	265.54	19.852	16

（续）

时间（年-月）	月总辐射/（MJ/m²）	日最高辐射/（MJ/m²）	日最高辐射出现日期
2008－06	315.67	21.172	24
2008－07	376.38	26.533	15
2008－08	359.49	24.685	26
2008－09	338.20	19.825	11
2008－10	296.38	19.200	29
2008－11	272.65	21.031	10
2008－12	287.12	20.400	1
2009－01	210.51	15.442	13
2009－02	199.95	15.597	19
2009－03	289.26	21.745	5
2009－04	316.11	25.014	4
2009－05	297.62	21.397	15
2009－06	375.61	29.829	21
2009－07	359.41	26.673	1
2009－08	318.24	22.756	14
2009－09	298.61	20.871	7
2009－10	277.18	21.216	21
2009－11	266.59	19.972	2
2009－12	189.36	13.558	31
2010－01	195.19	13.283	16
2010－02	201.64	13.283	17
2010－03	222.35	13.770	20
2010－04	195.62	17.829	15
2010－05	253.18	18.956	31
2010－06	315.26	21.266	23
2010－07	343.87	24.576	4
2010－08	368.09	28.778	27
2010－09	355.90	27.534	1
2010－10	243.34	23.140	22
2010－11	277.65	24.793	23
2010－12	219.30	23.586	28
2011－01	200.17	22.713	13
2011－02	223.55	23.464	9

（续）

时间（年-月）	月总辐射/（MJ/m²）	日最高辐射/（MJ/m²）	日最高辐射出现日期
2011-03	240.59	23.258	1
2011-04	236.79	24.031	27
2011-05	268.34	25.880	18
2011-06	324.66	27.467	16
2011-07	357.24	27.859	2
2011-08	377.69	24.256	9
2011-09	297.18	19.719	4
2011-10	267.36	17.264	1
2011-11	256.67	17.221	23
2011-12	223.21	15.972	22
2012-01	208.91	16.727	22
2012-02	194.68	14.242	14
2012-03	253.01	19.993	1
2012-04	264.85	22.027	31
2012-05	284.62	21.664	10
2012-06	318.42	26.226	30
2012-07	339.90	28.619	6
2012-08	368.15	28.619	22
2012-09	291.38	25.213	5
2012-10	268.91	23.850	17
2012-11	261.21	24.898	9
2012-12	229.54	21.124	13
2013-01	207.38	15.401	14
2013-02	210.68	18.398	13
2013-03	253.48	16.331	22
2013-04	269.77	17.675	4
2013-05	287.61	19.209	4
2013-06	300.28	20.847	14
2013-07	327.09	20.817	28
2013-08	347.24	20.347	17
2013-09	319.69	19.348	14
2013-10	327.81	19.884	11
2013-11	286.35	18.884	11
2013-12	237.92	18.348	21

（续）

时间（年-月）	月总辐射/（MJ/m²）	日最高辐射/（MJ/m²）	日最高辐射出现日期
2014 - 01	217.63	19.985	6
2014 - 02	205.55	16.429	26
2014 - 03	249.58	16.848	2
2014 - 04	273.91	17.645	16
2014 - 05	296.83	17.229	5
2014 - 06	309.64	18.348	22
2014 - 07	342.81	19.880	19
2014 - 08	351.33	19.348	27
2014 - 09	316.84	18.849	8
2014 - 10	309.44	18.656	1
2014 - 11	287.66	18.020	17
2014 - 12	253.01	18.199	13
2015 - 01	219.87	14.368	1
2015 - 02	220.30	16.368	9
2015 - 03	256.18	15.477	4
2015 - 04	290.31	21.136	10
2015 - 05	317.59	19.500	16
2015 - 06	345.95	18.569	20
2015 - 07	368.19	18.510	23
2015 - 08	379.14	20.432	7
2015 - 09	358.08	19.661	17
2015 - 10	301.51	15.036	19
2015 - 11	311.27	18.389	12
2015 - 12	309.17	19.754	2

3.4 生物监测数据

3.4.1 植物名录

（1）概述

本数据集为大岗山国家野外站站区植物名录。

（2）数据质量控制和评估

大岗山国家野外站植物名录数据通过中国自然标本馆网站进行校准核对。

网址：http：//www.cfh.ac.cn/Spdb/spsearch.aspx？aname=。

（3）数据

具体植物名录见表 3 - 47。

表 3-47 大岗山国家野外站植物名录

中文种名	拉丁种名	中文属名	拉丁属名	中文科名	拉丁科名
棕榈	*T. fortunei*（Hook.）H. Wendl.	棕榈属	*Trachycarpus* Wendl.	棕榈科	Palmales
山血丹	*A. lindleyana* D. Dietr.	紫金牛属	*Ardisia* Sw.	报春花科	Primulales
朱砂根	*A. crenata* Sims	紫金牛属	*Ardisia* Sw.	报春花科	Primulales
百两金	*A. crispa*（Thunb.）A. DC.	紫金牛属	*Ardisia* Sw.	报春花科	Primulales
剑叶紫金牛	*A. ensifolia* Walker	紫金牛属	*Ardisia* Sw.	报春花科	Primulales
紫金牛	*A. japonica*（Thunb.）Bl.	紫金牛属	*Ardisia* Sw.	报春花科	Primulales
九节龙	*A. pusilla* A. DC.	紫金牛属	*Ardisia* Sw.	报春花科	Primulales
网脉酸藤子	*E. rudis* Hand. -Mazz.	酸藤子属	*Embelia* Burm. f.	报春花科	Primulales
杜茎山	*M. japonica*（Thunb.）Zipp. ex Scheff.	杜茎山属	*Maesa* Forssk.	报春花科	Primulales
光叶铁仔	*M. stolonifera*（Koidz.）Walker	铁仔属	*Myrsine* L.	报春花科	Primulales
密花树	*M. seguinii* H. Lév.	铁仔属	*Myrsine* L.	报春花科	Primulales
柔弱斑种草	*B. zeylanicum*（J. Jacq.）Druce	斑种草属	*Bothriospermum* Bunge	紫草科	Boraginaceae
皿果草	*O. cupulifera*（Johnst.）W. T. Wang	皿果草属	*Omphalotrigonotis* W. T. Wang	紫草科	Boraginaceae
弯齿盾果草	*T. glochidiatus* Maxim.	盾果草属	*Thyrocarpus* Hance	紫草科	Boraginaceae
盾果草	*T. sampsonii* Hance	盾果草属	*Thyrocarpus* Hance	紫草科	Boraginaceae
附地菜	*T. peduncularis*（Trev.）Benth. ex Baker et Moore	附地菜属	*Trigonotis* Stev.	紫草科	Boraginaceae
糙毛厚壳树	*E. dicksonii* Hance	厚壳树属	*Ehretia* P. Browne	紫草科	Boraginaceae
厚壳树	*E. acuminata*（DC.）R. Br.	厚壳树属	*Ehretia* P. Browne	紫草科	Boraginaceae
紫萁	*O. japonica* Thunb.	紫萁属	*Osmunda* L.	紫萁科	Osmundaceae
海金沙	*L. japonicum*（Thunb.）Sw.	海金沙属	*Lygodium* Sw.	海金沙科	Lygodiaceae
芒萁	*D. pedata*（Houtt.）Nakaike	芒萁属	*Dicranopteris* Bernh.	里白科	Gleicheniaceae
里白	*D. glaucum*（Thunb. ex Houtt.）Nakai	里白属	*Diplopterygium*（Diels）Nakai	里白科	Gleicheniaceae

（续）

中文种名	拉丁种名	中文属名	拉丁属名	中文科名	拉丁科名
团扇蕨	*C. minutum* (Blume) K. Iwats.	假脉蕨属	*Crepidomanes* (C. Presl) C. Presl	膜蕨科	Hymenophyllaceae
边缘鳞盖蕨	*M. marginata* (Houtt.) C. Chr.	鳞盖蕨属	*Microlepia* C. Presl	碗蕨科	Dennstaedtiaceae
粗毛鳞盖蕨	*M. strigosa* (Thunb.) C. Presl	鳞盖蕨属	*Microlepia* C. Presl	碗蕨科	Dennstaedtiaceae
乌蕨	*O. chinensis* (L.) J. Sm.	乌蕨属	*Odontosoria* Fée	鳞始蕨科	Lindsaeaceae
岩凤尾蕨	*P. deltodon* Baker	凤尾蕨属	*Pteris* L.	凤尾蕨科	Pteridaceae
刺齿半边旗	*P. dispar* Kunze.	凤尾蕨属	*Pteris* L.	凤尾蕨科	Pteridaceae
井拦边草	*P. multifida* Poir.	凤尾蕨属	*Pteris* L.	凤尾蕨科	Pteridaceae
凤尾蕨	*P. cretica* var. *nervosa* (Thunb.) Ching et S. H. Wu	凤尾蕨属	*Pteris* L.	凤尾蕨科	Pteridaceae
半边旗	*P. semipinnata* L.	凤尾蕨属	*Pteris* L.	凤尾蕨科	Pteridaceae
蕨	*P. aquilinum* var. *latiusculum* (Desv.) Underw. ex A. Heller	蕨属	*Pteridium* Gled. ex Scop.	碗蕨科	Dennstaedtiaceae
扇叶铁线蕨	*A. flabellulatum* L.	铁线蕨属	*Adiantum* L.	凤尾蕨科	Pteridaceae
南岳凤丫蕨	*C. centrochinensis* Ching	凤了蕨属	*Coniogramme* Fée	凤尾蕨科	Pteridaceae
凤了蕨	*C. Japonica* (Thunb.) Diels	凤了蕨属	*Coniogramme* Fée	凤尾蕨科	Pteridaceae
单叶双盖蕨	*D. lancea* Fraser-Jenk.	对囊蕨属	*Deparia* Hook. & Grev.	蹄盖蕨科	Athyriaceae
三翅铁角蕨	*A. tripteropus* Nakai	铁角蕨属	*Asplenium* L.	铁角蕨科	Aspleniaceae
狭翅铁角蕨	*A. wrightii* Eaton ex Hook.	铁角蕨属	*Asplenium* L.	铁角蕨科	Aspleniaceae
过山蕨	*A. ruprechtii* Sa. Kurata	铁角蕨属	*Asplenium* L.	铁角蕨科	Aspleniaceae
渐尖毛蕨	*C. acuminatus* (Houtt.) Nakai	毛蕨属	*Cyclosorus* Link	金星蕨科	Thelypteridaceae
疏羽凸轴蕨	*M. laxa* (Franeh. & Sav.) Ching	凸轴蕨属	*Metathelypteris* (H. Ito) Ching	金星蕨科	Thelypteridaceae
乌毛蕨	*B. orientalis* (L.) C. Presl	乌毛蕨属	*Blechnopsis* C. Presl	乌毛蕨科	Blechnaceae
狗脊	*W. japonica* (L. f.) Sm.	狗脊属	*Woodwardia* Smith	乌毛蕨科	Blechnaceae
胎生狗脊	*W. orientalis* var. *formosana* Rosenst.	狗脊属	*Woodwardia* Smith	乌毛蕨科	Blechnaceae

（续）

中文种名	拉丁种名	中文属名	拉丁属名	中文科名	拉丁科名
单芽狗脊蕨	*W. unigemmata*（Makino）Nakai	狗脊属	*Woodwardia* Smith	乌毛蕨科	Blechnaceae
斜方复叶耳蕨	*A. amabilis*（Blume）Tindale	复叶耳蕨属	*Arachniodes* Blume	鳞毛蕨科	Dryopteridaceae
镰羽贯众	*C. balansae*（Christ）C. Chr	贯众属	*Cyrtomium* C. Presl	鳞毛蕨科	Dryopteridaceae
全缘贯众	*C. falcatum*（L. f.）C. Presl	贯众属	*Cyrtomium* C. Presl	鳞毛蕨科	Dryopteridaceae
贯众	*C. fortunei* J. Sm.	贯众属	*Cyrtomium* C. Presl	鳞毛蕨科	Dryopteridaceae
阔鳞鳞毛蕨	*D. championii*（Benth.）C. Chr.	鳞毛蕨属	*Dryopteris* Adans.	鳞毛蕨科	Dryopteridaceae
奇数鳞毛蕨	*D. sieboldii*（van Houtte ex Mett.）Kuntze	鳞毛蕨属	*Dryopteris* Adans.	鳞毛蕨科	Dryopteridaceae
线蕨	*L. ellipticus*（Thunb.）Noot.	薄唇蕨属	*Leptochilus* Kaulf.	水龙骨科	Polypodiaceae
抱石莲	*L. drymoglossides*（Baker）Ching	伏石蕨属	*Lemmaphyllum* C. Presl	水龙骨科	Polypodiaceae
小叶瓦韦	*L. macrosphaerus* f. *minimus*（Ching）Y. X. Lin	瓦韦属	*Lepisorus*（J. Sm.）Ching	水龙骨科	Polypodiaceae
瓦韦	*L. thunbergianus*（Kaulf.）Ching	瓦韦属	*Lepisorus*（J. Sm.）Ching	水龙骨科	Polypodiaceae
羽裂星蕨	*M. insigne*（Blume）Copel.	星蕨属	*Microsorum* Link	水龙骨科	Polypodiaceae
江南星蕨	*M. fortunei*（T. Moore）C. M. Kuo	瓦韦属	*Lepisorus*（J. Sm.）Ching	水龙骨科	Polypodiaceae
盾蕨	*L. ovatus*（Wall. ex Bedd.）C. F. Zhao，R. Wei & X. C. Zhang	瓦韦属	*Lepisorus*（J. Sm.）Ching	水龙骨科	Polypodiaceae
中华水龙骨	*G. chinense*（Christ）X. C. Zhang	棱脉蕨属	*Goniophlebium*（Blume）C. Presl	水龙骨科	Polypodiaceae
石韦	*P. lingua*（Thunb.）Farw.	石韦属	*Pyrrosia* Mirb.	水龙骨科	Polypodiaceae
槲蕨	*D. roosii* Nakaike	槲蕨属	*Drynaria*（Bory）J. Sm.	水龙骨科	Polypodiaceae
华南桂	*C. austrosinense* H. T. Chang	樟属	*Cinnamomum* Schaeff.	樟科	Lauraceae
樟	*C. camphora*（L.）J. Presl.	樟属	*Cinnamomum* Schaeff.	樟科	Lauraceae
沉水樟	*C. micranthum*（Hayata）Hayata	樟属	*Cinnamomum* Schaeff.	樟科	Lauraceae
黄樟	*C. parthenoxylon*（Jack）Meissn	樟属	*Cinnamomum* Schaeff.	樟科	Lauraceae
香桂	*C. subavenium* Miq.	樟属	*Cinnamomum* Schaeff.	樟科	Lauraceae

（续）

中文种名	拉丁种名	中文属名	拉丁属名	中文科名	拉丁科名
乌药	*L. aggergata*（Sims）Kosterm.	山胡椒属	*Lindera* Thunb.	樟科	Lauraceae
狭叶山胡椒	*L. angustifolia* Cheng	山胡椒属	*Lindera* Thunb.	樟科	Lauraceae
浙江山胡椒	*L. chienii* Cheng	山胡椒属	*Lindera* Thunb.	樟科	Lauraceae
香叶子	*L. fragrans* Oliv.	山胡椒属	*Lindera* Thunb.	樟科	Lauraceae
红果山胡椒	*L. erythrocarpa* Makino	山胡椒属	*Lindera* Thunb.	樟科	Lauraceae
绿叶甘橿	*L. neesiana*（Wall. ex Nees）Kurz	山胡椒属	*Lindera* Thunb.	樟科	Lauraceae
山胡椒	*L. glauca*（Sieb. et Zucc.）Bl.	山胡椒属	*Lindera* Thunb.	樟科	Lauraceae
黑壳楠	*L. megaphylla* Hemsl.	山胡椒属	*Lindera* Thunb.	樟科	Lauraceae
山橿	*L. reflexa* Hemsl.	山胡椒属	*Lindera* Thunb.	樟科	Lauraceae
红脉钓樟	*L. rubronervia* Gamble	山胡椒属	*Lindera* Thunb.	樟科	Lauraceae
毛豹皮樟	*L. coreana* var. *lanuginosa*（Migo）Yang et P. H. Huang	木姜子属	*Litsea* Lam.	樟科	Lauraceae
豹皮樟	*L. coreana* var. *sinensis*（Allen）Yang et P. H. Huang	木姜子属	*Litsea* Lam.	樟科	Lauraceae
山鸡椒	*L. cubeba*（Lour.）Pers.	木姜子属	*Litsea* Lam.	樟科	Lauraceae
毛山鸡椒	*L. cubeba* var. *formosana*（Nakai）Yang et P. H. Huang	木姜子属	*Litsea* Lam.	樟科	Lauraceae
黄丹木姜子	*L. elongata*（Wall. ex Nees）Benth. et Hook. f.	木姜子属	*Litsea* Lam.	樟科	Lauraceae
石木姜子	*L. elongata* var. *faberi*（Hemsl.）Yang et P. H. Huang	木姜子属	*Litsea* Lam.	樟科	Lauraceae
毛叶木姜子	*L. mollis* Hemsl.	木姜子属	*Litsea* Lam.	樟科	Lauraceae
海桐叶木姜子	*L. pittosporifolia* Yang et P. H. Huang	木姜子属	*Litsea* Lam.	樟科	Lauraceae
钝叶木姜子	*L. veitchiana* Gamble	木姜子属	*Litsea* Lam.	樟科	Lauraceae
大叶润楠	*M. japonica* var. *kusanoi*（Hayata）J. C. Liao	润楠属	*Machilus* Rumph. ex Nees	樟科	Lauraceae
薄叶润楠	*M. leptophylla* Hand. -Mazz.	润楠属	*Machilus* Rumph. ex Nees	樟科	Lauraceae
建润楠	*M. oreophila* Hance	润楠属	*Machilus* Rumph. ex Nees	樟科	Lauraceae

（续）

中文种名	拉丁种名	中文属名	拉丁属名	中文科名	拉丁科名
刨花润楠	*M. pauhoi* Kanehira	润楠属	*Machilus* Rumph. ex Nees	樟科	Lauraceae
红楠	*M. thunbergii* Sieb. et Zucc.	润楠属	*Machilus* Rumph. ex Nees	樟科	Lauraceae
绒毛润楠	*M. velutina* Chemp. ex Benth.	润楠属	*Machilus* Rumph. ex Nees	樟科	Lauraceae
云和新木姜子	*N. aurata* var. *paraciculata*（Nakai）Yang et P. H. Huang	新木姜子属	*Neolitsea*（Benth.）Merr.	樟科	Lauraceae
簇叶新木姜子	*N. confertifolia*（Hemsl.）Merr.	新木姜子属	*Neolitsea*（Benth.）Merr.	樟科	Lauraceae
南亚新木姜子	*N. zeylanica*（Nees）Merr.	新木姜子属	*Neolitsea*（Benth.）Merr.	樟科	Lauraceae
闽楠	*P. bournei*（Hemsl.）Yang	楠属	*Phoebe* Nees	樟科	Lauraceae
山楠	*P. chinensis* Chun	楠属	*Phoebe* Nees	樟科	Lauraceae
湘楠	*P. hunanensis* Hand. -Mazz.	楠属	*Phoebe* Nees	樟科	Lauraceae
白楠	*P. neurantha*（Hemsl.）Gamble	楠属	*Phoebe* Nees	樟科	Lauraceae
紫楠	*P. sheareri*（Hemsl.）Gamble	楠属	*Phoebe* Nees	樟科	Lauraceae
檫木	*S. tzumu*（Hemsl.）Hemsl.	檫木属	*Sassafras* J. Presl	樟科	Lauraceae
窄叶泽泻	*A. canaliculatum* A. Braun et Bouché	泽泻属	*Alisma* L.	泽泻科	Alismataceae
泽泻	*A. plantago-aquatica* Linn.	泽泻属	*Alisma* L.	泽泻科	Alismataceae
长叶泽泻	*S. aginashi* Makino	慈姑属	*Sagittaria* L.	泽泻科	Alismataceae
矮慈姑	*S. pygmaea* Miq.	慈姑属	*Sagittaria* L.	泽泻科	Alismataceae
野慈姑	*S. trifolia* Linn.	慈姑属	*Sagittaria* L.	泽泻科	Alismataceae
欧洲慈姑	*S. sagittifolia* Linn	慈姑属	*Sagittaria* L.	泽泻科	Alismataceae
臭节草	*B. albiflora*（Hook.）Reichb. ex Meisn.	石椒草属	*Boenninghausenia* Rchb. ex Meisn.	芸香科	Rutaceae
酸橙	*C.* × *aurantinm* Linn.	柑橘属	*Citrus* L.	芸香科	Rutaceae
代代酸橙	*C.* × *aurantinm* 'Daidai'	柑橘属	*Citrus* L.	芸香科	Rutaceae
柚	*C. maxima*（Burm.）Osbeck	柑橘属	*Citrus* L.	芸香科	Rutaceae

（续）

中文种名	拉丁种名	中文属名	拉丁属名	中文科名	拉丁科名
沙田柚	*C. maxima* 'Shatian' T. T. Yu	柑橘属	*Citrus* L.	芸香科	Rutaceae
佛手	*C. medica* var. *sarcodactylis*（Noot.）Swingle	柑橘属	*Citrus* L.	芸香科	Rutaceae
柑橘	*C. reticulata* Blanco	柑橘属	*Citrus* L.	芸香科	Rutaceae
甜橙	*C.* × *aurantium*（Sweet Orange Group）	柑橘属	*Citrus* L.	芸香科	Rutaceae
楝叶吴萸	*T. glabrifolium*（Champ. ex Benth.）Hartley	吴茱萸属	*Tetradium* Lour.	芸香科	Rutaceae
吴茱萸	*T. ruticarpum*（A. Juss.）Hartley	吴茱萸属	*Tetradium* Lour.	芸香科	Rutaceae
金橘	*C. japonica* Margarita Group	柑橘属	*Citrus* L.	芸香科	Rutaceae
枳	*C. trifoliata* L.	柑橘属	*Citrus* L.	芸香科	Rutaceae
茵芋	*S. reevesiana* Fort.	茵芋属	*Skimmia* Thunb.	芸香科	Rutaceae
椿叶花椒	*Z. ailanthoides* Sieb. et Zucc.	花椒属	*Zanthoxylum* L.	芸香科	Rutaceae
朵花椒	*Z. molle* Rehd.	花椒属	*Zanthoxylum* L.	芸香科	Rutaceae
竹叶花椒	*Z. armatum* DC.	花椒属	*Zanthoxylum* L.	芸香科	Rutaceae
花椒	*Z. bungeanum* Maxim.	花椒属	*Zanthoxylum* L.	芸香科	Rutaceae
青花椒	*Z. schinifolium* Sieb. et Zucc.	花椒属	*Zanthoxylum* L.	芸香科	Rutaceae
野花椒	*Z. simulans* Hance	花椒属	*Zanthoxylum* L.	芸香科	Rutaceae
臭椿	*A. altissima*（Mill.）Swinge	臭椿属	*Ailanthus* Desf.	苦木科	Simaroubaceae
苦木	*P. quassioidea*（D. Don）Benn.	苦木属	*Picrasma* Blume	苦木科	Simaroubaceae
血水草	*E. chionantha* Hance	血水草属	*Eomecon* Hance	罂粟科	Papaveraceae
博落回	*M. cordata*（Willd.）R. Br.	博落回属	*Macleeaya* R. Br.	罂粟科	Papaveraceae
虞美人	*P. rhoeas* Linn.	罂粟属	*Papaver* L.	罂粟科	Papaveraceae
夏天无	*C. decumbens*（Thunb.）Pers.	紫堇属	*Corydalis* DC.	罂粟科	Papaveraceae
紫堇	*C. edulis* Maxim.	紫堇属	*Corydalis* DC.	罂粟科	Papaveraceae

（续）

中文种名	拉丁种名	中文属名	拉丁属名	中文科名	拉丁科名
刻叶紫堇	*C. incisa*（Thunb.）Pers.	紫堇属	*Corydalis* DC.	罂粟科	Papaveraceae
黄堇	*C. pallida*（Thunb.）Pers.	紫堇属	*Corydalis* DC.	罂粟科	Papaveraceae
小花黄堇	*C. racemosa*（Thunb.）Pers.	紫堇属	*Corydalis* DC.	罂粟科	Papaveraceae
杨梅	*M. rubra* Lour.	杨梅属	*Morella* Lour.	杨梅科	Myricaceae
饭包草	*C. benghalensis* L.	鸭跖草属	*Commelina* L.	鸭跖草科	Commelinaceae
鸭跖草	*C. communis* L.	鸭跖草属	*Commelina* L.	鸭跖草科	Commelinaceae
聚花草	*F. scandens* Lour.	聚花草属	*Floscopa* Lour.	鸭跖草科	Commelinaceae
疣草	*M. keisak*（Hassk.）Hand.-Mazz.	水竹叶属	*Murdannia* Royle	鸭跖草科	Commelinaceae
水竹叶	*M. triquetra*（Wall.）Bruckn.	水竹叶属	*Murdannia* Royle	鸭跖草科	Commelinaceae
杜若	*P. japonica* Thunb.	杜若属	*Pollia* Thunb.	鸭跖草科	Commelinaceae
吊竹梅	*T. zebrina* Heynh.	紫露草属	*Tradescantia* L.	鸭跖草科	Commelinaceae
糙叶树	*A. aspera*（Thunb.）Planch.	糙叶树属	*Aphananthe* Planch.	大麻科	Cannabaceae
紫弹树	*C. biondii* Pamp.	朴属	*Celtis* L.	大麻科	Cannabaceae
朴树	*C. sinensis* Pers.	朴属	*Celtis* L.	大麻科	Cannabaceae
珊瑚朴	*C. julianae* Schneid.	朴属	*Celtis* L.	大麻科	Cannabaceae
西川朴	*C. vandervoetiana* Schneid.	朴属	*Celtis* L.	大麻科	Cannabaceae
刺槐	*R. pseudoacacia* Linn.	刺槐属	*Robinia* L.	豆科	Fabaceae
光叶山黄麻	*T. cannabinum* Lour.	山黄麻属	*Trema* Lour.	大麻科	Cannabaceae
山油麻	*T. cannabinum* var. *dielsianum*（Hand.-Mazz.）C. J. Chen	山黄麻属	*Trema* Lour.	大麻科	Cannabaceae
杭州榆	*U. changii* Cheng	榆属	*Ulmus* L.	榆科	Ulmaceae
大果榆	*U. macrocarpa* Hance	榆属	*Ulmus* L.	榆科	Ulmaceae
榔榆	*U. parvifolia* Jacq.	榆属	*Ulmus* L.	榆科	Ulmaceae

（续）

中文种名	拉丁种名	中文属名	拉丁属名	中文科名	拉丁科名
榆树	*U. pumila* L.	榆属	*Ulmus* L.	榆科	Ulmaceae
榉	*Z. serrata*（Thunb.）Makino	榉属	*Zelkova* Spach	榆科	Ulmaceae
白桂木	*A. hypargyreus* Hance	波罗蜜属	*Artocarpus* J. R. Forst. & G. Forst.	桑科	Moraceae
楮	*B. monoica* Hance	构属	*Broussonetia* L'Hér. ex Vent.	桑科	Moraceae
构树	*B. papyrifera*（Linn.）L'Hér. ex Vent.	构属	*Broussonetia* L'Hér. ex Vent.	桑科	Moraceae
构棘	*M. cochinchinensis*（Lour.）Corner	橙桑属	*Maclura* Nutt.	桑科	Moraceae
柘	*M. tricuspidata*（Carr.）Carrière	橙桑属	*Maclura* Nutt.	桑科	Moraceae
水蛇麻	*F. villosa*（Thunb.）Nakai	水蛇麻属	*Fatoua* Gaudich.	桑科	Moraceae
天仙果	*F. erecta* Thunb.	榕属	*Ficus* L.	桑科	Moraceae
无花果	*F. carica* L.	榕属	*Ficus* L.	桑科	Moraceae
台湾榕	*F. formosana* Maxim.	榕属	*Ficus* L.	桑科	Moraceae
异叶榕	*F. heteromorpha* Hemsl.	榕属	*Ficus* L.	桑科	Moraceae
爬藤榕	*F. sarmentosa* var. *impressa*（Champ.）Corner	榕属	*Ficus* L.	桑科	Moraceae
琴叶榕	*F. pandurata* Hance	榕属	*Ficus* L.	桑科	Moraceae
薜荔	*F. pumila* L.	榕属	*Ficus* L.	桑科	Moraceae
珍珠莲	*F. sarmentosa* var. *henryi*（King ex Oliv.）Corner	榕属	*Ficus* L.	桑科	Moraceae
竹叶榕	*F. stenophylla* Hemsl.	榕属	*Ficus* L.	桑科	Moraceae
变叶榕	*F. variolosa* Lindl. ex Benth.	榕属	*Ficus* L.	桑科	Moraceae
桑	*M. alba* L.	桑属	*Morus* L.	桑科	Moraceae
鸡桑	*M. australis* Poir.	桑属	*Morus* L.	桑科	Moraceae
华桑	*M. cathayana* Hemsl.	桑属	*Morus* L.	桑科	Moraceae
白面苎麻	*B. clidemioides* Miq.	苎麻属	*Boehmeria* Jacq.	荨麻科	Urticaceae

（续）

中文种名	拉丁种名	中文属名	拉丁属名	中文科名	拉丁科名
小赤麻	*B. spicata*（Gaudich.）Endl.	苎麻属	*Boehmeria* Jacq.	荨麻科	Urticaceae
野线麻	*B. japonica*（L. f.）Miq.	苎麻属	*Boehmeria* Jacq.	荨麻科	Urticaceae
苎麻	*B. nivea*（L.）Hook. f. & Arn.	苎麻属	*Boehmeria* Jacq.	荨麻科	Urticaceae
悬铃叶苎麻	*B. tricuspis*（Hance）Makino	苎麻属	*Boehmeria* Jacq.	荨麻科	Urticaceae
庐山楼梯草	*E. stewardii* Merr.	楼梯草属	*Elatostema* J. R. Forst. & G. Forst.	荨麻科	Urticaceae
糯米团	*G. hirta*（Bl.）Miq.	糯米团属	*Gonostegia* Turcz.	荨麻科	Urticaceae
花点草	*N. japonica* Blume	花点草属	*Nanocnide* Blume	荨麻科	Urticaceae
紫麻	*O. frutescens*（Thunb.）Miq.	紫麻属	*Oreocnide* Miq.	荨麻科	Urticaceae
赤车	*P. radicans*（Sieb. et Zucc.）Wedd.	赤车属	*Pellionia* Gaudich.	荨麻科	Urticaceae
阴地冷水花	*P. pumila* var. *hamaoi*（Makino）C. J. Chen	冷水花属	*Pilea* Lindl.	荨麻科	Urticaceae
透茎冷水花	*P. pumila*（Linn.）A. Gray	冷水花属	*Pilea* Lindl.	荨麻科	Urticaceae
大叶冷水花	*P. martini*（H. Lév.）Hand. -Mazz.	冷水花属	*Pilea* Lindl.	荨麻科	Urticaceae
冷水花	*P. notata* C. H. Wright	冷水花属	*Pilea* Lindl.	荨麻科	Urticaceae
矮冷水花	*P. peploides*（Gaudich.）Hook. & Arn.	冷水花属	*Pilea* Lindl.	荨麻科	Urticaceae
葎草	*H. scandens*（Lour.）Merr.	葎草属	*Humulus* L.	大麻科	Cannabaceae
鼠刺	*I. chinensis* Hook. et Arn.	鼠刺属	*Itea* L.	鼠刺科	Iteaceae
草绣球	*C. moellendorffii*（Hacne）Migo	草绣球属	*Cardiandra* Siebold & Zucc.	绣球科	Hydrangeaceae
宁波溲疏	*D. ningpoensis* Rehd.	溲疏属	*Deutzia* Thunb.	绣球科	Hydrangeaceae
溲疏	*D. vilmorinae* Lemoine et Bois	溲疏属	*Deutzia* Thunb.	绣球科	Hydrangeaceae
常山	*D. febrifuga* Lour.	常山属	*Dichroa* Lour.	绣球科	Hydrangeaceae
中国绣球	*H. chinensis* Maxim.	光绣球属	*Hydrangea* L.	绣球科	Hydrangeaceae
绣球	*H. macrophylla*（Thunb.）Ser.	光绣球属	*Hydrangea* L.	绣球科	Hydrangeaceae

（续）

中文种名	拉丁种名	中文属名	拉丁属名	中文科名	拉丁科名
圆锥绣球	*H. paniculata* Sieb.	光绣球属	*Hydrangea* L.	绣球科	Hydrangeaceae
蜡莲绣球	*H. strigosa* Rehd.	光绣球属	*Hydrangea* L.	绣球科	Hydrangeaceae
冠盖藤	*P. viburnoides* Hook. f. et Thoms.	冠盖藤属	*Pileostegia* Hook. f. & Thomson	绣球科	Hydrangeaceae
山梅花	*P. incanus* Koehne	山梅花属	*Philadelphus* L.	绣球科	Hydrangeaceae
绢毛山梅花	*P. sericanthus* Koehne	山梅花属	*Philadelphus* L.	绣球科	Hydrangeaceae
豪猪刺	*B. julianae* Schneid.	小檗属	*Berberis* L.	小檗科	Berberidaceae
日本小檗	*B. thunbergii* DC.	小檗属	*Berberis* L.	小檗科	Berberidaceae
三枝九叶草	*E. sagittatum*（Sieb. et Zucc.）Maxim.	淫羊藿属	*Epimedium* L.	小檗科	Berberidaceae
阔叶十大功劳	*M. bealei*（Fort.）Carr.	十大功劳属	*Mahonia* Nutt.	小檗科	Berberidaceae
十大功劳	*M. fortunei*（Lindl.）Fedde	十大功劳属	*Mahonia* Nutt.	小檗科	Berberidaceae
台湾十大功劳	*M. japonica*（Thunb.）DC.	十大功劳属	*Mahonia* Nutt.	小檗科	Berberidaceae
南天竹	*N. domestica* Thunb.	南天竹属	*Nandina* Thunb.	小檗科	Berberidaceae
木通	*A. quinata*（Houtt.）Decne.	木通属	*Akebia* Decne.	木通科	Lardizabalaceae
三叶木通	*A. trifoliata*（Thunb.）Koidz.	木通属	*Akebia* Decne.	木通科	Lardizabalaceae
白木通	*A. trifoliata* subsp. *australis*（Diels）T. Shimizu	木通属	*Akebia* Decne.	木通科	Lardizabalaceae
鹰爪枫	*H. coriacea* Diels	八月瓜属	*Holboellia* Wall.	木通科	Lardizabalaceae
野木瓜	*S. chinensis* DC.	野木瓜属	*Stauntonia* DC.	木通科	Lardizabalaceae
牛藤果	*Parvatia brunoniana* subsp. *elliptica*（Hemsl.）H. N. *Qin*	野木瓜属	*Stauntonia* DC.	木通科	Lardizabalaceae
大血藤	*S. cuneata*（Oliv.）Rehd. et Wils.	大血藤属	*Sargentodoxa* Rehd er & E. H. Wilson	木通科	Lardizabalaceae
木防己	*C. orbiculatus*（L.）DC.	木防己属	*Cocculus* DC.	防己科	Menispermaceae
轮环藤	*C. racemosa* Oliv.	轮环藤属	*Cyclea* Arn. ex Wight	防己科	Menispermaceae
蝙蝠葛	*M. dauricum* DC.	蝙蝠葛属	*Menispermum* L.	防己科	Menispermaceae

（续）

中文种名	拉丁种名	中文属名	拉丁属名	中文科名	拉丁科名
细圆藤	*P. glaucus*（Lam.）Merr.	细圆藤属	*Pericampylus* Miers	防己科	Menispermaceae
金线吊乌龟	*S. cephalantha* Hayata	千金藤属	*Stephania* Lour.	防己科	Menispermaceae
千金藤	*S. japonica*（Thunb.）Miers	千金藤属	*Stephania* Lour.	防己科	Menispermaceae
石蟾蜍	*S. tetrandra* S. Moore	千金藤属	*Stephania* Lour.	防己科	Menispermaceae
青牛胆	*T. sagittata*（Oliv.）Gagnep.	宽筋藤属	*Tinospora* Miers	防己科	Menispermaceae
满树星	*I. aculeolata* Nakai	冬青属	*Ilex* Tourn. ex L.	冬青科	Aquifoiaceae
称星树	*I. asprella*（Hook. & Arn.）Champ. ex Benth.	冬青属	*Ilex* Tourn. ex L.	冬青科	Aquifoiaceae
短梗冬青	*I. buergeri* Miq.	冬青属	*Ilex* Tourn. ex L.	冬青科	Aquifoiaceae
凹叶冬青	*I. championii* Loes.	冬青属	*Ilex* Tourn. ex L.	冬青科	Aquifoiaceae
冬青	*I. chinensis* Sims	冬青属	*Ilex* Tourn. ex L.	冬青科	Aquifoiaceae
枸骨	*I. cornuta* Lindl. & Paxton	冬青属	*Ilex* Tourn. ex L.	冬青科	Aquifoiaceae
齿叶冬青	*I. crenata* Thunb.	冬青属	*Ilex* Tourn. ex L.	冬青科	Aquifoiaceae
厚叶冬青	*I. elmerrilliana* S. Y. Hu	冬青属	*Ilex* Tourn. ex L.	冬青科	Aquifoiaceae
榕叶冬青	*I. ficoidea* Hemsl.	冬青属	*Ilex* Tourn. ex L.	冬青科	Aquifoiaceae
台湾冬青	*I. formosana* Maxim.	冬青属	*Ilex* Tourn. ex L.	冬青科	Aquifoiaceae
广东冬青	*I. kwangtungensis* Merr.	冬青属	*Ilex* Tourn. ex L.	冬青科	Aquifoiaceae
大叶冬青	*I. latifolia* Thunb.	冬青属	*Ilex* Tourn. ex L.	冬青科	Aquifoiaceae
矮冬青	*I. lohfauensis* Merr.	冬青属	*Ilex* Tourn. ex L.	冬青科	Aquifoiaceae
长梗冬青	*I. macrocarpa* var. *longipedunculata* S. Y. Hu	冬青属	*Ilex* Tourn. ex L.	冬青科	Aquifoiaceae
小果冬青	*I. micrococca* Maxim.	冬青属	*Ilex* Tourn. ex L.	冬青科	Aquifoiaceae
具柄冬青	*I. pedunculosa* Miq.	冬青属	*Ilex* Tourn. ex L.	冬青科	Aquifoiaceae
猫儿刺	*I. pernyi* Franch.	冬青属	*Ilex* Tourn. ex L.	冬青科	Aquifoiaceae

（续）

中文种名	拉丁种名	中文属名	拉丁属名	中文科名	拉丁科名
毛冬青	*I. pubescens* Hook. & Arn.	冬青属	*Ilex* Tourn. ex L.	冬青科	Aquifoiaceae
铁冬青	*I. rotunda* Thunb.	冬青属	*Ilex* Tourn. ex L.	冬青科	Aquifoiaceae
细齿冬青	*I. denticulata* Wall.	冬青属	*Ilex* Tourn. ex L.	冬青科	Aquifoiaceae
香冬青	*I. suaveolens*（H. Lév.）Loes.	冬青属	*Ilex* Tourn. ex L.	冬青科	Aquifoiaceae
四川冬青	*I. szechwanensis* Loes.	冬青属	*Ilex* Tourn. ex L.	冬青科	Aquifoiaceae
三花冬青	*I. triflora* Blume	冬青属	*Ilex* Tourn. ex L.	冬青科	Aquifoiaceae
紫果冬青	*I. tsoi* Merr. & Chun	冬青属	*Ilex* Tourn. ex L.	冬青科	Aquifoiaceae
亮叶冬青	*I. nitidissima* C. J. Tseng	冬青属	*Ilex* Tourn. ex L.	冬青科	Aquifoiaceae
尾叶冬青	*I. wilsonii* Loes.	冬青属	*Ilex* Tourn. ex L.	冬青科	Aquifoiaceae
武功山冬青	*I. wugonshanensis* C. J. Tseng ex S. K. Chen et Y. X. Feng	冬青属	*Ilex* Tourn. ex L.	冬青科	Aquifoiaceae
苦皮藤	*C. angulatus* Maxim.	南蛇藤属	*Celastrus* L.	卫矛科	Celastraceae
大芽南蛇藤	*C. gemmatus* Loes.	南蛇藤属	*Celastrus* L.	卫矛科	Celastraceae
灰叶南蛇藤	*C. glaucaphyllus* Rehd. et Wils.	南蛇藤属	*Celastrus* L.	卫矛科	Celastraceae
粉背南蛇藤	*C. hypoleucus*（Oliv.）Warb. ex Loes.	南蛇藤属	*Celastrus* L.	卫矛科	Celastraceae
南蛇藤	*C. orbiculatus* Thunb.	南蛇藤属	*Celastrus* L.	卫矛科	Celastraceae
刺果卫矛	*E. acanthocarpus* Franch.	卫矛属	*Euonymus* L.	卫矛科	Celastraceae
卫矛	*E. alatus*（Thunb.）Siebold	卫矛属	*Euonymus* L.	卫矛科	Celastraceae
白杜	*E. maackii* Rupr.	卫矛属	*Euonymus* L.	卫矛科	Celastraceae
扶芳藤	*E. fortunei*（Turcz.）Hazz. -Mazz.	卫矛属	*Euonymus* L.	卫矛科	Celastraceae
常春卫矛	*E. hederaceus* Champ. ex Benth.	卫矛属	*Euonymus* L.	卫矛科	Celastraceae
冬青卫矛	*E. japonicus* Thunb.	卫矛属	*Euonymus* L.	卫矛科	Celastraceae
金边冬青卫矛	*E. japonicus* ‘Aureo-marginatus’	卫矛属	*Euonymus* L.	卫矛科	Celastraceae

（续）

中文种名	拉丁种名	中文属名	拉丁属名	中文科名	拉丁科名
疏花卫矛	*E. laxiflorus* Champ. ex Benth.	卫矛属	*Euonymus* L.	卫矛科	Celastraceae
大果卫矛	*E. myrianthus* Hemsl.	卫矛属	*Euonymus* L.	卫矛科	Celastraceae
矩叶卫矛	*E. oblongifolius* Loes. et Rehd.	卫矛属	*Euonymus* L.	卫矛科	Celastraceae
百齿卫矛	*E. centidens* Lévl.	卫矛属	*Euonymus* L.	卫矛科	Celastraceae
棘刺卫矛	*E. echinatus* Wall.	卫矛属	*Euonymus* L.	卫矛科	Celastraceae
福建假卫矛	*M. fokienensis* Dunn	假卫茅属	*Microtropis* Wall. ex Meisn.	卫矛科	Celastraceae
永瓣藤	*M. chinense* Rehd.	永瓣藤属	*Monimopetalum* Rehder	卫矛科	Celastraceae
雷公藤	*T. wilfordii* Hook. f.	雷公藤属	*Tripterygium* Hook. f.	卫矛科	Celastraceae
赤桉	*E. rostrata* Cav.	桉属	*Eucalyptus* L'Hér.	桃金娘科	Myrtaceae
蓝桉	*E. globulus* Labill.	桉属	*Eucalyptus* L'Hér.	桃金娘科	Myrtaceae
桉	*E. robusta* Smith	桉属	*Eucalyptus* L'Hér.	桃金娘科	Myrtaceae
细叶桉	*E. tereticornis* Smith	桉属	*Eucalyptus* L'Hér.	桃金娘科	Myrtaceae
赤楠	*S. buxifolium* Hook. et Arn.	蒲桃属	*Syzygium* P. Browne ex Gaertn.	桃金娘科	Myrtaceae
轮叶蒲桃	*S. grijsii* (Hance) Merr. et Perry	蒲桃属	*Syzygium* P. Browne ex Gaertn.	桃金娘科	Myrtaceae
异药花	*F. faberi* Stapf	异药花属	*Fordiophyton* Stapf	野牡丹科	Melastomaceae
地念	*M. dodecandrum* Lour.	野牡丹属	*Melastoma* L.	野牡丹科	Melastomaceae
金锦香	*O. chinensis* L.	金锦香属	*Osbeckia* L.	野牡丹科	Melastomaceae
朝天罐	*O. opipara* C. Y. Wu et C. Chen	金锦香属	*Osbeckia* L.	野牡丹科	Melastomaceae
楮头红	*S. napalensis* Wall.	肉穗草属	*Sarcopyramis* Wall.	野牡丹科	Melastomaceae
南方红豆杉	*T. wallichiana* var. *mairei* (Lemée & H. Lév.) L. K. Fu & Nan Li	红豆杉属	*Taxus* L.	红豆杉科	Taxaceae
榧	*T. grandis* Fortune ex Lindl.	榧属	*Torreya* Arn.	红豆杉科	Taxaceae
罗汉松	*P. macrophyllus* (Thunb.) Sweet	罗汉松属	*Podocarpus* L'Hér. ex Pers.	罗汉松科	Podocarpaceae

（续）

中文种名	拉丁种名	中文属名	拉丁属名	中文科名	拉丁科名
短叶罗汉松	*P. chinensis* Wall. ex J. Forbes	罗汉松属	*Podocarpus* L'Hér. ex Pers.	罗汉松科	Podocarpaceae
竹柏	*N. nagi* (Thunb.) Kuntze	竹柏属	*Nageia* Gaertn.	罗汉松科	Podocarpaceae
南洋杉	*A. cunninghamii* Mudie	南洋杉属	*Araucaria* Juss.	南洋杉科	Araucariaceae
三尖杉	*C. fortunei* Hook.	三尖杉属	*Cephalotaxus* Siebold & Zucc. ex Endl.	红豆杉科	Taxaceae
篦子三尖杉	*C. oliveri* Mast.	三尖杉属	*Cephalotaxus* Siebold & Zucc. ex Endl.	红豆杉科	Taxaceae
粗榧	*C. sinensis* (Rehder & E. H. Wilson) H. L. Li	三尖杉属	*Cephalotaxus* Siebold & Zucc. ex Endl.	红豆杉科	Taxaceae
雪松	*C. deodara* (Roxb.) G. Don	雪松属	*Cedrus* Trew	松科	Pinaceae
沙松	*P. clausa* (Chapm. ex Engelm.) Vasey ex Sarg.	松属	*Pinus* L.	松科	Pinaceae
湿地松	*P. elliottii* Engelm.	松属	*Pinus* L.	松科	Pinaceae
海南五针松	*P. fenzeliana* Hand. -Mazz.	松属	*Pinus* L.	松科	Pinaceae
马尾松	*P. massoniana* Lamb.	松属	*Pinus* L.	松科	Pinaceae
日本五针松	*P. parviflora* Siebold & Zucc.	松属	*Pinus* L.	松科	Pinaceae
晚松	*P. rigida* var. *serotina* (Michx.) Loud. ex Hoopes	松属	*Pinus* L.	松科	Pinaceae
油松	*P. tabuliformis* Carrière	松属	*Pinus* L.	松科	Pinaceae
火炬松	*P. taeda* L.	松属	*Pinus* L.	松科	Pinaceae
黄山松	*P. hwangshanensis* W. Y. Hsia	松属	*Pinus* L.	松科	Pinaceae
金钱松	*P. amabilis* (J. Nelson) Rehder	金钱松属	*Pseudolarix* Gordon	松科	Pinaceae
柳杉	*C. japonica* var. *sinensis* Miq.	柳杉属	*Cryptomeria* D. Don	柏科	Cupressaceae
日本柳杉	*C. japonica* (Thunb. ex L. f.) D. Don	柳杉属	*Cryptomeria* D. Don	柏科	Cupressaceae
杉木	*C. lanceolata* (Lamb.) Hook.	杉木属	*Cunninghamia* R. Br.	柏科	Cupressaceae
台湾杉	*T. cryptomerioides* Hayata	台湾杉属	*Taiwania* Hayata	柏科	Cupressaceae
池杉	*T. distichum* var. *imbricatum* (Nutt.) Croom	落羽杉属	*Taxodium* Rich	柏科	Cupressaceae

（续）

中文种名	拉丁种名	中文属名	拉丁属名	中文科名	拉丁科名
落羽杉	*T. distichum*（L.）Rich.	落羽杉属	*Taxodium* Rich	柏科	Cupressaceae
水杉	*M. glyptostroboides* Hu & W. C. Cheng	水杉属	*Metasequoia* Hu & W. C. Cheng	柏科	Cupressaceae
美国扁柏	*C. lawsoniana*（A. Murray bis）Parl.	扁柏属	*Chamaecyparis* Spach	柏科	Cupressaceae
日本扁柏	*C. obtusa*（Siebold. & Zucc.）Endl.	扁柏属	*Chamaecyparis* Spach	柏科	Cupressaceae
日本花柏	*C. pisifers*（Siebold. & Zucc.）Endl.	扁柏属	*Chamaecyparis* Spach	柏科	Cupressaceae
线柏	*C. pisifera* 'Filifera'	扁柏属	*Chamaecyparis* Spach	柏科	Cupressaceae
羽叶花柏	*C. pisifera* 'Plumosa'	扁柏属	*Chamaecyparis* Spach	柏科	Cupressaceae
绒柏	*C. pisifera* 'Squarrosa'	扁柏属	*Chamaecyparis* Spach	柏科	Cupressaceae
美国尖叶扁柏	*C. thyoides*（L.）Britton，Sterns & Poggenb.	扁柏属	*Chamaecyparis* Spach	柏科	Cupressaceae
美洲柏木	*H. arizonica*（Greene）Bartel	美洲柏木属	*Hesperocyparis* Bartel & R. A. Price	柏科	Cupressaceae
柏木	*C. funebris* Endl.	柏木属	*Cupressus* L.	柏科	Cupressaceae
墨西哥柏木	*C. lusitanica*（Mill.）Bartel	柏木属	*Cupressus* L.	柏科	Cupressaceae
欧洲刺柏	*J. communis* L.	刺柏属	*Juniperus* L.	柏科	Cupressaceae
侧柏	*P. orientalis*（L.）Franco	侧柏属	*Platycladus* Spach	柏科	Cupressaceae
千头柏	*P. orientalis* '*Sieboldii*' Dallim. & A. B. Jacks.	侧柏属	*Platycladus* Spach	柏科	Cupressaceae
圆柏	*J. chinensis* L.	刺柏属	*Juniperus* L.	柏科	Cupressaceae
龙柏	*Juniperus chinensis* 'Kaizuka'	圆柏属	*Sabina* Mill.	柏科	Cupressaceae
塔柏	*J. chinensis* 'Pyramidalis'	刺柏属	*Juniperus* L.	柏科	Cupressaceae
金叶桧	*J. chinensis* 'Aurea'	刺柏属	*Juniperus* L.	柏科	Cupressaceae
北美香柏	*T. occidentalis* L.	崖柏属	*Thuja* L.	柏科	Cupressaceae
日本香柏	*T. standishii*（Gordon）Carrière	崖柏属	*Thuja* L.	柏科	Cupressaceae
福建柏	*F. hodginsii*（Dunn）A. Henry & H. H. Thomas	福建柏属	*Fokienia* A. Henry & H. H. Thomas	柏科	Cupressaceae

（续）

中文种名	拉丁种名	中文属名	拉丁属名	中文科名	拉丁科名
百部	*S. japonica* (Blume) Miq.	百部属	*Stemona* Lour.	百部科	Stemonaceae
大百部	*S. tuberosa* Lour.	百部属	*Stemona* Lour.	百部科	Stemonaceae
黄独	*D. bulbifera* Linn.	薯蓣属	*Dioscorea* L.	薯蓣科	Dioscoreaceae
山葛薯	*D. chingii* Prain et Burkill	薯蓣属	*Dioscorea* L.	薯蓣科	Dioscoreaceae
薯莨	*D. cirrhosa* Lour.	薯蓣属	*Dioscorea* L.	薯蓣科	Dioscoreaceae
粉背薯蓣	*D. collettii* var. *hypoglauca* (Palib.) S. J. Pei & C. T. Ting	薯蓣属	*Dioscorea* L.	薯蓣科	Dioscoreaceae
日本薯蓣	*D. japonica* Thunb.	薯蓣属	*Dioscorea* L.	薯蓣科	Dioscoreaceae
纤细薯蓣	*D. gracillima* Miq.	薯蓣属	*Dioscorea* L.	薯蓣科	Dioscoreaceae
褐色薯蓣	*D. persimilis* Prain et Burkill	薯蓣属	*Dioscorea* L.	薯蓣科	Dioscoreaceae
薯蓣	*D. polystachya* Turcz.	薯蓣属	*Dioscorea* L.	薯蓣科	Dioscoreaceae
细柄薯蓣	*D. tenuipes* Franch. et Savat.	薯蓣属	*Dioscorea* L.	薯蓣科	Dioscoreaceae
山萆薢	*D. tokoro* Makino	薯蓣属	*Dioscorea* L.	薯蓣科	Dioscoreaceae
多花勾儿茶	*B. floribunda* (Wall.) Brongn.	勾儿茶属	*Berchemia* Neck. ex DC.	鼠李科	Rhamnaceae
牯岭勾儿茶	*B. kulingensis* Schneid.	勾儿茶属	*Berchemia* Neck. ex DC.	鼠李科	Rhamnaceae
枳椇	*H. acerba* Lindl.	枳椇属	*Hovenia* Thunb.	鼠李科	Rhamnaceae
毛果枳椇	*H. trichocarpa* Chun et Tsiang	枳椇属	*Hovenia* Thunb.	鼠李科	Rhamnaceae
铜钱树	*P. hemsleyanus* Rehder ex Schir. & Olabi	马甲子属	*Paliurus* Mill.	鼠李科	Rhamnaceae
长叶冻绿	*R. crenata* Sieb. et Zucc.	鼠李属	*Rhamnus* L.	鼠李科	Rhamnaceae
圆叶鼠李	*R. globosa* Bunge	鼠李属	*Rhamnus* L.	鼠李科	Rhamnaceae
薄叶鼠李	*R. leptophylla* Schneid.	鼠李属	*Rhamnus* L.	鼠李科	Rhamnaceae
尼泊尔鼠李	*R. nepalensis* (Wall.) Laws.	鼠李属	*Rhamnus* L.	鼠李科	Rhamnaceae
冻绿	*R. utilis* Decne.	鼠李属	*Rhamnus* L.	鼠李科	Rhamnaceae

（续）

中文种名	拉丁种名	中文属名	拉丁属名	中文科名	拉丁科名
猫乳	*R. franguloides*（Maxim.）Weberb.	猫乳属	*Rhamnella* Miq.	鼠李科	Rhamnaceae
钩刺雀梅藤	*S. hamosa*（Wall.）Brongn.	雀梅藤属	*Sageretia* Brongn.	鼠李科	Rhamnaceae
雀梅藤	*S. thea*（Osbeck）Johnst.	雀梅藤属	*Sageretia* Brongn.	鼠李科	Rhamnaceae
枣	*Z. jujuba* Mill.	枣属	*Ziziphus* Mill.	鼠李科	Rhamnaceae
巴东胡颓子	*E. difficilis* Serv.	胡颓子属	*Elaeagnus* L.	胡颓子科	Elaeagnaceae
蔓胡颓子	*E. glabra* Thunb.	胡颓子属	*Elaeagnus* L.	胡颓子科	Elaeagnaceae
银果胡颓子	*E. commutata* Bernh. ex Rydb.	胡颓子属	*Elaeagnus* L.	胡颓子科	Elaeagnaceae
木半夏	*E. multiflora* Thunb.	胡颓子属	*Elaeagnus* L.	胡颓子科	Elaeagnaceae
胡颓子	*E. pungens* Thunb.	胡颓子属	*Elaeagnus* L.	胡颓子科	Elaeagnaceae
牛奶子	*E. umbellata* Thunb.	胡颓子属	*Elaeagnus* L.	胡颓子科	Elaeagnaceae
蓝果蛇葡萄	*A. bodinieri*（H. Lév. & Vaniot）Rehder	蛇葡萄属	*Ampelopsis* Michx.	葡萄科	Vitaceae
蛇葡萄	*A. glandulosa*（Wall.）Momiy.	蛇葡萄属	*Ampelopsis* Michx.	葡萄科	Vitaceae
光叶蛇葡萄	*A. glandulosa* var. *hancei*（Planch.）Momiy.	蛇葡萄属	*Ampelopsis* Michx.	葡萄科	Vitaceae
牛果藤	*N. cantoniensis*（Hook. & Arn.）J. Wen & Z. L. Nie	牛果藤属	*Nekemias* Raf.	葡萄科	Vitaceae
三裂蛇葡萄	*A. delavayana* Planch.	蛇葡萄属	*Ampelopsis* Michx.	葡萄科	Vitaceae
白蔹	*A. japonica*（Thunb.）Makino	蛇葡萄属	*Ampelopsis* Michx.	葡萄科	Vitaceae
乌蔹莓	*C. japonica*（Thunb.）Raf.	乌蔹莓属	*Causonis* Raf.	葡萄科	Vitaceae
华中拟乌蔹莓	*P. oligocarpa*（H. Lév. & Vaniot）J. Wen & L. M. Lu	拟乌蔹莓属	*Pseudocayratia* J. Wen，L. M. Lu & Z. D. Chen	葡萄科	Vitaceae
三叉虎	*P. heterophylla*（Blume）Merr.	地锦属	*Parthenocissus* Planch.	葡萄科	Vitaceae
三叶地锦	*P. semicordata*（Wall.）Planch.	地锦属	*Parthenocissus* Planch.	葡萄科	Vitaceae
绿叶地锦	*P. laetevirens* Rehder	地锦属	*Parthenocissus* Planch.	葡萄科	Vitaceae

（续）

中文种名	拉丁种名	中文属名	拉丁属名	中文科名	拉丁科名
俞藤	*Y. thomsonii* (M. A. Lawson) C. L. Li	俞藤属	*Yua* C. L. Li	葡萄科	Vitaceae
地锦	*P. tricuspidata* (Siebold. & Zucc.) Planch.	地锦属	*Parthenocissus* Planch.	葡萄科	Vitaceae
三叶崖爬藤	*T. hemsleyanum* Diels & Gilg	崖爬藤属	*Tetrasigma* (Miq.) Planch.	葡萄科	Vitaceae
无毛崖爬藤	*T. obtectum* var. *glabrum* (H. Lév. & Vaniot) Gagnep.	崖爬藤属	*Tetrasigma* (Miq.) Planch.	葡萄科	Vitaceae
蘡薁	*V. bryoniifolia* Bunge	葡萄属	*Vitis* L.	葡萄科	Vitaceae
东南葡萄	*V. chunganensis* Hu	葡萄属	*Vitis* L.	葡萄科	Vitaceae
闽赣葡萄	*V. chungii* F. P. Metcalf	葡萄属	*Vitis* L.	葡萄科	Vitaceae
刺葡萄	*V. davidii* (Rom. Caill.) Foëx	葡萄属	*Vitis* L.	葡萄科	Vitaceae
葛藟葡萄	*V. flexuosa* Thunb.	葡萄属	*Vitis* L.	葡萄科	Vitaceae
小叶葛藟	*V. flexuosa* f. *vifolia* (Roxb.) Planch.	葡萄属	*Vitis* L.	葡萄科	Vitaceae
毛葡萄	*V. heyneana* Roem. & Schult.	葡萄属	*Vitis* L.	葡萄科	Vitaceae
葡萄	*V. vinifera* L.	葡萄属	*Vitis* L.	葡萄科	Vitaceae
山柿	*D. japonica* Siebold et Zucc.	柿属	*Diospyros* L.	柿科	Ebenaceae
柿	*D. kaki* Thunb.	柿属	*Diospyros* L.	柿科	Ebenaceae
油柿	*D. oleifera* Cheng	柿属	*Diospyros* L.	柿科	Ebenaceae
君迁子	*D. lotus* L.	柿属	*Diospyros* L.	柿科	Ebenaceae
罗浮柿	*D. morrisiana* Hance	柿属	*Diospyros* L.	柿科	Ebenaceae
老鸦柿	*D. rhombifolia* Hermsl.	柿属	*Diospyros* L.	柿科	Ebenaceae
延平柿	*D. tsangii* Merr.	柿属	*Diospyros* L.	柿科	Ebenaceae
无心菜	*A. serpyllifolia L.*	无心菜属	*Arenaria* L.	石竹科	Caryophyllaceae
簇生泉卷耳	*C. fontanum* subsp. *vulgare* (Hartm.) Greuter et Burdet	卷耳属	*Cerastium* L.	石竹科	Caryophyllaceae
球序卷耳	*C. glomeratum* Thuill.	卷耳属	*Cerastium* L.	石竹科	Caryophyllaceae

（续）

中文种名	拉丁种名	中文属名	拉丁属名	中文科名	拉丁科名
五彩石竹	*D. barbatus* Linn.	石竹属	*Dianthus* L.	石竹科	Caryophyllaceae
石竹	*D. chinensis* Linn.	石竹属	*Dianthus* L.	石竹科	Caryophyllaceae
瞿麦	*D. superbus* Linn.	石竹属	*Dianthus* L.	石竹科	Caryophyllaceae
剪春罗	*L. coronata* Thunb.	剪秋罗属	*Lychnis* L.	石竹科	Caryophyllaceae
剪秋罗	*L. fulgens* Fisch.	剪秋罗属	*Lychnis* L.	石竹科	Caryophyllaceae
鹅肠菜	*S. aquatica*（L.）Scop.	繁缕属	*Stellaria* L.	石竹科	Caryophyllaceae
女娄菜	*S. aprica* Turcz. ex Fisch. et Mey.	蝇子草属	*Silene* L.	石竹科	Caryophyllaceae
石生蝇子草	*S. tatarinowii* Regel	蝇子草属	*Silene* L.	石竹科	Caryophyllaceae
漆姑草	*S. japonica*（Sw.）Ohwi	漆姑草属	*Sagina* L.	石竹科	Caryophyllaceae
雀舌草	*S. alsine* Grimm.	繁缕属	*Stellaria* L.	石竹科	Caryophyllaceae
繁缕	*S. media*（L.）Vill.	繁缕属	*Stellaria* L.	石竹科	Caryophyllaceae
麦蓝菜	*G. vaccaria* Sm.	石头花属	*Gypsophila* L.	石竹科	Caryophyllaceae
粟米草	*T. stricta*（L.）Thulin	粟米草属	*Trigastrotheca* F. Muell.	粟米草科	Molluginaceae
大花马齿苋	*P. grandiflora* Hook.	马齿苋属	*Portulaca* L.	马齿苋科	Portulacaceae
马齿苋	*P. oleracea* Linn.	马齿苋属	*Portulaca* L.	马齿苋科	Portulacaceae
土人参	*T. paniculatum*（Jacq.）Gaertn.	土人参属	*Talinum* Adans.	土人参科	Talinaceae
拟南芥	*A. thaliana*（L.）Heynh.	拟南芥属	*Arabidopsis*（DC.）Heynh.	十字花科	Brassicaceae
荠	*C. bursa-pastoris*（L.）Medik.	荠属	*Capsella* Medik.	十字花科	Brassicaceae
弯曲碎米荠	*C. flexuosa* With.	碎米荠属	*Cardamine* L.	十字花科	Brassicaceae
碎米荠	*C. occulta* Hornem.	碎米荠属	*Cardamine* L.	十字花科	Brassicaceae
弹裂碎米荠	*C. impatiens* L.	碎米荠属	*Cardamine* L.	十字花科	Brassicaceae
水田碎米荠	*C. lyrata* Bunge	碎米荠属	*Cardamine* L.	十字花科	Brassicaceae

（续）

中文种名	拉丁种名	中文属名	拉丁属名	中文科名	拉丁科名
臭荠	*L. didymum* L.	独行菜属	*Lepidium* L.	十字花科	Brassicaceae
桂竹香	*E.* × *cheiri*（L.）Crantz	糖芥属	*Erysimum* Tourn. ex L.	十字花科	Brassicaceae
葶苈	*D. nemorosa* L.	葶苈属	*Draba* L.	十字花科	Brassicaceae
小花糖芥	*E. cheiranthoides* L.	糖芥属	*Erysimum* L.	十字花科	Brassicaceae
北美独行菜	*L. virginicum* L.	独行菜属	*Lepidium* L.	十字花科	Brassicaceae
广州蔊菜	*R. cantoniensis*（Lour.）Ohwi	蔊菜属	*Rorippa* Scop.	十字花科	Brassicaceae
风花菜	*R. glabosa*（Turcz.）Hayek	蔊菜属	*Rorippa* Scop.	十字花科	Brassicaceae
蔊菜	*R. indica*（L.）Hiern	蔊菜属	*Rorippa* Scop.	十字花科	Brassicaceae
菥蓂	*T. arvense* L.	菥蓂属	*Thlaspi* L.	十字花科	Brassicaceae
长尾毛蕊茶	*C. caudata* Wall.	山茶属	*Camellia* L.	山茶科	Theaceae
尖连蕊茶	*C. cuspidata*（Kochs）Bean	山茶属	*Camellia* L.	山茶科	Theaceae
山茶	*C. japonica* Linn.	山茶属	*Camellia* L.	山茶科	Theaceae
油茶	*C. oleifera* Abel	山茶属	*Camellia* L.	山茶科	Theaceae
茶	*C. sinensis*（Linn.）O. Kuntze.	山茶属	*Camellia* L.	山茶科	Theaceae
银木荷	*S. argentea* Pritz. ex Diels	木荷属	*Schima* Reinw. ex Blume	山茶科	Theaceae
木荷	*S. superba* Gardn. et Champ.	木荷属	*Schima* Reinw. ex Blume	山茶科	Theaceae
石笔木	*P. spectabilis*（Champ.）C. Y. Wu et S. X. Yang ex S. X. Yang	核果茶属	*Pyrenaria* Blume	山茶科	Theaceae
杨桐	*A. millettii*（Hook. et Arn.）Benth. et Hook. f. ex Hance	杨桐属	*Adinandra* Jack	五列木科	Pentaphylacaceae
翅柃	*E. alata* Kobuski	柃属	*Eurya* Thunb.	五列木科	Pentaphylacaceae
金叶柃	*E. obtusifolia* var. *aurea*（H. Lév.）Ming	柃属	*Eurya* Thunb.	五列木科	Pentaphylacaceae
米碎花	*E. chinensis* R. Br.	柃属	*Eurya* Thunb.	五列木科	Pentaphylacaceae
微毛柃	*E. hebeclados* Ling	柃属	*Eurya* Thunb.	五列木科	Pentaphylacaceae

（续）

中文种名	拉丁种名	中文属名	拉丁属名	中文科名	拉丁科名
细枝柃	*E. loquaiana* Dunn	柃属	*Eurya* Thunb.	五列木科	Pentaphylacaceae
金叶细枝柃	*E. loquianna* var. *aureo-punctata* H. T. Chang	柃属	*Eurya* Thunb.	五列木科	Pentaphylacaceae
黑柃	*E. macartneyi* Champ.	柃属	*Eurya* Thunb.	五列木科	Pentaphylacaceae
格药柃	*E. muricata* Dunn	柃属	*Eurya* Thunb.	五列木科	Pentaphylacaceae
细齿叶柃	*E. nitida* Korth.	柃属	*Eurya* Thunb.	五列木科	Pentaphylacaceae
半齿柃	*E. semiserrata* H. T. Chang	柃属	*Eurya* Thunb.	五列木科	Pentaphylacaceae
厚皮香	*T. gymnanthera*（Wight & Arn.）Sprague	厚皮香属	*Ternstroemia* Mutis ex L. f.	五列木科	Pentaphylacaceae
厚叶厚皮香	*T. kwangtungensis* Merr.	厚皮香属	*Ternstroemia* Mutis ex L. f.	五列木科	Pentaphylacaceae
京梨猕猴桃	*A. callosa* var. *henryi* Maxim.	猕猴桃属	*Actinidia* Lindl.	猕猴桃科	Actinidiaceae
异色猕猴桃	*A. callosa* var. *discolor* C. F. Liang.	猕猴桃属	*Actinidia* Lindl.	猕猴桃科	Actinidiaceae
猕猴桃	*A. chinensis* var. *chinensis* f. *jinggangshanensis* C. F. Liang	猕猴桃属	*Actinidia* Lindl.	猕猴桃科	Actinidiaceae
革叶猕猴桃	*A. rubricaulis* var. *coriacea*（Fin. et Gagn.）C. F. Liang	猕猴桃属	*Actinidia* Lindl.	猕猴桃科	Actinidiaceae
毛花猕猴桃	*A. eriantha* Benth.	猕猴桃属	*Actinidia* Lindl.	猕猴桃科	Actinidiaceae
小叶猕猴桃	*A. lanceolata* Dunn	猕猴桃属	*Actinidia* Lindl.	猕猴桃科	Actinidiaceae
阔叶猕猴桃	*A. latifolia*（Gardn. et Champ.）Merr.	猕猴桃属	*Actinidia* Lindl.	猕猴桃科	Actinidiaceae
葛枣猕猴桃	*A. polygama*（Sieb. et Zucc.）Maxim.	猕猴桃属	*Actinidia* Lindl.	猕猴桃科	Actinidiaceae
灯台树	*C. controversa* Hemsl.	山茱萸属	*Coruns* L.	山茱萸科	Cornaceae
香港四照花	*C. hongkongensis* Hemsl.	山茱萸属	*Coruns* L.	山茱萸科	Cornaceae
尖叶四照花	*C. elliptica*（Pojarkova）Q. Y. Xiang et Bofford	山茱萸属	*Coruns* L.	山茱萸科	Cornaceae
四照花	*C. kousa* subsp. *chinensis*（Osborn）Q. Y. Xiang	山茱萸属	*Coruns* L.	山茱萸科	Cornaceae
梾木	*C. macrophylla* Wall.	山茱萸属	*Coruns* L.	山茱萸科	Cornaceae
小梾木	*C. quinquenervis* Franch.	山茱萸属	*Coruns* L.	山茱萸科	Cornaceae

（续）

中文种名	拉丁种名	中文属名	拉丁属名	中文科名	拉丁科名
毛梾	*C. walteri* Wangerin	山茱萸属	*Coruns* L.	山茱萸科	Cornaceae
光皮梾木	*C. wilsoniana* Wangerin	山茱萸属	*Coruns* L.	山茱萸科	Cornaceae
青荚叶	*H. japonica*（Thunb.）Dietr.	青荚叶属	*Helwingia* Willd.	青荚叶科	Helwingaceae
八角枫	*A. chinense*（Lour.）Harms	八角枫属	*Alangium* Lam.	山茱萸科	Cornaceae
长毛八角枫	*A. kurzii* Craib	八角枫属	*Alangium* Lam.	山茱萸科	Cornaceae
瓜木	*A. platanifolium*（Sieb. et Zucc.）Harms	八角枫属	*Alangium* Lam.	山茱萸科	Cornaceae
喜树	*C. acuminata* Decne.	喜树属	*Camptotheca* Decne.	蓝果树科	Nyssaceae
蓝果树	*N. sinensis* Oliv.	蓝果树属	*Nyssa* L.	蓝果树科	Nyssaceae
珙桐	*D. involucrata* Baill.	珙桐属	*Davidia* Baill.	蓝果树科	Nyssaceae
吴茱萸五加	*G. ciliata* var. *evodiifolia*（Franch.）C. B. Shang，Lowry & Frodin	萸叶五加属	*Gamblea* C. B. Clarke	五加科	Araliaceae
狭叶藤五加	*E. leucorrhizus* var. *scaberulus*（Harms et Rehder）Nakai	五加属	*Eleutherococcus* Maxim.	五加科	Araliaceae
白簕	*E. trifoliatus*（Linnaeus）S. Y. Hu	五加属	*Eleutherococcus* Maxim.	五加科	Araliaceae
楤木	*A. elata*（Miq.）Seem.	楤木属	*Aralia* L.	五加科	Araliaceae
黄毛楤木	*A. chinensis* L.	楤木属	*Aralia* L.	五加科	Araliaceae
棘茎楤木	*A. echinocaulis* Hand. -Mazz.	楤木属	*Aralia* L.	五加科	Araliaceae
树参	*D. dentiger*（Harms）Merr.	树参属	*Dendropanax* Decne. & Planch.	五加科	Araliaceae
常春藤	*H. nepalensis* var. *sinensis*（Tobl.）Rehd.	常春藤属	*Hedera* L.	五加科	Araliaceae
刺楸	*K. septemlobus*（Thunb.）Koidz.	刺楸属	*Kalopanax* Miq.	五加科	Araliaceae
短梗大参	*M. rosthornii*（Harms）C. Y. Wu ex Hoo	大参属	*Macropanax* Miq.	五加科	Araliaceae
梁王茶	*M. delavayi*（Franch.）J. Wen et Frodin	梁王茶属	*Metapanax* J. Wen & Frodin	五加科	Araliaceae
通脱木	*T. papyrifer*（Hook.）K. Koch	通脱木属	*Tetrapanax*（K. Koch）K. Koch	五加科	Araliaceae
狭叶当归	*A. anomala* Ave-Lall.	当归属	*Angelica* L.	伞形科	Apiaceae

（续）

中文种名	拉丁种名	中文属名	拉丁属名	中文科名	拉丁科名
隔山香	*O. citriodorum*（Hance）Yuan et Shan	山芹属	*Ostericum* Hoffm.	伞形科	Apiaceae
杭白芷	*A. dahurica* 'Hangbaizhi'	当归属	*Angelica* L.	伞形科	Apiaceae
峨参	*A. sylvestris*（Linn.）Hoffm.	峨参属	*Anthriscus* Pers.	伞形科	Apiaceae
蛇床	*C. monnieri*（Linn.）Cuss.	蛇床属	*Cnidium* Cusson	伞形科	Apiaceae
鸭儿芹	*C. japonica* Hassk.	鸭儿芹属	*Cryptotaenia* DC.	伞形科	Apiaceae
野胡萝卜	*D. carota* Linn.	胡萝卜属	*Daucus* L.	伞形科	Apiaceae
藁本	*C. anthriscoides*（H. Boissieu）Pimenov & Kljuykov	鞘山芎属	*Conioselinum* Fisch. ex Hoffm.	伞形科	Apiaceae
白苞芹	*N. japonicum* Miq.	白苞芹属	*Nothosmyrnium* Miq.	伞形科	Apiaceae
水芹	*O. javanica*（Bl.）DC.	水芹属	*Oenanthe* L.	伞形科	Apiaceae
前胡	*P. praeruptorum* Dunn	疆前胡属	*Peucedanum* L.	伞形科	Apiaceae
异叶茴芹	*P. diversifolia* DC.	茴芹属	*Pimpinella* L.	伞形科	Apiaceae
变豆菜	*S. chinensis* Bunge	变豆菜属	*Sanicula* L.	伞形科	Apiaceae
薄片变豆菜	*S. lamelligera* Hance	变豆菜属	*Sanicula* L.	伞形科	Apiaceae
直刺变豆菜	*S. orthacantha* S. Moore	变豆菜属	*Sanicula* L.	伞形科	Apiaceae
小窃衣	*T. japonica*（Houtt.）DC.	窃衣属	*Torilis* Adans.	伞形科	Apiaceae
窃衣	*T. scabra*（Thunb.）DC.	窃衣属	*Torilis* Adans.	伞形科	Apiaceae
积雪草	*C. asiatica*（Linn.）Urban	积雪草属	*Centella* L.	五加科	Araliaceae
红马蹄草	*H. nepalensis* Hook.	天胡荽属	*Hydrocotyle* L.	五加科	Araliaceae
天胡荽	*H. sibthorpioides* Lam.	天胡荽属	*Hydrocotyle* L.	五加科	Araliaceae
破铜钱	*H. sibthorpioides* var. *batrachium*（Hance）Hand. -Mazz.	天胡荽属	*Hydrocotyle* L.	五加科	Araliaceae
龙牙草	*A. pilosa* Ledeb.	龙牙草属	*Agrimonia* L.	蔷薇科	Rosaceae
木瓜	*P. sinensis*（Touin）C. K. Schneid.	木瓜属	*Pseudocydonia*（C. K. Schneid.）C. K. Schneid.	蔷薇科	Rosaceae

（续）

中文种名	拉丁种名	中文属名	拉丁属名	中文科名	拉丁科名
贴梗海棠	*C. speciosa*（Sweet）Nakai	木瓜海棠属	*Chaenomeles* Lindl.	蔷薇科	Rosaceae
野山楂	*C. cuneata* Sieb. et Zucc.	山楂属	*Crataegus* L.	蔷薇科	Rosaceae
蛇莓	*D. indica*（Andr.）Focke	蛇莓属	*Duchesnea* Sm.	蔷薇科	Rosaceae
枇杷	*E. japonica*（Thunb.）Lindl.	枇杷属	*Eriobotrya* Lindi.	蔷薇科	Rosaceae
白鹃梅	*E. racemosa*（Lendl.）Rehd.	白鹃梅属	*Exochorda* Lindl.	蔷薇科	Rosaceae
路边青	*G. aleppicum* Jacq.	路边青属	*Geum* L.	蔷薇科	Rosaceae
柔毛路边青	*G. japonicum* var. *chinensis* F. Bolle	路边青属	*Geum* L.	蔷薇科	Rosaceae
棣棠花	*K. japonica*（Linn.）DC.	棣棠属	*Kerria* DC.	蔷薇科	Rosaceae
湖北海棠	*M. hupehensis*（Pamp.）Rehd.	苹果属	*Malus* Mill.	蔷薇科	Rosaceae
光萼林檎	*M. leiocalyca* S. Z. Huang	苹果属	*Malus* Mill.	蔷薇科	Rosaceae
西府海棠	*M.* × *micromalus* Makino	苹果属	*Malus* Mill.	蔷薇科	Rosaceae
苹果	*M. pumilla* Mill.	苹果属	*Malus* Mill.	蔷薇科	Rosaceae
中华石楠	*P. beauverdiana* Schneid.	石楠属	*Photinia* Lindl.	蔷薇科	Rosaceae
贵州石楠	*P. bodinieri* Lévl.	石楠属	*Photinia* Lindl.	蔷薇科	Rosaceae
光叶石楠	*P. glabra*（Thunb.）Maxim.	石楠属	*Photinia* Lindl.	蔷薇科	Rosaceae
褐毛石楠	*P. hirsuta* Hand. -Mazz.	石楠属	*Photinia* Lindl.	蔷薇科	Rosaceae
小叶石楠	*P. parvifolia*（Pritz.）Schneid.	石楠属	*Photinia* Lindl.	蔷薇科	Rosaceae
桃叶石楠	*P. prunifolia*（Hook. et Arn.）Lindl.	石楠属	*Photinia* Lindl.	蔷薇科	Rosaceae
绒毛石楠	*P. schneideriana* Rehd. et Wils.	石楠属	*Photinia* Lindl.	蔷薇科	Rosaceae
石楠	*P. serratifolia*（Desf.）Kalkman	石楠属	*Photinia* Lindl.	蔷薇科	Rosaceae
毛叶石楠	*P. villosa*（Thunb.）DC.	石楠属	*Photinia* Lindl.	蔷薇科	Rosaceae
无毛毛叶石楠	*P. villossa* var. *sinica* Rehd. et Wils.	石楠属	*Photinia* Lindl.	蔷薇科	Rosaceae

（续）

中文种名	拉丁种名	中文属名	拉丁属名	中文科名	拉丁科名
翻白草	*P. discolor* Bunge	委陵菜属	*Potentilla* L.	蔷薇科	Rosaceae
三叶委陵菜	*P. freyniana* Bornm.	委陵菜属	*Potentilla* L.	蔷薇科	Rosaceae
五匹风	*P. kleiniana* var. *robusta*（Franch. & Sav. ex Th. Wolf）Kitag.	委陵菜属	*Potentilla* L.	蔷薇科	Rosaceae
橉木	*P. buergeriana*（Miq.）Yü et Ku	稠李属	*Padus* Mill.	蔷薇科	Rosaceae
紫叶李	*P. cerasifera* ‘Pissardii’	李属	*Prunus* L.	蔷薇科	Rosaceae
尾叶樱桃	*Cerasus dielsiana*（Schneid.）Yü et Li	樱属	*Cerasus* Mill.	蔷薇科	Rosaceae
郁李	*C. japonica*（Thunb.）Lois.	樱属	*Cerasus* Mill.	蔷薇科	Rosaceae
大叶桂樱	*Laurocerasus zippeliana*（Miq.）T. T. Yu & L. T. Lu	李属	*Prunus* L.	蔷薇科	Rosaceae
梅	*A. mume* Sieb.	杏属	*Armeniaca* Scop.	蔷薇科	Rosaceae
桃	*A. persica* Linn.	桃属	*Amygdalus* L.	蔷薇科	Rosaceae
寿星桃	*P. persica* ‘Densa’	李属	*Prunus* L.	蔷薇科	Rosaceae
千瓣白桃	*A. persica* ‘Albo-plena’ Schneid.	桃属	*Amygdalus* L.	蔷薇科	Rosaceae
蟠桃	*P. persica* ‘compressa’	李属	*Prunus* L.	蔷薇科	Rosaceae
腺叶桂樱	*Laurocerasus phaeosticta*（Hance）Schneid.	李属	*Prunus* L.	蔷薇科	Rosaceae
樱桃	*C. pseudocerasus*（Lindl.）G. Don	樱属	*Cerasus* Mill.	蔷薇科	Rosaceae
李	*P. salicina* Lindl.	李属	*Prunus* L.	蔷薇科	Rosaceae
山樱花	*C. serrulata*（Lindl.）G. Don	樱属	*Cerasus* Mill.	蔷薇科	Rosaceae
日本晚樱	*C. serrulata* var. *lannesiana*（Carr.）Makino	樱属	*Cerasus* Mill.	蔷薇科	Rosaceae
刺叶桂樱	*Laurocerasus spinulosa*（Sieb. et Zucc.）Schneid.	李属	*Prunus* L.	蔷薇科	Rosaceae
东京樱花	*C. yedoensis*（Matsum.）T. T. Yu & C. L. Li	樱属	*Cerasus* Mill.	蔷薇科	Rosaceae
杜梨	*P. betulifolia* Bunge	梨属	*Pyrus* L.	蔷薇科	Rosaceae
豆梨	*P. calleryana* Dcne.	梨属	*Pyrus* L.	蔷薇科	Rosaceae

（续）

中文种名	拉丁种名	中文属名	拉丁属名	中文科名	拉丁科名
沙梨	*P. pyrifolia*（Burm. f.）Nakai	梨属	*Pyrus* L.	蔷薇科	Rosaceae
麻梨	*P. serrulata* Rehd.	梨属	*Pyrus* L.	蔷薇科	Rosaceae
石斑木	*R. indica*（L.）Lindl.	石斑木属	*Rhaphiolepis* Lindl.	蔷薇科	Rosaceae
木香花	*R. banksiae* Aiton	蔷薇属	*Rosa* L.	蔷薇科	Rosaceae
月季花	*R. chinensis* Jacq.	蔷薇属	*Rosa* L.	蔷薇科	Rosaceae
小果蔷薇	*R. cymosa* Tratt.	蔷薇属	*Rosa* L.	蔷薇科	Rosaceae
软条七蔷薇	*R. henryi* Bouleng.	蔷薇属	*Rosa* L.	蔷薇科	Rosaceae
金樱子	*R. laevigata* Michx.	蔷薇属	*Rosa* L.	蔷薇科	Rosaceae
多花蔷薇	*R. multiflora* var. *adenophora* Franch. & Sav.	蔷薇属	*Rosa* L.	蔷薇科	Rosaceae
野蔷薇	*R. multiflora* Thunb.	蔷薇属	*Rosa* L.	蔷薇科	Rosaceae
玫瑰	*R. rugosa* Thunb.	蔷薇属	*Rosa* L.	蔷薇科	Rosaceae
腺毛莓	*R. adenophorus* Rolfe	悬钩子属	*Rubus* L.	蔷薇科	Rosaceae
周毛悬钩子	*R. amphidasys* Focke ex Diels	悬钩子属	*Rubus* L.	蔷薇科	Rosaceae
寒莓	*R. buergeri* Miq.	悬钩子属	*Rubus* L.	蔷薇科	Rosaceae
小柱悬钩子	*R. columellaris* Tutcher	悬钩子属	*Rubus* L.	蔷薇科	Rosaceae
山莓	*R. corchorifolius* L. f.	悬钩子属	*Rubus* L.	蔷薇科	Rosaceae
插田泡	*R. coreanus* var. *coreanus*	悬钩子属	*Rubus* L.	蔷薇科	Rosaceae
毛叶插田藨	*R. coreanus* var. *tomentosus* Card.	悬钩子属	*Rubus* L.	蔷薇科	Rosaceae
蓬蘽	*R. hirsutus* Thunb.	悬钩子属	*Rubus* L.	蔷薇科	Rosaceae
宜昌悬钩子	*R. ichangensis* Hemsl. et O. Kuntze	悬钩子属	*Rubus* L.	蔷薇科	Rosaceae
白叶莓	*R. innominatus* S. Moore	悬钩子属	*Rubus* L.	蔷薇科	Rosaceae
灰毛藨	*R. irenaeus* Focke	悬钩子属	*Rubus* L.	蔷薇科	Rosaceae

（续）

中文种名	拉丁种名	中文属名	拉丁属名	中文科名	拉丁科名
高粱泡	*R. lambertianus* Ser.	悬钩子属	*Rubus* L.	蔷薇科	Rosaceae
白花悬钩子	*R. leucanthus* Hance	悬钩子属	*Rubus* L.	蔷薇科	Rosaceae
凉山悬钩子	*R. fockeanus* Kurz	悬钩子属	*Rubus* L.	蔷薇科	Rosaceae
茅莓	*R. parvifolius* Linn.	悬钩子属	*Rubus* L.	蔷薇科	Rosaceae
锈毛莓	*R. reflexus* Ker	悬钩子属	*Rubus* L.	蔷薇科	Rosaceae
空心藨	*R. rosifolius* Sm. ex Baker	悬钩子属	*Rubus* L.	蔷薇科	Rosaceae
红腺悬钩子	*R. sumatranus* Miq.	悬钩子属	*Rubus* L.	蔷薇科	Rosaceae
木莓	*R. swinhoei* Hance	悬钩子属	*Rubus* L.	蔷薇科	Rosaceae
灰白毛莓	*R. tephrodes* Hance	悬钩子属	*Rubus* L.	蔷薇科	Rosaceae
无腺灰白毛莓	*R. tephrodes* var. *ampliflorus* (Lévl. et Vant.) Hand. -Mazz.	悬钩子属	*Rubus* L.	蔷薇科	Rosaceae
三花悬钩子	*R. trianthus* Focke	悬钩子属	*Rubus* L.	蔷薇科	Rosaceae
直穗地榆	*S. grandiflora* (Maxim.) Makino	地榆属	*Sanguisorba* L.	蔷薇科	Rosaceae
地榆	*S. officinalis* L.	地榆属	*Sanguisorba* L.	蔷薇科	Rosaceae
石灰花楸	*S. folgneri* (Schneid.) Rehd.	花楸属	*Sorbus* L.	蔷薇科	Rosaceae
中华绣线菊	*S. chinensis* Maxim.	绣线菊属	*Spiraea* L.	蔷薇科	Rosaceae
狭叶绣线菊	*S. japonica* var. *acuminata* Franch.	绣线菊属	*Spiraea* L.	蔷薇科	Rosaceae
李叶绣线菊	*S. prunifolia* Sieb. et Zucc.	绣线菊属	*Spiraea* L.	蔷薇科	Rosaceae
珍珠绣线菊	*S. thunbergii* Sieb. ex Blume	绣线菊属	*Spiraea* L.	蔷薇科	Rosaceae
菱叶绣线菊	*S.* × *vanhouttei* (Briot) Carrišre	绣线菊属	*Spiraea* L.	蔷薇科	Rosaceae
华空木	*S. chinensis* Hance	野珠兰属	*Stephanandra* Siebold & Zucc.	蔷薇科	Rosaceae
蜡梅	*C. praecox* (Linn.) Link	蜡梅属	*Chimonanthus* Lindl.	蜡梅科	Calycanthaceae
水团花	*A. pilulifera* (Lam.) Franch. ex Drake	水团花属	*Adina* Salisb.	茜草科	Rubiaceae

（续）

中文种名	拉丁种名	中文属名	拉丁属名	中文科名	拉丁科名
鸡仔木	*S. racemosa*（Sieb. et Zucc.）Ridsd.	鸡仔木属	*Sinoadina* Ridsdale	茜草科	Rubiaceae
细叶水团花	*A. rubella* Hance	水团花属	*Adina* Salisb.	茜草科	Rubiaceae
薄叶耳草	*A. hirsuta*（L. f.）Boerl.	假耳草属	*Anotis* DC.	茜草科	Rubiaceae
风箱树	*C. tetrandrus*（Roxb.）Ridsd. et Bakh. f.	风箱树属	*Cephalanthus* L.	茜草科	Rubiaceae
流苏子	*C. diffusa*（Champ. ex Benth.）Van Steenis	流苏子属	*Coptosapelta* Korth.	茜草科	Rubiaceae
虎刺	*D. indicus* Gaertn. f.	虎刺属	*Damnacanthus* C. F. Gaertn.	茜草科	Rubiaceae
短刺虎刺	*D. giganteus*（Mak.）Nakai	虎刺属	*Damnacanthus* C. F. Gaertn.	茜草科	Rubiaceae
香果树	*E. henryi* Oliv.	香果树属	*Emmenopterys* Oliv.	茜草科	Rubiaceae
拉拉藤	*G. spurium* L.	拉拉藤属	*Galium* L.	茜草科	Rubiaceae
六叶葎	*G. hoffmeisteri*（Klotzsch）Ehrend. & Schönb. -Tem. ex R. R. Mill	拉拉藤属	*Galium* L.	茜草科	Rubiaceae
四叶葎	*G. bungei* Steud.	拉拉藤属	*Galium* L.	茜草科	Rubiaceae
蓬子菜	*G. verum* L.	拉拉藤属	*Galium* L.	茜草科	Rubiaceae
栀子	*G. jasminoides* Ellis	栀子属	*Gardenia* J. Ellis	茜草科	Rubiaceae
耳草	*H. auricularia* Linn.	毛瓣耳草属	*Hedyotis* L.	茜草科	Rubiaceae
金毛耳草	*H. chrysotricha*（Palib.）Merr.	毛瓣耳草属	*Hedyotis* L.	茜草科	Rubiaceae
伞房花耳草	*H. corymbosa*（Linn.）Lam.	毛瓣耳草属	*Hedyotis* L.	茜草科	Rubiaceae
白花蛇舌草	*H. diffusa* Willd.	毛瓣耳草属	*Hedyotis* L.	茜草科	Rubiaceae
粗毛耳草	*H. mellii* Tutch.	毛瓣耳草属	*Hedyotis* L.	茜草科	Rubiaceae
纤花耳草	*H. angustifolia* Miq.	毛瓣耳草属	*Hedyotis* L.	茜草科	Rubiaceae
长节耳草	*H. uncinella* Hook. et Arn.	毛瓣耳草属	*Hedyotis* L.	茜草科	Rubiaceae
日本粗叶木	*L. japonicus* Miq.	粗叶木属	*Lasianthus* Jack	茜草科	Rubiaceae
粗叶木	*L. chinensis*（Champ.）Benth.	粗叶木属	*Lasianthus* Jack	茜草科	Rubiaceae

（续）

中文种名	拉丁种名	中文属名	拉丁属名	中文科名	拉丁科名
榄绿粗叶木	*L. japonicus* var. *lancilimbus*（Merr.）Lo	粗叶木属	*Lasianthus* Jack	茜草科	Rubiaceae
羊角藤	*M. umbellata* subsp. *obovata* Y. Z. Ruan	木巴戟属	*Morinda* L.	茜草科	Rubiaceae
大叶白纸扇	*M. shikokiana* Makino	玉叶金花属	*Mussaenda* L.	茜草科	Rubiaceae
玉叶金花	*M. pubescens* Dryand.	玉叶金花属	*Mussaenda* L.	茜草科	Rubiaceae
蛇根草	*O. mungos* L.	蛇根草属	*Ophiorrhiza* L.	茜草科	Rubiaceae
白毛鸡屎藤	*P. pertomentosa* Merr. ex. Li	鸡屎藤属	*Paederia* L.	茜草科	Rubiaceae
鸡矢藤	*P. foetida* Linn.	鸡屎藤属	*Paederia* L.	茜草科	Rubiaceae
香楠	*A. canthioides*（Champ. ex Benth.）Masam.	茜树属	*Aidia* Lour.	茜草科	Rubiaceae
茜树	*A. cochinchinensis* Lour.	茜树属	*Aidia* Lour.	茜草科	Rubiaceae
茜草	*R. cordifolia* Linn	茜草属	*Rubia* L.	茜草科	Rubiaceae
六月雪	*S. japonica*（Thunb.）Thunb.	白马骨属	*Serissa* Comm. ex Juss.	茜草科	Rubiaceae
白马骨	*S. serissoides*（DC.）Druce	白马骨属	*Serissa* Comm. ex Juss.	茜草科	Rubiaceae
白花苦灯笼	*T. mollissima*（Walp.）Rob.	乌口树属	*Tarenna* Gaertn.	茜草科	Rubiaceae
狗骨柴	*D. dubia*（Lindl.）Masam.	狗骨柴属	*Diplospora* DC.	茜草科	Rubiaceae
钩藤	*U. rhynchophylla*（Miq.）Miq. ex Havil.	钩藤属	*Uncaria* Schreb.	茜草科	Rubiaceae
糯米条	*A. chinensis* R. Br.	糯米条属	*Abelia* R. Br.	忍冬科	Caprifoliaceae
郁香忍冬	*L. fragrantissma* Lindl. ex Paxt.	忍冬属	*Lonicera* L.	忍冬科	Caprifoliaceae
金银忍冬	*L. maackii*（Rupr.）Maxim.	忍冬属	*Lonicera* L.	忍冬科	Caprifoliaceae
菰腺忍冬	*L. hypoglauca* Miq.	忍冬属	*Lonicera* L.	忍冬科	Caprifoliaceae
珊瑚树	*V. odoratissimum* Ker-Gawl.	荚蒾属	*Viburnum* L.	五福花科	Adoxaceae
水红木	*V. cylindricum* Buck. -Ham. ex D. Don	荚蒾属	*Viburnum* L.	五福花科	Adoxaceae
荚蒾	*V. dilatatum* Thunb.	荚蒾属	*Viburnum* L.	五福花科	Adoxaceae

（续）

中文种名	拉丁种名	中文属名	拉丁属名	中文科名	拉丁科名
宜昌荚蒾	*V. erosum* Thunb.	荚蒾属	*Viburnum* L.	五福花科	Adoxaceae
南方荚蒾	*V. fordiae* Hance	荚蒾属	*Viburnum* L.	五福花科	Adoxaceae
绣球	*H. macrophylla*（Thunb.）Ser.	光绣球属	*Hydrangea* L.	绣球科	Hydrangeaceae
蝴蝶荚蒾	*V. thunbergianum* Z. H. Chen & P. L. Chiu	荚蒾属	*Viburnum* L.	五福花科	Adoxaceae
茶荚蒾	*V. setigerum* Hance	荚蒾属	*Viburnum* L.	五福花科	Adoxaceae
锦带花	*W. florida*（Bunge）A. DC.	锦带花属	*Weigela* Thunb.	忍冬科	Caprifoliaceae
半边月	*W. japonica* var. *sinica*（Rehd.）Bailey	锦带花属	*Weigela* Thunb.	忍冬科	Caprifoliaceae
接骨草	*S. javanica* Reinw. ex Blume	接骨木属	*Sambucus* L.	五福花科	Adoxaceae
接骨木	*S. williamsii* Hance	接骨木属	*Sambucus* L.	五福花科	Adoxaceae
栝楼	*T. kirilowii* Maxim.	栝楼属	*Trichosanthes* L.	葫芦科	Cucurbitaceae
笔管草	*E. ramosissimum* subsp. *debile*（Roxb. ex Vaucher）Hauke	木贼属	*Equisetum* L.	木贼科	Equisetaceae
节节草	*E. ramosissimum* Desf.	木贼属	*Equisetum* L.	木贼科	Equisetaceae
鹅掌楸	*L. chinense*（Hamsl.）Sargent.	鹅掌楸属	*Liriodendron* L.	木兰科	Magnoliaceae
凹叶厚朴	*Houpoëa officinalis* 'Biloba'	北美木兰属	*Magnolia* L.	木兰科	Magnoliaceae
黄山玉兰	*Y. cylindrica*（E. H. Wilson）D. L. Fu	玉兰属	*Yulania* Spach	木兰科	Magnoliaceae
光叶玉兰	*Y. dawsoniana*（Rehder et E. H. Wilson）D. L. Fu	玉兰属	*Yulania* Spach	木兰科	Magnoliaceae
玉兰	*Y. denudata*（Desr.）D. L. Fu	玉兰属	*Yulania* Spach	木兰科	Magnoliaceae
荷花木兰	*M. grandiflora* L.	北美木兰属	*Magnolia* L.	木兰科	Magnoliaceae
紫玉兰	*Y. liliiflora*（Desr.）D. C. Fu	玉兰属	*Yulania* Spach	木兰科	Magnoliaceae
厚朴	*H. officinalis*（Rehder et E. H. Wilson）N. H. Xia et C. Y. Wu	厚朴属	*Houpoea* N. H. Xia & C. Y. Wu	木兰科	Magnoliaceae
木莲	*M. fordiana* Oliver	木莲属	*Manglietia* Blume	木兰科	Magnoliaceae
红花木莲	*M. insignis*（Wall.）Bl.	木莲属	*Manglietia* Blume	木兰科	Magnoliaceae

（续）

中文种名	拉丁种名	中文属名	拉丁属名	中文科名	拉丁科名
白兰	*M.* × *alba* DC.	含笑属	*Michelia* L.	木兰科	Magnoliaceae
乐昌含笑	*M. chapensis* Dandy	含笑属	*Michelia* L.	木兰科	Magnoliaceae
含笑花	*M. figo*（Lour.）Spreng.	含笑属	*Michelia* L.	木兰科	Magnoliaceae
金叶含笑	*M. foveolata* Merr. ex Dandy	含笑属	*Michelia* L.	木兰科	Magnoliaceae
醉香含笑	*M. macclurei* Dandy	含笑属	*Michelia* L.	木兰科	Magnoliaceae
黄心夜合	*M. martini*（H. Lév.）Finet & Gagnep. ex H. Lév.	含笑属	*Michelia* L.	木兰科	Magnoliaceae
深山含笑	*M. maudiae* Dunn	含笑属	*Michelia* L.	木兰科	Magnoliaceae
野含笑	*M. skinneriana* Dunn	含笑属	*Michelia* L.	木兰科	Magnoliaceae
观光木	*M. odora*（Chun）Noot. et B. L. Chen	含笑属	*Michelia* L.	木兰科	Magnoliaceae
红毒茴	*I. lanceolatum* A. C. Sm.	八角属	*Illicium* L.	五味子科	Schisandraceae
匙形八角	*I. spathulatum* Y. C. Wu	八角属	*Illicium* L.	五味子科	Schisandraceae
黑老虎	*K. coccinea*（Lem.）A. C. Sm.	南五味子属	*Kadsura* Kaempf. ex Juss.	五味子科	Schisandraceae
南五味子	*K. longipedunculata* Finet & Gagnep.	南五味子属	*Kadsura* Kaempf. ex Juss.	五味子科	Schisandraceae
五味子	*S. chinensis*（Turcz.）Baill.	五味子属	*Schisandra* Michx.	五味子科	Schisandraceae
翼梗五味子	*S. henryi* C. B. Clarke	五味子属	*Schisandra* Michx.	五味子科	Schisandraceae
华中五味子	*S. sphenanthera* Rehder & E. H. Wilson	五味子属	*Schisandra* Michx.	五味子科	Schisandraceae
连香树	*C. japonicum* Siebold & Zucc.	连香树属	*Cercidiphyllum* Siebold & Zucc	连香树科	Cercidiphyllaceae
秋牡丹	*A. hupehensis* var. *japonica*（Thunb.）Bowles et Stearn	欧银莲属	*Anemone* L.	毛茛科	Ranunculaceae
小升麻	*A. japonica* Thunb.	类叶升麻属	*Actaea* L.	毛茛科	Ranunculaceae
女萎	*C. apiifolia* DC.	铁线莲属	*Clematis* L.	毛茛科	Ranunculaceae
小木通	*C. armandii* Franch.	铁线莲属	*Clematis* L.	毛茛科	Ranunculaceae
威灵仙	*C. chinensis* Osbeck.	铁线莲属	*Clematis* L.	毛茛科	Ranunculaceae

（续）

中文种名	拉丁种名	中文属名	拉丁属名	中文科名	拉丁科名
山木通	*C. finetiana* Lévl. et Vant.	铁线莲属	*Clematis* L.	毛茛科	Ranunculaceae
单叶铁线莲	*C. henryi* Oliv.	铁线莲属	*Clematis* L.	毛茛科	Ranunculaceae
绣球藤	*C. montana* Buch. -Ham. ex DC.	铁线莲属	*Clematis* L.	毛茛科	Ranunculaceae
圆锥铁线莲	*C. terniflora* DC.	铁线莲属	*Clematis* L.	毛茛科	Ranunculaceae
柱果铁线莲	*C. uncinata* Champ.	铁线莲属	*Clematis* L.	毛茛科	Ranunculaceae
禺毛茛	*R. cantoniensis* DC.	毛茛属	*Ranunculus* L.	毛茛科	Ranunculaceae
毛茛	*R. japonicus* Thunb.	毛茛属	*Ranunculus* L.	毛茛科	Ranunculaceae
肉根毛茛	*R. polii* Franch. ex Hemsl.	毛茛属	*Ranunculus* L.	毛茛科	Ranunculaceae
石龙芮	*R. sceleratus* Linn.	毛茛属	*Ranunculus* L.	毛茛科	Ranunculaceae
扬子毛茛	*R. sieboldii* Miq.	毛茛属	*Ranunculus* L.	毛茛科	Ranunculaceae
猫爪草	*R. ternatus* Thunb.	毛茛属	*Ranunculus* L.	毛茛科	Ranunculaceae
尖叶唐松草	*T. acutifolium*（Hand. -Mazz.）Boivin	唐松草属	*Thalictrum* Tourn. ex L.	毛茛科	Ranunculaceae
芍药	*P. lactiflora* Pall.	芍药属	*Paeonia* L.	芍药科	Paeoniaceae
牡丹	*P.* × *suffruticosa* Andrews	芍药属	*Paeonia* L.	芍药科	Paeoniaceae
乌头	*A. carmichaelii* Debeaux	乌头属	*Aconitum* L.	毛茛科	Ranunculaceae
花莛乌头	*A. scaposum* Franch.	乌头属	*Aconitum* L.	毛茛科	Ranunculaceae
飞燕草	*C. ajacis*（Linn.）Schur	飞燕草属	*Consolida*（DC.）Gray	毛茛科	Ranunculaceae
还亮草	*D. anthriscifolium* Hance	翠雀属	*Delphinium* L.	毛茛科	Ranunculaceae
天葵	*S. adoxoides*（DC.）Makino	天葵属	*Semiaquilegia* Makino	毛茛科	Ranunculaceae
黄连	*C. chinensis* Franch.	黄连属	*Coptis* Salisb.	毛茛科	Ranunculaceae
莼菜	*B. schreberi* J. F. Gmel.	莼菜属	*Brasenia* Schreb.	莼菜科	Cabombaceae
金鱼藻	*C. demersum* L.	金鱼藻属	*Ceratophyllum* L.	金鱼藻科	Ceratophyllaceae

（续）

中文种名	拉丁种名	中文属名	拉丁属名	中文科名	拉丁科名
萍蓬草	*N. pumila*（Timm）DC.	萍蓬草属	*Nuphar* Sm.	睡莲科	Nymphaeaceae
莲	*N. nucifera* Gaertn.	莲属	*Nelumbo* Adans.	莲科	Nelumbonaceae
芡	*E. ferox* Salisb. ex K. D. Koenig & Sims	芡属	*Euryale* Salisb. ex K. D. Koenig & Sims	睡莲科	Nymphaeaceae
八角莲	*D. versipellis*（Hance）M. Cheng ex Ying	鬼臼属	*Dysosma* Woodson	小檗科	Berberidaceae
醉鱼草	*B. lindleyana* Fortune	醉鱼草属	*Buddleja* L.	玄参科	Scrophulariaceae
水田白	*M. pygmaea* R. Br.	尖帽草属	*Mitrasacme* Labill.	马钱科	Loganiaceae
蓬莱葛	*G. multiflora* Makino	蓬莱葛属	*Gardneria* Wall.	马钱科	Loganiaceae
流苏树	*C. retusus* Lindl. et Paxton.	流苏树属	*Chionanthus* L.	木樨科	Oleaceae
雪柳	*F. phillyreoides* subsp. *fortunei*（Carrière）Yalt.	雪柳属	*Fontanesia* Labill.	木樨科	Oleaceae
连翘	*F. suspensa*（Thunb.）Vahl	连翘属	*Forsythia* Vahl	木樨科	Oleaceae
金钟花	*F. viridissima* Lindl.	连翘属	*Forsythia* Vahl	木樨科	Oleaceae
白蜡树	*F. chinensis* Roxb.	梣属	*Fraxinus* L.	木樨科	Oleaceae
苦枥木	*F. insularis* Hemsl.	梣属	*Fraxinus* L.	木樨科	Oleaceae
清香藤	*J. lanceolaria* Roxb.	素馨属	*Jasminum* L.	木樨科	Oleaceae
野迎春	*J. mesnyi* Hance	素馨属	*Jasminum* L.	木樨科	Oleaceae
迎春花	*J. nudiflorum* Lindl.	素馨属	*Jasminum* L.	木樨科	Oleaceae
茉莉花	*J. sambac*（Linnaeus）Aiton	素馨属	*Jasminum* L.	木樨科	Oleaceae
华素馨	*J. sinense* Hemsl.	素馨属	*Jasminum* L.	木樨科	Oleaceae
长叶女贞	*L. compactum*（Wall. ex G. Don）Hook. f. & Thomson ex Decne.	女贞属	*Ligustrum* L.	木樨科	Oleaceae
光萼小蜡	*L. sinense* var. *myrianthum*（Diels）Hofk.	女贞属	*Ligustrum* L.	木樨科	Oleaceae
女贞	*L. lucidum* Ait.	女贞属	*Ligustrum* L.	木樨科	Oleaceae
水蜡树	*L. obtusifolium* Sied. et Zucc.	女贞属	*Ligustrum* L.	木樨科	Oleaceae

（续）

中文种名	拉丁种名	中文属名	拉丁属名	中文科名	拉丁科名
小叶女贞	*L. quihoni* Carr.	女贞属	*Ligustrum* L.	木樨科	Oleaceae
小蜡	*L. sinense* Lour.	女贞属	*Ligustrum* L.	木樨科	Oleaceae
四季桂	*O. fragrans*（Fragrans Group）	木樨属	*Osmanthus* Lour.	木樨科	Oleaceae
木樨	*O. fragrans*（Thunb.）Lour.	木樨属	*Osmanthus* Lour.	木樨科	Oleaceae
厚边木樨	*O. marginatus*（Champ. ex Benth.）Hemsl.	木樨属	*Osmanthus* Lour.	木樨科	Oleaceae
非洲木樨榄	*O. europaea* subsp. *africana*（Mill.）P. S. Green	木樨榄属	*Olea* L.	木樨科	Oleaceae
紫丁香	*S. oblata* Lindl.	丁香属	*Syringa* L.	木樨科	Oleaceae
马兜铃	*A. debilis* Sieb. et Zucc.	马兜铃属	*Aristolochia* L.	马兜铃科	Aristolochiaceae
日本关木通	*I. kaempferi*（Willd.）H. Huber	关木通属	*Isotrema* Raf.	马兜铃科	Aristolochiaceae
寻骨风	*I. mollissimum*（Hance）X. X. Zhu，S. Liao & J. S. Ma	关木通属	*Isotrema* Raf.	马兜铃科	Aristolochiaceae
管花马兜铃	*A. tubiflora* Dunn	马兜铃属	*Aristolochia* L.	马兜铃科	Aristolochiaceae
土细辛	*A. blumei* Duch.	细辛属	*Asarum* L.	马兜铃科	Aristolochiaceae
杜衡	*A. forbesii* Maxim	细辛属	*Asarum* L.	马兜铃科	Aristolochiaceae
细辛	*A. heterotropoides* F. Schmidt	细辛属	*Asarum* L.	马兜铃科	Aristolochiaceae
龙舌兰	*A. americana* Linn.	龙舌兰属	*Agave* L.	天门冬科	Asparagaceae
金线草	*P. filiformis*（Thunb.）Nakai	蓼属	*Persicaria*（L.）Mill.	蓼科	Polygonaceae
短毛金线草	*P. neofiliformis*（Nakai）Ohki	蓼属	*Persicaria*（L.）Mill.	蓼科	Polygonaceae
金荞麦	*F. dibotrys*（D. Don）Hara	荞麦属	*Fagopyrum* Mill.	蓼科	Polygonaceae
竹节蓼	*H. platycladum*（F. Muell.）Bailey	竹节蓼属	*Homalocladium*（F. J. Müll.）L. H. Bailey	蓼科	Polygonaceae
萹蓄	*P. aviculare* L.	萹蓄属	*Polyonum* L.	龙胆科	Gentianaceae
丛枝蓼	*P. posumbu*（Buch.-Ham. ex D. Don）H. Gross	蓼属	*Persicaria*（L.）Mill.	蓼科	Polygonaceae
长鬃蓼	*P. longiseta*（Bruijn）Moldenke	蓼属	*Persicaria*（L.）Mill.	蓼科	Polygonaceae

（续）

中文种名	拉丁种名	中文属名	拉丁属名	中文科名	拉丁科名
火炭母	*P. chinensis*（L.）H. Gross	蓼属	*Persicaria*（L.）Mill.	蓼科	Polygonaceae
蓼子草	*P. criopolitana*（Hance）Migo	蓼属	*Persicaria*（L.）Mill.	蓼科	Polygonaceae
虎杖	*R. japonica* Houtt.	虎杖属	*Reynoutria* Houtt.	蓼科	Polygonaceae
稀花蓼	*P. dissitiflora*（Hemsl.）H. Gross ex T. Mori	蓼属	*Persicaria*（L.）Mill.	蓼科	Polygonaceae
窄叶火炭母	*P. chinensis* var. *paradoxa*（H. Lév.）Bo Li	蓼属	*Persicaria*（L.）Mill.	蓼科	Polygonaceae
长箭叶蓼	*P. hastatosagittata*（Makino）Nakai ex T. Mori	蓼属	*Persicaria*（L.）Mill.	蓼科	Polygonaceae
水蓼	*P. hydropiper*（L.）Spach	蓼属	*Persicaria*（L.）Mill.	蓼科	Polygonaceae
愉悦蓼	*P. jucunda*（Meisn.）Migo	蓼属	*Persicaria*（L.）Mill.	蓼科	Polygonaceae
酸模叶蓼	*P. lapathifolia*（L.）Delarbre	蓼属	*Persicaria*（L.）Mill.	蓼科	Polygonaceae
何首乌	*P. multiflorus*（Thunb.）Nakai	何首乌属	*Pleuropterus* Turcz.	蓼科	Polygonaceae
小蓼花	*P. muricata*（Meisn.）Nemoto	蓼属	*Persicaria*（L.）Mill.	蓼科	Polygonaceae
红蓼	*P. orientalis*（L.）Spach	蓼属	*Persicaria*（L.）Mill.	蓼科	Polygonaceae
扛板归	*P. perfoliata*（L.）H. Gross	蓼属	*Persicaria*（L.）Mill.	蓼科	Polygonaceae
楔叶蓼	*P. trigonocarpum*（Makino）Kudo & Masam.	萹蓄属	*Polyonum* L.	蓼科	Polygonaceae
酸模	*R. acetosa* Linn.	酸模属	*Rumex* L.	蓼科	Polygonaceae
羊蹄	*R. japonicus* Houtt.	酸模属	*Rumex* L.	蓼科	Polygonaceae
土大黄	*R. daiwoo* Makino.	酸模属	*Rumex* L.	蓼科	Polygonaceae
空心莲子草	*A. philoxeroides*（Mart.）Griseb.	莲子草属	*Alternanthera* Forssk.	苋科	Amaranthaceae
莲子草	*A. sessilis*（L.）R. Br. ex DC.	莲子草属	*Alternanthera* Forssk.	苋科	Amaranthaceae
米仔兰	*A. odorata* Lour.	米仔兰属	*Aglaia* Lour.	楝科	Meliaceae
楝	*M. azedarach* Linn.	楝属	*Melia* L.	楝科	Meliaceae
香椿	*T. sinensis*（A. Juss.）Roem.	香椿属	*Toona*（Endl.）M. Roem.	楝科	Meliaceae

（续）

中文种名	拉丁种名	中文属名	拉丁属名	中文科名	拉丁科名
栾	*K. paniculata* Laxm.	栾属	*Koelreuteria* Laxm.	无患子科	Sapindaceae
复羽叶栾	*K. bipinnata* Franch.	栾属	*Koelreuteria* Laxm.	无患子科	Sapindaceae
无患子	*S. saponaria* L.	无患子属	*Sapindus* L.	无患子科	Sapindaceae
七叶树	*A. chinensis* Bunge	七叶树属	*Aesculus* L.	无患子科	Sapindaceae
伯乐树	*B. sinensis* Hemsl.	伯乐树属	*Bretschneidera* Hemsl.	叠珠树科	Akaniaceae
阔叶槭	*A. amplum* Rehd.	槭属	*Acer* L.	无患子科	Sapindaceae
三角槭	*A. buergerianum* Miq.	槭属	*Acer* L.	无患子科	Sapindaceae
青榨槭	*A. davidii* Franch.	槭属	*Acer* L.	无患子科	Sapindaceae
红果罗浮槭	*A. fabri* var. *rubrocarpum* Metc.	槭属	*Acer* L.	无患子科	Sapindaceae
五裂槭	*A. oliverianum* Pax	槭属	*Acer* L.	无患子科	Sapindaceae
鸡爪槭	*A. palmatum* Thunb.	槭属	*Acer* L.	无患子科	Sapindaceae
红枫	*A. palmatum* ‘Atropurpureum’	槭属	*Acer* L.	无患子科	Sapindaceae
金沙槭	*A. paxii* Franch.	槭属	*Acer* L.	无患子科	Sapindaceae
三峡槭	*A. wilsonii* Rehd.	槭属	*Acer* L.	无患子科	Sapindaceae
革叶清风藤	*S. coriacea* Rehd. et Wils.	清风藤属	*Sabia* Colebr.	清风藤科	Sabiaceae
灰背清风藤	*S. discolor* Dunn	清风藤属	*Sabia* Colebr.	清风藤科	Sabiaceae
清风藤	*S. japonica* Maxim.	清风藤属	*Sabia* Colebr.	清风藤科	Sabiaceae
四川清风藤	*S. schumanniana* Diels	清风藤属	*Sabia* Colebr.	清风藤科	Sabiaceae
尖叶清风藤	*S. swinhoei* Hemsl. ex Forb. et Hemsl.	清风藤属	*Sabia* Colebr.	清风藤科	Sabiaceae
泡花树	*M. cuneifolia* Franch.	泡花树属	*Meliosma* Blume	清风藤科	Sabiaceae
垂枝泡花树	*M. flexuosa* Pamp.	泡花树属	*Meliosma* Blume	清风藤科	Sabiaceae
多花泡花树	*M. myriantha* Sieb. et Zucc.	泡花树属	*Meliosma* Blume	清风藤科	Sabiaceae

（续）

中文种名	拉丁种名	中文属名	拉丁属名	中文科名	拉丁科名
红柴枝	*M. oldhamii* Miq. ex Maxim.	泡花树属	*Meliosma* Blume	清风藤科	Sabiaceae
毡毛泡花树	*M. rigida* var. *pannosa*（Hand. -Mazz.）Law	泡花树属	*Meliosma* Blume	清风藤科	Sabiaceae
野鸦椿	*E. japonica*（Thunb.）Kanitz	野鸦椿属	*Euscaphis* Siebold & Zucc.	省沽油科	Staphyleaceae
瘿椒树	*T. sinensis* Oliv.	瘿椒树属	*Tapiscia* Oliv.	瘿椒树科	Tapisciaceae
锐尖山香圆	*T. arguta* Seem.	番香圆属	*Turpinia* Vent.	省沽油科	Staphyleaceae
南酸枣	*C. axillaris*（Roxb.）Burtt et Hill	南酸枣属	*Choerospondias* B. L. Burtt & A. W. Hill	漆树科	Anacardiaceae
滨盐麸木	*R. chinensis* var. *roxburghii*（DC.）Rehd.	盐麸木属	*Rhus* Tourn. ex L.	漆树科	Anacardiaceae
野漆	*T. succedaneum*（Linn.）O. Kuntze	漆树属	*Toxicodendron* Tourn. ex Mill.	漆树科	Anacardiaceae
木蜡树	*T. sylvestre*（Sieb. et Zuee.）O. Kentze	漆树属	*Toxicodendron* Tourn. ex Mill.	漆树科	Anacardiaceae
漆	*T. vernicifluum*（Stokes）F. A. Barkl.	漆树属	*Toxicodendron* Tourn. ex Mill.	漆树科	Anacardiaceae
黄连木	*P. chinensis* Bunge	黄连木属	*Pistacia* L.	漆树科	Anacardiaceae
福建观音座莲	*A. fokiensis* Hieron.	观音座莲属	*Angiopteris* Hoffm.	合囊蕨科	Marattiaceae
商陆	*P. acinosa* Roxb.	商陆属	*Phytolacca* L.	商陆科	Phytolaccaceae
垂序商陆	*P. americana* Linn.	商陆属	*Phytolacca* L.	商陆科	Phytolaccaceae
藜	*C. album* L.	藜属	*Chenopodium* L.	苋科	Amaranthaceae
土荆芥	*D. ambrosioides*（L.）Mosyakin & Clemants	腺毛藜属	*Dysphania* R. Br.	苋科	Amaranthaceae
地肤	*B. scoparia*（L.）A. J. Scott	沙冰藜属	*Bassia* All.	苋科	Amaranthaceae
扫帚菜	*K. scoparia* f. *trichophylla*（Hort.）Schinz et Thell.	地肤属	*Kochia* Roth	苋科	Amaranthaceae
牛膝	*A. bidentata* Blume	牛膝属	*Achyranthes* L.	苋科	Amarantaceae
凹头苋	*A. blitum* L.	苋属	*Amaranthus* L.	苋科	Amarantaceae
尾穗苋	*A. caudatus* L.	苋属	*Amaranthus* L.	苋科	Amarantaceae
反枝苋	*A. retroflexus* L.	苋属	*Amaranthus* L.	苋科	Amarantaceae

（续）

中文种名	拉丁种名	中文属名	拉丁属名	中文科名	拉丁科名
刺苋	*A. spinosus* L.	苋属	*Amaranthus* L.	苋科	Amarantaceae
皱果苋	*A. viridis* L.	苋属	*Amaranthus* L.	苋科	Amarantaceae
青葙	*C. argentea* L.	青葙属	*Celosia* L.	苋科	Amarantaceae
鸡冠花	*C. cristata* L.	青葙属	*Celosia* L.	苋科	Amarantaceae
千日红	*G. globosa* L.	千日红属	*Gomphrena* L.	苋科	Amarantaceae
无柱兰	*A. gracile*（Bl.）Schltr.	无柱兰属	*Amitostigma* Schltr.	兰科	Orchidaceae
金线兰	*A. roxburghii*（Wall.）Lindl.	金线兰属	*Anoectochilus* Blume	兰科	Orchidaceae
白及	*B. striata*（Thunb. ex A. Murray）Rchb. f.	白及属	*Bletilla* Rchb. f.	兰科	Orchidaceae
一挂鱼	*B. inconspicuum* Maxim.	石豆兰属	*Bulbophyllum* Thouars	兰科	Orchidaceae
齿瓣石豆兰	*B. levinei* Schltr.	石豆兰属	*Bulbophyllum* Thouars	兰科	Orchidaceae
钩距虾脊兰	*C. graciliflora* Hayata	虾脊兰属	*Calanthe* R. Br.	兰科	Orchidaceae
长距虾脊兰	*C. masuca*（D. Don）Lindl.	虾脊兰属	*Calanthe* R. Br.	兰科	Orchidaceae
独花兰	*C. amoena* S. S. Chien	独花兰属	*Changnienia* S. S. Chien	兰科	Orchidaceae
杜鹃兰	*C. appendiculata*（D. Don）Makino	杜鹃兰属	*Cremastra* Lindl.	兰科	Orchidaceae
建兰	*C. ensifolium*（Linn.）Sw.	兰属	*Cymbidium* Sw.	兰科	Orchidaceae
蕙兰	*C. faberi* Rolfe	兰属	*Cymbidium* Sw.	兰科	Orchidaceae
春兰	*C. goeringii*（Rchb. f.）Rchb. f.	兰属	*Cymbidium* Sw.	兰科	Orchidaceae
扇脉杓兰	*C. japonicum* Thunb.	杓兰属	*Cypripedium* L.	兰科	Orchidaceae
天麻	*G. elata* Bl.	天麻属	*Gastrodia* R. Br	兰科	Orchidaceae
小斑叶兰	*G. repens*（Linn.）R. Br.	斑叶兰属	*Goodyera* R. Br.	兰科	Orchidaceae
斑叶兰	*G. schlechtendaliana* Rchb. f.	斑叶兰属	*Goodyera* R. Br.	兰科	Orchidaceae
毛莛玉凤花	*H. ciliolaris* Kraenzl.	玉凤花属	*Habenaria* Willd.	兰科	Orchidaceae

（续）

中文种名	拉丁种名	中文属名	拉丁属名	中文科名	拉丁科名
鹅毛玉凤花	*H. dentata*（Sw.）Schltr.	玉凤花属	*Habenaria* Willd.	兰科	Orchidaceae
裂瓣玉凤花	*H. petelotii* Gagnep.	玉凤花属	*Habenaria* Willd.	兰科	Orchidaceae
十字兰	*H. schindleri* Schltr.	玉凤花属	*Habenaria* Willd.	兰科	Orchidaceae
细叶石仙桃	*P. cantonensis* Rolfe	石仙桃属	*Pholidota* Lindl. ex Hook.	兰科	Orchidaceae
密花舌唇兰	*P. hologlottis* Maxim.	舌唇兰属	*Platanthera* Rich.	兰科	Orchidaceae
舌唇兰	*P. japonica*（Thunb. ex A. Murray）Lindl.	舌唇兰属	*Platanthera* Rich.	兰科	Orchidaceae
尾瓣舌唇兰	*P. mandarinorum* Rchb. f.	舌唇兰属	*Platanthera* Rich.	兰科	Orchidaceae
小舌唇兰	*P. minor*（Miq.）Rchb. f.	舌唇兰属	*Platanthera* Rich.	兰科	Orchidaceae
绶草	*S. sinensis*（Pers.）Ames	绶草属	*Spiranthes* Rich.	兰科	Orchidaceae
带唇兰	*T. dunnii* Rolfe	带唇兰属	*Tainia* Blume	兰科	Orchidaceae
小花蜻蜓兰	*T. ussuriensis*（Reg. et Maack）H. Hara	蜻蜓兰属	*Tulotis* Raf.	兰科	Orchidaceae
亮叶桦	*B. luminifera* H. Winkl.	桦木属	*Betula* L.	桦木科	Betulaceae
香桦	*B. insignis* Franch.	桦木属	*Betula* L.	桦木科	Betulaceae
马料树	*C. fargesii* Franch.	鹅耳枥属	*Carpinus* L.	桦木科	Betulaceae
短尾鹅耳枥	*C. londoniana* H. Winkl.	鹅耳枥属	*Carpinus* L.	桦木科	Betulaceae
锥栗	*C. henryi*（Skan）Rehd. et Wils.	栗属	*Castanea* Mill.	壳斗科	Fagaceae
栗	*C. mollissima* Bl.	栗属	*Castanea* Mill.	壳斗科	Fagaceae
茅栗	*C. seguinii* Dode	栗属	*Castanea* Mill.	壳斗科	Fagaceae
甜槠	*C. eyrei*（Champ.）Tutch.	锥属	*Castanopsis*（D. Don）Spach	壳斗科	Fagaceae
丝栗栲	*C. fargesii* Franch.	锥属	*Castanopsis*（D. Don）Spach	壳斗科	Fagaceae
红锥	*C. hystrix* Hook. f. & Thomson ex A. DC.	锥属	*Castanopsis*（D. Don）Spach	壳斗科	Fagaceae
秀丽锥	*C. jucunda* Hance	锥属	*Castanopsis*（D. Don）Spach	壳斗科	Fagaceae

（续）

中文种名	拉丁种名	中文属名	拉丁属名	中文科名	拉丁科名
苦槠	*C. sclerophylla*（Lindl.）Schott.	锥属	*Castanopsis*（D. Don）Spach	壳斗科	Fagaceae
钩锥	*C. tibetana* Hance	锥属	*Castanopsis*（D. Don）Spach	壳斗科	Fagaceae
水青冈	*F. longipetiolata* Seem.	水青冈属	*Fagus* L.	壳斗科	Fagaceae
港柯	*L. harlandii*（Hance）Rehd.	柯属	*Lithocarpus* Blume	壳斗科	Fagaceae
柯	*L. glaber*（Thunb.）Nakai	柯属	*Lithocarpus* Blume	壳斗科	Fagaceae
硬壳柯	*L. hancei*（Benth.）Rehd	柯属	*Lithocarpus* Blume	壳斗科	Fagaceae
毛枝木姜叶柯	*L. litseifolius* var. *pubescens* C. C. Huang & Y. T. Chang	柯属	*Lithocarpus* Blume	壳斗科	Fagaceae
大叶柯	*L. megalophyllus* Rehd. et Wils.	柯属	*Lithocarpus* Blume	壳斗科	Fagaceae
多穗石栎	*L. polystachyus*（Wall. ex A. DC.）Rehder	柯属	*Lithocarpus* Blume	壳斗科	Fagaceae
淋漓柯	*L. uraianus*（Hayata）Hayata	柯属	*Lithocarpus* Blume	壳斗科	Fagaceae
麻栎	*Q. acutissima* Carruth.	栎属	*Quercus* L.	壳斗科	Fagaceae
槲栎	*Q. aliena* Blume	栎属	*Quercus* L.	壳斗科	Fagaceae
锐齿槲栎	*Q. aliena* var. *acutiserrata* Maxim. ex Wenz.	栎属	*Quercus* L.	壳斗科	Fagaceae
橿子栎	*Q. baronii* Skan	栎属	*Quercus* L.	壳斗科	Fagaceae
槲树	*Q. dentata* Thunb.	栎属	*Quercus* L.	壳斗科	Fagaceae
白栎	*Q. fabri* Hance	栎属	*Quercus* L.	壳斗科	Fagaceae
枹栎	*Q. serrata* Thunb.	栎属	*Quercus* L.	壳斗科	Fagaceae
青冈	*C. glauca*（Thunb.）Oerst.	青冈属	*Cyclobalanopsis* Oerst.	壳斗科	Fagaceae
细叶青冈	*C. gracilis*（Rehd. et Wils.）Cheng et T. Hong	青冈属	*Cyclobalanopsis* Oerst.	壳斗科	Fagaceae
大叶青冈	*C. jenseniana*（Hand. -Mazz.）Cheng et T. Hong ex Q. F. Zheng	青冈属	*Cyclobalanopsis* Oerst.	壳斗科	Fagaceae
云山青冈	*C. sessilifolia*（Bl.）Schott.	青冈属	*Cyclobalanopsis* Oerst.	壳斗科	Fagaceae
白背栎	*Q. salicina* Blume	栎属	*Quercus* L.	壳斗科	Fagaceae

（续）

中文种名	拉丁种名	中文属名	拉丁属名	中文科名	拉丁科名
栓皮栎	*Q. variabilis* Bl.	栎属	*Quercus* L.	壳斗科	Fagaceae
蔓出卷柏	*S. davidii* Franch.	卷柏属	*Selaginella* P. Beauv.	卷柏科	Selaginellaceae
深绿卷柏	*S. doederleinii* Hieron.	卷柏属	*Selaginella* P. Beauv.	卷柏科	Selaginellaceae
江南卷柏	*S. moellendorffii* Hieron.	卷柏属	*Selaginella* P. Beauv.	卷柏科	Selaginellaceae
垫状卷柏	*S. pulvinata*（Hook. & Grev.）Maxim.	卷柏属	*Selaginella* P. Beauv.	卷柏科	Selaginellaceae
卷柏	*S. tamariscina*（P. Beauv.）Spring	卷柏属	*Selaginella* P. Beauv.	卷柏科	Selaginellaceae
翠云草	*S. uncinata*（Desv.）Spring	卷柏属	*Selaginella* P. Beauv.	卷柏科	Selaginellaceae
墓头回	*P. heterophylla* Bunge	败酱属	*Patrinia* Juss.	忍冬科	Caprifoliaceae
败酱	*P. scabiosifolia* Fisch. ex Trevir.	败酱属	*Patrinia* Juss.	忍冬科	Caprifoliaceae
白花败酱	*P. villosa*（Thunb.）Juss.	败酱属	*Patrinia* Juss.	忍冬科	Caprifoliaceae
下田菊	*A. lavenia*（Linn.）O. Kuntze.	下田菊属	*Adenostemma* J. R. & G. Forst.	菊科	Asteraceae
藿香蓟	*A. conyzoides* Sieber ex Steud.	藿香蓟属	*Ageratum* L.	菊科	Asteraceae
杏香兔儿风	*A. fragrans* Champ.	兔儿风属	*Ainsliaea* DC.	菊科	Asteraceae
长穗兔儿风	*A. henryi* Diels	兔儿风属	*Ainsliaea* DC.	菊科	Asteraceae
阿里山兔儿风	*A. macroclinidioides* Hayata	兔儿风属	*Ainsliaea* DC.	菊科	Asteraceae
牛蒡	*A. lappa* L.	牛蒡属	*Arctium* L.	菊科	Asteraceae
黄花蒿	*A. annua* L.	蒿属	*Artemisia* L.	菊科	Asteraceae
奇蒿	*A. anomala* S. Moore	蒿属	*Artemisia* L.	菊科	Asteraceae
青蒿	*A. caruifolia* Buch. -Ham. ex Roxb.	蒿属	*Artemisia* L.	菊科	Asteraceae
艾	*A. argyi* Lévl. et Van.	蒿属	*Artemisia* L.	菊科	Asteraceae
茵陈蒿	*A. capillaris* Thunb.	蒿属	*Artemisia* L.	菊科	Asteraceae
矮蒿	*A. lancea* Van.	蒿属	*Artemisia* L.	菊科	Asteraceae

（续）

中文种名	拉丁种名	中文属名	拉丁属名	中文科名	拉丁科名
牡蒿	A. *japonica* Kitam.	蒿属	*Artemisia* L.	菊科	Asteraceae
白苞蒿	A. *lactiflora* Wall. ex DC.	蒿属	*Artemisia* L.	菊科	Asteraceae
野艾蒿	A. *lavandulifolia* DC.	蒿属	*Artemisia* L.	菊科	Asteraceae
魁蒿	A. *princeps* Pamp.	蒿属	*Artemisia* L.	菊科	Asteraceae
猪毛蒿	A. *scoparia* Waldst. et Kit.	蒿属	*Artemisia* L.	菊科	Asteraceae
大籽蒿	A. *sieversiana* Ehrhart ex Willd.	蒿属	*Artemisia* L.	菊科	Asteraceae
阴地蒿	A. *sylvatica* Maxim.	蒿属	*Artemisia* L.	菊科	Asteraceae
三脉紫菀	A. *trinervius* subsp. *ageratoides*（Turcz.）Grierson	紫菀属	*Aster* L.	菊科	Asteraceae
陀螺紫菀	A. *turbinatus* S. Moore	紫菀属	*Aster* L.	菊科	Asteraceae
雏菊	B. *perennis* Linn.	雏菊属	*Bellis* L.	菊科	Asteraceae
鬼针草	B. *pilosa* Linn.	鬼针草属	*Bidens* L.	菊科	Asteraceae
大狼杷草	B. *frondosa* Buch. -Ham. ex Hook. f.	鬼针草属	*Bidens* L.	菊科	Asteraceae
狼杷草	B. *tripartita* L.	鬼针草属	*Bidens* L.	菊科	Asteraceae
艾纳香	B. *balsamifera*（Linn.）DC.	艾纳香属	*Blumea* DC.	菊科	Asteraceae
金盏花	C. *officinalis* Hohen.	金盏花属	*Calendula* L.	菊科	Asteraceae
翠菊	C. *chinensis*（L.）Nees	翠菊属	*Callistephus* Cass.	菊科	Asteraceae
飞廉	C. *nutans* L.	飞廉属	*Carduus* L.	菊科	Asteraceae
天名精	C. *abrotanoides* Linn.	天名精属	*Carpesium* L.	菊科	Asteraceae
烟管头草	C. *cernuum* L.	天名精属	*Carpesium* L.	菊科	Asteraceae
金挖耳	C. *divaricatum* Sieb. et Zucc.	天名精属	*Carpesium* L.	菊科	Asteraceae
红花	C. *tinctorius* Linn.	红花属	*Carthamus* L.	菊科	Asteraceae
矢车菊	C. *cyanus* L.	矢车菊属	*Centaurea* L.	菊科	Asteraceae

（续）

中文种名	拉丁种名	中文属名	拉丁属名	中文科名	拉丁科名
石胡荽	*C. minima*（L.）A. Br. & Asch.	石胡荽属	*Centipeda* Lour.	菊科	Asteraceae
刺儿菜	*C. arvense* var. *integrifolium* C. Wimm. et Grabowski	蓟属	*Cirsium* Mill.	菊科	Asteraceae
大蓟	*C. spicatum*（Maxim.）Matsum.	蓟属	*Cirsium* Mill.	菊科	Asteraceae
线叶蓟	*C. lineare*（Thunb.）Sch. -Bip.	蓟属	*Cirsium* Mill.	菊科	Asteraceae
香丝草	*E. bonariensis* L.	飞蓬属	*Erigeron* L.	菊科	Asteraceae
小蓬草	*E. canadensis* L.	飞蓬属	*Erigeron* L.	菊科	Asteraceae
白酒草	*E. japonca*（Thunb.）J. Kost.	白酒草属	*Eschenbachia* Moench	菊科	Asteraceae
金鸡菊	*C. basalis*（A. Dietr.）S. F. Blake	金鸡菊属	*Coreopsis* L.	菊科	Asteraceae
大花金鸡菊	*C. grandiflora* Nutt. ex Chapm.	金鸡菊属	*Coreopsis* L.	菊科	Asteraceae
剑叶金鸡菊	*C. lanceolata* Linn.	金鸡菊属	*Coreopsis* L.	菊科	Asteraceae
秋英	*C. bipinnatus* Cav.	秋英属	*Cosmos* Cav.	菊科	Asteraceae
黄秋英	*C. sulphureus* Cav.	秋英属	*Cosmos* Cav.	菊科	Asteraceae
大丽花	*D. pinnata* Cav.	大丽花属	*Dahlia* Cav.	菊科	Asteraceae
野菊	*C. indicum* L.	菊属	*Chrysanthemum* L.	菊科	Asteraceae
菊花	*C. morifolium* Ramat.	菊属	*Chrysanthemum* L.	菊科	Asteraceae
鳢肠	*E. prostrata*（Linn.）Linn.	鳢肠属	*Eclipta* L.	菊科	Asteraceae
小一点红	*E. prenanthoidea* Thwaites	一点红属	*Emilia*（Cass.）Cass.	菊科	Asteraceae
梁子菜	*E. hieraciifolius*（L.）Raf. ex DC.	菊芹属	*Erechtites* Raf.	菊科	Asteraceae
一年蓬	*E. annuus*（L.）Desf.	飞蓬属	*Erigeron* L.	菊科	Asteraceae
华泽兰	*E. chinense* Linn.	泽兰属	*Eupatorium* L.	菊科	Asteraceae
白头婆	*E. japonicum* Thunb. ex Murray	泽兰属	*Eupatorium* L.	菊科	Asteraceae
林泽兰	*E. lindleyanum* DC.	泽兰属	*Eupatorium* L.	菊科	Asteraceae

（续）

中文种名	拉丁种名	中文属名	拉丁属名	中文科名	拉丁科名
大吴风草	*F. japonicum*（Linn. f.）Kitam.	大吴风草属	*Farfugium* Lindl.	菊科	Asteraceae
天人菊	*G. pulchella* Foug.	天人菊属	*Gaillardia* Foug.	菊科	Asteraceae
鼠曲草	*P. affine*（D. Don）Anderb.	鼠曲草属	*Pseudognaphalium* Kirp.	菊科	Asteraceae
秋鼠曲草	*P. hypoleucum*（DC.）Hilliard & B. L. Burtt	鼠曲草属	*Pseudognaphalium* Kirp.	菊科	Asteraceae
细叶鼠曲草	*G. japonicum* Thunb.	湿鼠曲草属	*Gnaphalium* L.	菊科	Asteraceae
多茎鼠曲草	*G. polycaulon* Pers.	湿鼠曲草属	*Gnaphalium* L.	菊科	Asteraceae
野茼蒿	*C. crepidioides*（Benth.）S. Moore	野茼蒿属	*Crassocephalum* Moench	菊科	Asteraceae
菊三七	*G. japonica*（Thunb.）Juel	菊三七属	*Gynura* Cass.	菊科	Asteraceae
泥胡菜	*H. lyrata*（Bunge）Bunge	泥胡菜属	*Hemistepta* Bunge ex Fisch. & C. A. Mey.	菊科	Asteraceae
狗娃花	*A. hispidus* Thunb.	紫菀属	*Aster* L.	菊科	Asteraceae
羊耳菊	*D. cappa*（Buch. -Ham. ex DC.）Anderb.	羊耳菊属	*Duhaldea* DC.	菊科	Asteraceae
旋覆花	*I. japonica*（Miq.）Komarov	旋覆花属	*Inula* L.	菊科	Asteraceae
中华苦荬菜	*I. chinensis*（Thunb. ex Thunb.）Nakai	苦荬菜属	*Ixeris*（Cass.）Cass.	菊科	Asteraceae
小苦荬	*I. dentatum*（Thunb.）Tzvel.	小苦荬属	*Ixeridium*（A. Gray）Tzvelev	菊科	Asteraceae
苦荬菜	*I. polycephala* Cass. ex DC.	苦荬菜属	*Ixeris*（Cass.）Cass.	菊科	Asteraceae
细叶小苦荬	*I. gracile*（DC.）J. H. Pak & Kawano	小苦荬属	*Ixeridium*（A. Gray）Tzvelev	菊科	Asteraceae
马兰	*A. indicus* Heyne	紫菀属	*Aster* L.	菊科	Asteraceae
全叶马兰	*A. pekinensis*（Hance）Kitag.	紫菀属	*Aster* L.	菊科	Asteraceae
毡毛马兰	*A. shimadae*（Kitam.）Nemoto.	紫菀属	*Aster* L.	菊科	Asteraceae
毛脉翅果菊	*L. raddeana* Maxim.	莴苣属	*Lactuca* L.	菊科	Asteraceae
台湾翅果菊	*L. formosana* Maxim.	莴苣属	*Lactuca* L.	菊科	Asteraceae
山莴苣	*L. sibirica*（L.）Benth. ex Maxim.	莴苣属	*Lactuca* L.	菊科	Asteraceae

（续）

中文种名	拉丁种名	中文属名	拉丁属名	中文科名	拉丁科名
假福王草	*P. sororia*（Miq.）C. Shih	假福王草属	*Paraprenanthes* C. C. Chang ex C. Shih	菊科	Asteraceae
六棱菊	*L. alata*（D. Don）Sch. -Bip.	六棱菊属	*Laggera* Sch. Bip. ex Benth. & Hook. f.	菊科	Asteraceae
稻槎菜	*L. apogonoides*（Maxim.）J. -H. Pak et K. Bremer	稻槎菜属	*Lapsanastrum* Pak & K. Bremer	菊科	Asteraceae
大丁草	*L. anandria*（L.）Turcz.	大丁草属	*Leibnitzia* Cass.	菊科	Asteraceae
大头橐吾	*L. japonica*（Thunb.）Less.	橐吾属	*Ligularia* Cass.	菊科	Asteraceae
秋分草	*A. verticillatus*（Reinwardt）Brouillet，Semple & Y. L. Chen	紫菀属	*Aster* L.	菊科	Asteraceae
三角叶须弥菊	*H. deltoidea*（DC.）Raab-Straube	须弥菊属	*Himalaiella* Raab-Straube	菊科	Asteraceae
草地风毛菊	*S. amara*（L.）DC.	风毛菊属	*Saussurea* DC.	菊科	Asteraceae
湖南千里光	*S. actinotus* Hand. -Mazz.	千里光属	*Senecio* L.	菊科	Asteraceae
蒲儿根	*S. oldhamianus*（Maxim.）B. Nord.	蒲儿根属	*Sinosenecio* B. Nord.	菊科	Asteraceae
千里光	*S. scandens* Buch. -Ham. ex D. Don	千里光属	*Senecio* L.	菊科	Asteraceae
毛梗豨莶	*S. glabrescens*（Makino）Makino	豨莶属	*Sigesbeckia* L.	菊科	Asteraceae
豨莶	*S. orientalis* L.	豨莶属	*Sigesbeckia* L.	菊科	Asteraceae
腺梗豨莶	*S. pubescens*（Makino）Makino	豨莶属	*Sigesbeckia* L.	菊科	Asteraceae
一枝黄花	*S. decurrens* Lour.	一枝黄花属	*Solidago* L.	菊科	Asteraceae
裸柱菊	*S. anthemifolia*（Juss.）R. Br.	裸柱菊属	*Soliva* Ruiz. et Pav.	菊科	Asteraceae
苣荬菜	*S. wightianus* DC.	苦苣菜属	*Sonchus* L.	菊科	Asteraceae
苦苣菜	*S. oleraceus*（L.）L.	苦苣菜属	*Sonchus* L.	菊科	Asteraceae
桂圆菊	*A. oleracea*（L.）R. K. Jansen	金纽扣属	*Acmella* Rich. ex Pers.	菊科	Asteraceae
万寿菊	*T. erecta* Linn.	万寿菊属	*Tagetes* L.	菊科	Asteraceae
蒲公英	*T. mongolicum* Hand. -Mazz.	蒲公英属	*Taraxacum* F. H. Wigg.	菊科	Asteraceae
夜香牛	*C. cinereum*（L.）H. Rob.	夜香牛属	*Cyanthillium* Blume	菊科	Asteraceae

（续）

中文种名	拉丁种名	中文属名	拉丁属名	中文科名	拉丁科名
咸虾花	*C. patulum*（Aiton）H. Rob.	夜香牛属	*Cyanthillium* Blume	菊科	Asteraceae
苍耳	*X. strumarium* L.	苍耳属	*Xanthium* L.	菊科	Asteraceae
黄鹌菜	*Y. japonica*（Linn.）DC.	黄鹌菜属	*Youngia* Cass.	菊科	Asteraceae
百日菊	*Z. elegans* Sessé & Moc.	百日菊属	*Zinnia* L.	菊科	Asteraceae
杏叶沙参	*A. petiolata* subsp. *hunanensis*（Nannf.）D. Y. Hong et S. Ge	沙参属	*Adenophora* Fisch.	桔梗科	Campanulaceae
荠苨	*A. trachelioides* Maxim.	沙参属	*Adenophora* Fisch.	桔梗科	Campanulaceae
轮叶沙参	*A. tetraphylla*（Thunb.）Fisch.	沙参属	*Adenophora* Fisch.	桔梗科	Campanulaceae
小花金钱豹	*C. javanica* subsp. *japonica*（Makino）Lammers	党参属	*Codonopsis* Wall.	桔梗科	Campanulaceae
轮钟草	*C. lancifolius*（Roxb.）Kurz.	轮钟草属	*Cyclocodon* Griff. ex Hook. f. & Thomson	桔梗科	Campanulaceae
羊乳	*C. lanceolata*（Sieb. et Zucc.）Trautv.	党参属	*Codonopsis* Wall.	桔梗科	Campanulaceae
桔梗	*P. grandiflorus*（Jacq.）A. DC.	桔梗属	*Platycodon* A. DC.	桔梗科	Campanulaceae
蓝花参	*W. marginata*（Thunb.）A. DC.	蓝花参属	*Wahlenbergia* Schrad. ex Roth	桔梗科	Campanulaceae
半边莲	*L. chinensis* Lour.	半边莲属	*Lobelia* L.	桔梗科	Campanulaceae
江南山梗菜	*L. davidii* Franch.	半边莲属	*Lobelia* L.	桔梗科	Campanulaceae
山梗菜	*L. sessilifolia* Lamb.	半边莲属	*Lobelia* L.	桔梗科	Campanulaceae
铜锤玉带草	*L. nummularia* Lam.	半边莲属	*Lobelia* L.	桔梗科	Campanulaceae
黄蜀葵	*A. manihot*（L.）Medik.	秋葵属	*Abelmoschus* Medik.	锦葵科	Malvaceae
苘麻	*A. theophrasti* Medicus	苘麻属	*Abutilon* Mill.	锦葵科	Malvaceae
蜀葵	*A. rosea* L.	蜀葵属	*Alcea* L.	锦葵科	Malvaceae
木芙蓉	*H. mutabilis* Linn.	木槿属	*Hibiscus* L.	锦葵科	Malvaceae
朱槿	*H. rosa-sinensis* Linn.	木槿属	*Hibiscus* L.	锦葵科	Malvaceae
野西瓜苗	*H. trionum* Linn.	木槿属	*Hibiscus* L.	锦葵科	Malvaceae

（续）

中文种名	拉丁种名	中文属名	拉丁属名	中文科名	拉丁科名
锦葵	*M. cathayensis* M. G. Gilbert，Y. Tang & Dorr	锦葵属	*Malva* Tourn. ex L.	锦葵科	Malvaceae
地桃花	*U. lobata* Linn.	梵天花属	*Urena* L.	锦葵科	Malvaceae
梵天花	*U. procumbens* L.	梵天花属	*Urena* L.	锦葵科	Malvaceae
戟叶堇菜	*V. betonicifolia* J. E. Smith	堇菜属	*Viola* L.	堇菜科	Violaceae
球果堇菜	*V. collina* Bess.	堇菜属	*Viola* L.	堇菜科	Violaceae
毛堇菜	*V. thomsonii* Oudem.	堇菜属	*Viola* L.	堇菜科	Violaceae
七星莲	*V. diffusa* Ging.	堇菜属	*Viola* L.	堇菜科	Violaceae
紫花堇菜	*V. grypoceras* A. Gray	堇菜属	*Viola* L.	堇菜科	Violaceae
长萼堇菜	*V. inconspicua* Blume	堇菜属	*Viola* L.	堇菜科	Violaceae
犁头草	*V. japonica* Langsdorff ex Candolle	堇菜属	*Viola* L.	堇菜科	Violaceae
福建堇菜	*V. kosanensis* Hayata	堇菜属	*Viola* L.	堇菜科	Violaceae
紫花地丁	*V. philippica* Cav.	堇菜属	*Viola* L.	堇菜科	Violaceae
庐山堇菜	*V. stewardiana* W. Beck.	堇菜属	*Viola* L.	堇菜科	Violaceae
三色堇	*V. tricolor* Linn.	堇菜属	*Viola* L.	堇菜科	Violaceae
如意草	*V. arcuata* Blume	堇菜属	*Viola* L.	堇菜科	Violaceae
西域旌节花	*S. himalaicus* Hook. f. et Thoms. ex Benth.	旌节花属	*Stachyurus* Siebold & Zucc	旌节花科	Stachyuraceae
蜡瓣花	*C. sinensis* Hemsl.	蜡瓣花属	*Corylopsis* Siebold & Zucc.	金缕梅科	Hamamelidaceae
杨梅叶蚊母树	*D. myricoides* Hemsl.	蚊母树属	*Distylium* Siebold & Zucc.	金缕梅科	Hamamelidaceae
金缕梅	*H. mollis* Oliv.	金缕梅属	*Hamamelis* Gronov. ex L.	金缕梅科	Hamamelidaceae
檵木	*L. chinense* (R. Br) Oliv.	檵木属	*Loropetalum* R. Br.	金缕梅科	Hamamelidaceae
枫香树	*L. formosana* Hance	枫香树属	*Liquidambar* L.	蕈树科	Altingiaceae
半枫荷	*S. cathayensis* H. T. Chang	半枫荷属	*Semiliquidambar* Hung T. Chang	蕈树科	Altingiaceae

（续）

中文种名	拉丁种名	中文属名	拉丁属名	中文科名	拉丁科名
杜仲	*E. ulmoides* Oliv.	杜仲属	*Eucommia* Oliv.	杜仲科	Eucommiaceae
雀舌黄杨	*B. bodinieri* Lévl.	黄杨属	*Buxus* L.	黄杨科	Buxaceae
匙叶黄杨	*B. harlandii* Hanelt	黄杨属	*Buxus* L.	黄杨科	Buxaceae
黄杨	*B. sinica*（Rehd. et Wils.）M. Cheng	黄杨属	*Buxus* L.	黄杨科	Buxaceae
锦熟黄杨	*B. sempervirens* L.	黄杨属	*Buxus* L.	黄杨科	Buxaceae
东方野扇花	*S. orientalis* C. Y. Wu	野扇花属	*Sarcococca* Lindl.	黄杨科	Buxaceae
野扇花	*S. ruscifolia* Stapf	野扇花属	*Sarcococca* Lindl.	黄杨科	Buxaceae
二球悬铃木	*P.* × *acerifolia*（Aiton）Willd.	悬铃木属	*Platanus* L.	悬铃木科	Platanaceae
金发藓	*P. commune* Hedw.	金发藓属	*Polytrichum* Hedw.	金发藓科	Polytrichaceae
芭蕉	*M. basjoo* Siebold	芭蕉属	*Musa* L.	芭蕉科	Musaceae
山姜	*A. japonica*（Thunb.）Miq.	山姜属	*Alpinia* Roxb.	姜科	Zingiberaceae
舞花姜	*G. racemosa* Smith	舞花姜属	*Globba* L.	姜科	Zingiberaceae
囊荷	*Z. mioga*（Thunb.）Rosc.	姜属	*Zingiber* Mill.	姜科	Zingiberaceae
美人蕉	*C. indica* L.	美人蕉属	*Canna* L.	美人蕉科	Cannaceae
长春花	*C. roseus*（Linn.）G. Don	长春花属	*Catharanthus* G. Don	夹竹桃科	Apocynaceae
夹竹桃	*N. oleander* L.	夹竹桃属	*Nerium* L.	夹竹桃科	Apocynaceae
紫花络石	*T. axillare* Hook. f.	络石属	*Trachelospermum* Lem.	夹竹桃科	Apocynaceae
络石	*T. jasminoides*（Lindl.）Lem.	络石属	*Trachelospermum* Lem.	夹竹桃科	Apocynaceae
合掌消	*V. amplexicaule* Siebold & Zucc.	白前属	*Vincetoxicum* Wolf	夹竹桃科	Apocynaceae
白薇	*V. atratum*（Bunge）Morren & Decne.	白前属	*Vincetoxicum* Wolf	夹竹桃科	Apocynaceae
牛皮消	*C. auriculatum* Royle ex Wight	鹅绒藤属	*Cynanchum* L.	夹竹桃科	Apocynaceae
白前	*V. glaucescens*（Decne.）C. Y. Wu & D. Z. Li	白前属	*Vincetoxicum* Wolf	夹竹桃科	Apocynaceae

（续）

中文种名	拉丁种名	中文属名	拉丁属名	中文科名	拉丁科名
毛白前	*V. chinense* S. Moore	白前属	*Vincetoxicum* Wolf	夹竹桃科	Apocynaceae
朱砂藤	*C. officinale*（Hemsl.）Tsiang et Zhang	鹅绒藤属	*Cynanchum* L.	夹竹桃科	Apocynaceae
徐长卿	*V. pycnostelma* Kitag.	白前属	*Vincetoxicum* Wolf	夹竹桃科	Apocynaceae
柳叶白前	*V. stauntonii*（Decne.）C. Y. Wu & D. Z. Li	白前属	*Vincetoxicum* Wolf	夹竹桃科	Apocynaceae
牛奶菜	*M. sinensis* Hemsl.	牛奶菜属	*Marsdenia* R. Br.	夹竹桃科	Apocynaceae
华萝藦	*C. hemsleyanum*（Oliv.）Liede & Khanum	鹅绒藤属	*Cynanchum* L.	夹竹桃科	Apocynaceae
萝藦	*C. rostellatum*（Turcz.）Liede & Khanum	鹅绒藤属	*Cynanchum* L.	夹竹桃科	Apocynaceae
娃儿藤	*T. ovata*（Lindl.）Hook. ex Steud.	娃儿藤属	*Tylophora* R. Br.	夹竹桃科	Apocynaceae
夜来香	*T. cordata*（Burm. f）Merr.	夜来香属	*Telosma* Coville	夹竹桃科	Apocynaceae
射干	*I. domestica*（L.）Goldblatt & Mabb.	鸢尾属	*Iris* L.	鸢尾科	Iridaceae
唐菖蒲	*G.* × *gandavensis* Van Houtte	唐菖蒲属	*Gladiolus* L.	鸢尾科	Iridaceae
蝴蝶花	*I. japonica* Thunb.	鸢尾属	*Iris* L.	鸢尾科	Iridaceae
鸢尾	*I. tectorum* Maxim.	鸢尾属	*Iris* L.	鸢尾科	Iridaceae
紫色秃马勃	*C. lilacina*（Berk. & Mont.）Lloyd	马勃属	*Calvatia*	伞菌科	Agaricaceae
槐叶蘋	*S. natans*（L.）All.	槐叶蘋属	*Salvinia* Ség.	槐叶蘋科	Salviniaceae
满江红	*A. pinnata* subsp. *asiatica* R. M. K. Saunders & K. Fowler	满江红属	*Azolla* Lam.	槐叶蘋科	Salviniaceae
黑藻	*H. verticillata*（Linn. f.）Royle	黑藻属	*Hydrilla* Rich.	水鳖科	Hydrocharitaceae
水鳖	*H. dubia*（Bl.）Backer	水鳖属	*Hydrocharis* L.	水鳖科	Hydrocharitaceae
龙舌草	*O. alimoides*（Linn.）Pers.	水车前属	*Ottelia* Pers.	水鳖科	Hydrocharitaceae
苦草	*V. natans*（Lour.）Hara	苦草属	*Vallisneria* L.	水鳖科	Hydrocharitaceae
落地生根	*B. pinnatum*（Lam.）Oken	落地生根属	*Bryophyllum* Salisb.	景天科	Crassulaceae
瓦松	*O. fimbriata*（Turcz.）A. Berger	钝叶瓦松属	*Orostachys*（DC.）Fisch.	景天科	Crassulaceae

（续）

中文种名	拉丁种名	中文属名	拉丁属名	中文科名	拉丁科名
费菜	*P. aizoon*（L.）'t Hart	费菜属	*Phedimus* Raf.	景天科	Crassulaceae
珠芽景天	*S. bulbiferum* Makino	景天属	*Sedum* L.	景天科	Crassulaceae
大叶火焰草	*S. drymarioides* Hance	景天属	*Sedum* L.	景天科	Crassulaceae
宽叶景天	*S. platyphyllum* S. H. Fu	景天属	*Sedum* L.	景天科	Crassulaceae
凹叶景天	*S. emarginatum* Migo	景天属	*Sedum* L.	景天科	Crassulaceae
八宝	*H. erythrostictum*（Miq.）H. Ohba	八宝属	*Hylotelephium* H. Ohba	景天科	Crassulaceae
日本景天	*S. japonicum* Sieb. ex Miq.	景天属	*Sedum* L.	景天科	Crassulaceae
佛甲草	*S. lineare* Thunb.	景天属	*Sedum* L.	景天科	Crassulaceae
垂盆草	*S. sarmentosum* Bunge	景天属	*Sedum* L.	景天科	Crassulaceae
落新妇	*A. chinensis*（Maxim.）Franch. et Savat.	落新妇属	*Astilbe* Buch. -Ham. ex D. Don	虎耳草科	Saxifragaceae
大叶金腰	*C. macrophyllum* Oliv.	金腰属	*Chrysosplenium* Tourn. ex L.	虎耳草科	Saxifragaceae
虎耳草	*S. stolonifera* Curtis	虎耳草属	*Saxifraga* L.	虎耳草科	Saxifragaceae
白耳草	*P. foliosa* Hook. f. et Thoms.	梅花草属	*Parnassia* L.	卫矛科	Celastraceae
扯根菜	*P. chinense* Pursh	扯根菜属	*Penthorum* Gronov. ex L.	扯根菜科	Penthoraceae
葫芦藓	*F. hygrometrica* Hedw.	葫芦藓属	*Funaria* Hedw.	葫芦藓科	Funariaceae
竹叶胡椒	*P. bambusifolium* Y. C. Tseng	胡椒属	*Piper* L.	胡椒科	Piperaceae
山蒟	*P. hancei* Maxim.	胡椒属	*Piper* L.	胡椒科	Piperaceae
蕺菜	*H. cordata* Thunb.	蕺菜属	*Houttuynia* Thunb.	三白草科	Saururaceae
三白草	*S. chinensis*（Lour.）Baill.	三白草属	*Saururus* L.	三白草科	Saururaceae
宽叶金粟兰	*C. henryi* Hemsl.	金粟兰属	*Chloranthus* Sw.	金粟兰科	Chloranthaceae
台湾金粟兰	*C. oldhamii* Sloms.	金粟兰属	*Chloranthus* Sw.	金粟兰科	Chloranthaceae
及已	*C. serratus*（Thunb.）Roem. & Schult.	金粟兰属	*Chloranthus* Sw.	金粟兰科	Chloranthaceae

（续）

中文种名	拉丁种名	中文属名	拉丁属名	中文科名	拉丁科名
草珊瑚	*S. glabra*（Thunb.）Nakai	草珊瑚属	*Sarcandra* Gardner	金粟兰科	Chloranthaceae
南岭柞木	*X. controversa* Clos	柞木属	*Xylosma* G. Forst.	杨柳科	Salicaceae
柞木	*X. congesta*（Lour.）Merr.	柞木属	*Xylosma* G. Forst.	杨柳科	Salicaceae
山桐子	*I. polycarpa* Maxim.	山桐子属	*Idesia* Maxim.	杨柳科	Salicaceae
毛叶山桐子	*I. polycarpa* var. *vestita* Diels	山桐子属	*Idesia* Maxim.	杨柳科	Salicaceae
凤尾竹	*B. multiplex* ‘Fernleaf’ R. A. Young	簕竹属	*Bambusa* Schreb.	禾本科	Poaceae
方竹	*C. quadrangularis*（Fenzi）Makino	寒竹属	*Chimonobambusa* Makino	禾本科	Poaceae
阔叶箬竹	*I. latifolius*（Keng）McClure	箬竹属	*Indocalamus* Nakai	禾本科	Poaceae
刚竹	*P. sulphurea* var. *viridis* R. A. Young	刚竹属	*Phyllostachys* Siebold & Zucc.	禾本科	Poaceae
人面竹	*P. aurea* Carr. ex A. et C. Riv.	刚竹属	*Phyllostachys* Siebold & Zucc.	禾本科	Poaceae
水竹	*P. heteroclada* Oliver	刚竹属	*Phyllostachys* Siebold & Zucc.	禾本科	Poaceae
紫竹	*P. nigra*（Lodd. ex Lindl.）Munro	刚竹属	*Phyllostachys* Siebold & Zucc.	禾本科	Poaceae
淡竹	*P. glauca* McClure	刚竹属	*Phyllostachys* Siebold & Zucc.	禾本科	Poaceae
毛竹	*P. edulis*（Carrière）J. Houz.	刚竹属	*Phyllostachys* Siebold & Zucc.	禾本科	Poaceae
苦竹	*P. amarus*（Keng）Keng f.	苦竹属	*Pleioblastus* Nakai	禾本科	Poaceae
林地早熟禾	*P. nemoralis* Linn.	早熟禾属	*Poa* L.	禾本科	Poaceae
华北剪股颖	*A. clavata* Trin.	剪股颖属	*Agrostis* L.	禾本科	Poaceae
台湾剪股颖	*A. sozanensis* Hayata	剪股颖属	*Agrostis* L.	禾本科	Poaceae
匍茎剪股颖	*A. stolonifera* var. *gigantea*（Roth）Klett et H. Richt. ex Peterm.	剪股颖属	*Agrostis* L.	禾本科	Poaceae
看麦娘	*A. aequalis* Sobol.	看麦娘属	*Alopecurus* L.	禾本科	Poaceae
曲芒楔颖草	*A. wightii* Nees ex Steud.	楔颖草属	*Apocopis* Nees	禾本科	Poaceae
荩草	*A. hispidus*（Thunb.）Makino	荩草属	*Arthraxon* P. Beauv.	禾本科	Poaceae

（续）

中文种名	拉丁种名	中文属名	拉丁属名	中文科名	拉丁科名
野古草	A. *hirta*（Thunb.）Tanaka	野古草属	*Arundinella* Raddi	禾本科	Poaceae
刺芒野古草	A. *setosa* Trin.	野古草属	*Arundinella* Raddi	禾本科	Poaceae
野燕麦	A. *fatua* Linn.	燕麦属	*Avena* L.	禾本科	Poaceae
䓿草	B. *syzigachne*（Steud.）Fern.	䓿草属	*Beckmannia* Host	禾本科	Poaceae
臭根子草	B. *bladhii*（Retz.）S. T. Blake	孔颖草属	*Bothriochloa* Kuntze	禾本科	Poaceae
白羊草	B. *ischaemum*（L.）Keng	孔颖草属	*Bothriochloa* Kuntze	禾本科	Poaceae
孔颖草	B. *pertusa*（L.）A. Camus	孔颖草属	*Bothriochloa* Kuntze	禾本科	Poaceae
毛臂形草	B. *villosa*（Lam.）A. Camus	手号草属	*Brachiaria*（Trin.）Griseb.	禾本科	Poaceae
雀麦	B. *japonicus* Houtt.	雀麦属	*Bromus* L.	禾本科	Poaceae
野青茅	D. *pyramidalis*（Host）Veldkamp	野青茅属	*Deyeuxia* Clarion ex P. Beauv.	禾本科	Poaceae
拂子茅	C. *epigeios*（Linn.）Roth	拂子茅属	*Calamagrostis* Adans.	禾本科	Poaceae
硬秆子草	C. *assimile*（Steud.）A. Camus	细柄草属	*Capillipedium* Stapf	禾本科	Poaceae
细柄草	C. *parviflorum*（R. Br.）Stapf	细柄草属	*Capillipedium* Stapf	禾本科	Poaceae
薏苡	C. *lacryma-jobi* Linn.	薏苡属	*Coix* L.	禾本科	Poaceae
橘草	C. *goeringii*（Steud.）A. Camus	香茅属	*Cymbopogon* Spreng.	禾本科	Poaceae
狗牙根	C. *dactylon*（Linn.）Pers.	狗牙根属	*Cynodon* Rich.	禾本科	Poaceae
龙爪茅	D. *aegyptium*（L.）Willd.	龙爪茅属	*Dactyloctenium* Willd.	禾本科	Poaceae
纤毛马唐	D. *ciliaris* var. *ciliaris*	马唐属	*Digitaria* Haller	禾本科	Poaceae
毛马唐	D. *ciliaris* var. *chrysoblephara*（Figari et De Notaris）R. R. Stewart	马唐属	*Digitaria* Haller	禾本科	Poaceae
长花马唐	D. *longifolia*（Retz.）Pers.	马唐属	*Digitaria* Haller	禾本科	Poaceae
马唐	D. *sanguinalis*（Linn.）Scop.	马唐属	*Digitaria* Haller	禾本科	Poaceae
红尾翎	D. *radicosa*（Presl）Miq.	马唐属	*Digitaria* Haller	禾本科	Poaceae

（续）

中文种名	拉丁种名	中文属名	拉丁属名	中文科名	拉丁科名
紫马唐	*D. violascens* Link	马唐属	*Digitaria* Haller	禾本科	Poaceae
光头稗	*E. colona*（L.）Link	稗属	*Echinochloa* P. Beauv.	禾本科	Poaceae
稗	*E. crus-galli*（L.）P. Beauv.	稗属	*Echinochloa* P. Beauv.	禾本科	Poaceae
旱稗	*E. hispidula*（Retz.）Nees	稗属	*Echinochloa* P. Beauv.	禾本科	Poaceae
牛筋草	*E. indica*（Linn.）Geartn.	穇属	*Eleusine* Gaertn.	禾本科	Poaceae
珠芽画眉草	*E. cumingii* Steud.	画眉草属	*Eragrostis* Wolf	禾本科	Poaceae
大画眉草	*E. cilianensis*（All.）Janch.	画眉草属	*Eragrostis* Wolf	禾本科	Poaceae
知风草	*E. ferruginea*（Thunb.）Beauv.	画眉草属	*Eragrostis* Wolf	禾本科	Poaceae
乱草	*E. japonica*（Thunb.）Trin.	画眉草属	*Eragrostis* Wolf	禾本科	Poaceae
画眉草	*E. pilosa*（Linn.）Beauv.	画眉草属	*Eragrostis* Wolf	禾本科	Poaceae
多毛知风草	*E. pilosissima* Link	画眉草属	*Eragrostis* Wolf	禾本科	Poaceae
小画眉草	*E. minor* Host	画眉草属	*Eragrostis* Wolf	禾本科	Poaceae
假俭草	*E. ophiuroides*（Munro）Hack.	蜈蚣草属	*Eremochloa* Buse	禾本科	Poaceae
金茅	*E. speciosa*（Debeaux）O. Kuntze	黄金茅属	*Eulalia* Kunth	禾本科	Poaceae
四脉金茅	*E. quadrinervis*（Hack.）O. Kuntze	黄金茅属	*Eulalia* Kunth	禾本科	Poaceae
扁穗牛鞭草	*H. compressa*（Linn. f.）R. Br	牛鞭草属	*Hemarthria* R. Br.	禾本科	Poaceae
黄茅	*H. contortus*（Linn.）Beauv. ex Roem. et Schult.	黄茅属	*Heteropogon* Pers.	禾本科	Poaceae
白茅	*I. cylindrica*（L.）Raeusch.	白茅属	*Imperata* Cirillo	禾本科	Poaceae
柳叶箬	*I. globosa*（Thunb.）O. Kuntze	柳叶箬属	*Isachne* R. Br.	禾本科	Poaceae
有芒鸭嘴草	*I. aristatum* L.	鸭嘴草属	*Ischaemum* L.	禾本科	Poaceae
粗毛鸭嘴草	*I. barbatum* Retz.	鸭嘴草属	*Ischaemum* L.	禾本科	Poaceae
细毛鸭嘴草	*I. ciliare* Retz.	鸭嘴草属	*Ischaemum* L.	禾本科	Poaceae

（续）

中文种名	拉丁种名	中文属名	拉丁属名	中文科名	拉丁科名
假稻	*L. japonica*（Honda）Honda	假稻属	*Leersia* Sol. ex Sw.	禾本科	Poaceae
千金子	*L. chinensis*（Linn.）Nees	千金子属	*Leptochloa* P. Beauv.	禾本科	Poaceae
细穗千金子	*L. fusca* subsp. *uninervia*（J. Presl）N. Snow	千金子属	*Leptochloa* P. Beauv.	禾本科	Poaceae
淡竹叶	*L. gracile* Brongn.	淡竹叶属	*Lophatherum* Brongn.	禾本科	Poaceae
中华淡竹叶	*L. sinense* Rendle	淡竹叶属	*Lophatherum* Brongn.	禾本科	Poaceae
刚莠竹	*M. ciliatum*（Trin.）A. Camus	莠竹属	*Microstegium* Nees	禾本科	Poaceae
竹叶茅	*M. nudum*（Trin.）A. Camus	莠竹属	*Microstegium* Nees	禾本科	Poaceae
莠竹	*M. vimineum*（Trin.）A. Camus	莠竹属	*Microstegium* Nees	禾本科	Poaceae
五节芒	*M. floridulus*（Lab.）Warb. ex Schum. et Laut.	芒属	*Miscanthus* Andersson	禾本科	Poaceae
芒	*M. sinensis* Anderss.	芒属	*Miscanthus* Andersson	禾本科	Poaceae
河八王	*S. narenga*（Nees ex Steudel）Wall. ex Hackel	甘蔗属	*Saccharum* L.	禾本科	Poaceae
类芦	*N. reynaudiana*（Kunth）Keng	类芦属	*Neyraudia* Hook. f.	禾本科	Poaceae
球米草	*O. undulatifolius*（Ard.）Roem. & Schult.	球米草属	*Oplismenus* P. Beauv.	禾本科	Poaceae
糠稷	*P. bisulcatum* Thunb.	黍属	*Panicum* L.	禾本科	Poaceae
短叶黍	*P. brevifolium* L.	黍属	*Panicum* L.	禾本科	Poaceae
圆果雀稗	*P. scrobiculatum* var. *orbiculare*（G. Forst.）Hack.	雀稗属	*Paspalum* L.	禾本科	Poaceae
雀稗	*P. thunbergii* Kunth ex Steud.	雀稗属	*Paspalum* L.	禾本科	Poaceae
狼尾草	*C. alopecuroides* J. Presl	蒺藜草属	*Cenchrus* L.	禾本科	Poaceae
鬼蜡烛	*P. paniculatum* Huds.	梯牧草属	*Phleum* L.	禾本科	Poaceae
芦苇	*P. australis*（Cav.）Trin. ex Steud.	芦苇属	*Phragmites* Adans.	禾本科	Poaceae
白顶早熟禾	*P. acroleuca* Steud.	早熟禾属	*Poa* L.	禾本科	Poaceae
早熟禾	*P. annua* L.	早熟禾属	*Poa* L.	禾本科	Poaceae

（续）

中文种名	拉丁种名	中文属名	拉丁属名	中文科名	拉丁科名
金丝草	*P. crinitum*（Thunb.）Kunth.	金发草属	*Pogonatherum* P. Beauv.	禾本科	Poaceae
棒头草	*P. fugax* Nees ex Steud.	棒头草属	*Polypogon* Desf.	禾本科	Poaceae
纤毛鹅观草	*E. ciliaris*（Trin. ex Bunge）Tzvelev	披碱草属	*Elymus* L.	禾本科	Poaceae
鹅观草	*E. kamoji*（Ohwi）S. L. Chen	披碱草属	*Elymus* L.	禾本科	Poaceae
斑茅	*S. arundinaceum* Retz.	甘蔗属	*Saccharum* L.	禾本科	Poaceae
囊颖草	*S. indica*（Linn.）A. Chase	囊颖草属	*Sacciolepis* Nash	禾本科	Poaceae
裂稃草	*S. brevifolium*（Sw.）Nees ex Buse	裂稃草属	*Schizachyrium* Nees	禾本科	Poaceae
大狗尾草	*S. faberi* R. A. W. Herrmann	狗尾草属	*Setaria* P. Beauv.	禾本科	Poaceae
金色狗尾草	*S. pumila*（Poir.）Roem. & Schult.	狗尾草属	*Setaria* P. Beauv.	禾本科	Poaceae
棕叶狗尾草	*S. palmifolia*（Koen.）Stapf	狗尾草属	*Setaria* P. Beauv.	禾本科	Poaceae
狗尾草	*S. viridis*（Linn.）Beauv.	狗尾草属	*Setaria* P. Beauv.	禾本科	Poaceae
光高粱	*S. nitidum*（Vahl）Pers.	高粱属	*Sorghum* Moench	禾本科	Poaceae
油芒	*S. cotulifer*（Thunb.）Hack.	大油芒属	*Spodiopogon* Trin.	禾本科	Poaceae
大油芒	*S. sibiricus* Trin.	大油芒属	*Spodiopogon* Trin.	禾本科	Poaceae
鼠尾粟	*S. fertilis*（Steud.）W. D. Clayton	鼠尾粟属	*Sporobolus* R. Br.	禾本科	Poaceae
苞子草	*T. caudata*（Nees ex Hook. & Arn.）A. Camus	菅属	*Themeda* Forssk.	禾本科	Poaceae
菅	*T. villosa*（Poir.）A. Camus	菅属	*Themeda* Forssk.	禾本科	Poaceae
黄背草	*T. triandra* Forsk.	菅属	*Themeda* Forssk.	禾本科	Poaceae
三毛草	*S. bifidum*（Thunb.）Barberá	三毛草属	*Sibirotrisetum* Barberá，Soreng，Romasch.，Quintanar & P. M. Peterson	禾本科	Poaceae
中华结缕草	*Z. sinica* Hance	结缕草属	*Zoysia* Willd.	禾本科	Poaceae
细叶结缕草	*Z. pacifica*（Goudswaard）M. Hotta et S. Kuroki	结缕草属	*Zoysia* Willd.	禾本科	Poaceae

（续）

中文种名	拉丁种名	中文属名	拉丁属名	中文科名	拉丁科名
狭叶海桐	*P. glabratum* var. *neriifolium* Rehd. et Wils.	海桐属	*Pittosporum* Banks ex Gaertn.	海桐科	Pittosporaceae
海金子	*P. illicioides* Mak.	海桐属	*Pittosporum* Banks ex Gaertn.	海桐科	Pittosporaceae
海桐	*P. tobira*（Thunb.）Ait.	海桐属	*Pittosporum* Banks ex Gaertn.	海桐科	Pittosporaceae
崖花子	*P. truncatum* Pritz.	海桐属	*Pittosporum* Banks ex Gaertn.	海桐科	Pittosporaceae
谷精草	*E. buergerianum* Koern.	谷精草属	*Eriocaulon* L.	谷精草科	Eriocaulaceae
白药谷精草	*E. cinereum* R. Br.	谷精草属	*Eriocaulon* L.	谷精草科	Eriocaulaceae
瓜馥木	*F. oldhamii*（Hemsl.）Merr.	瓜馥木属	*Fissistigma* Griff.	番荔枝科	Annonaceae
紫芝	*G. sinense* J. D. Zhao，L. W. Hsu & X. Q. Zhang	灵芝属	Ganoderma	多孔菌科	Polyporaceae
茯苓	*W. extensa*（Peck）Ginns	茯苓属	Wolfiporia	多孔菌科	Polyporaceae
甜麻	*C. aestuans* L.	黄麻属	*Corchorus* L.	锦葵科	Malvaceae
黄麻	*C. capsularis* Linn.	黄麻属	*Corchorus* L.	锦葵科	Malvaceae
扁担杆	*G. biloba* G. Don	扁担杆属	*Grewia* L.	锦葵科	Malvaceae
光叶扁担杆	*G. laevigata* Vahl	扁担杆属	*Grewia* L.	锦葵科	Malvaceae
小花扁担杆	*G. biloba* var. *parviflora*（Bunge）Hand. -Mazz.	扁担杆属	*Grewia* L.	锦葵科	Malvaceae
湘椴	*T. endochrysea* Hand. -Mazz.	椴属	*Tilia* L.	锦葵科	Malvaceae
糯米椴	*T. henryana* var. *subglabra* V. Engl.	椴属	*Tilia* L.	锦葵科	Malvaceae
帽峰椴	*T. mofungensis* Chun et Wong	椴属	*Tilia* L.	锦葵科	Malvaceae
椴树	*T. tuan* Szyszyl.	椴属	*Tilia* L.	锦葵科	Malvaceae
单毛刺蒴麻	*T. annua* Linn.	刺蒴麻属	*Triumfetta* L.	锦葵科	Malvaceae
中华杜英	*E. chinensis*（Gardn. et Champ.）Hook. f. ex Benth.	杜英属	*Elaeocarpus* L.	杜英科	Elaeocarpaceae
杜英	*E. decipiens* Hemsl.	杜英属	*Elaeocarpus* L.	杜英科	Elaeocarpaceae
云南杜英	*E. japonicus* var. *yunnanensis* C. Chen et Y. Tang	杜英属	*Elaeocarpus* L.	杜英科	Elaeocarpaceae

（续）

中文种名	拉丁种名	中文属名	拉丁属名	中文科名	拉丁科名
山杜英	*E. sylvestris*（Lour.）Poir.	杜英属	*Elaeocarpus* L.	杜英科	Elaeocarpaceae
猴欢喜	*S. sinensis*（Hance）Hu	猴欢喜属	*Sloanea* L.	杜英科	Elaeocarpaceae
梧桐	*F. simplex*（L.）W. Wight	梧桐属	*Firmiana* Marsili	锦葵科	Malvaceae
马松子	*M. corchorifolia* Linn.	马松子属	*Melochia* L.	锦葵科	Malvaceae
山芝麻	*H. angustifolia* Linn.	山芝麻属	*Helicteres* L.	锦葵科	Malvaceae
午时花	*P. phoenicea* Linn.	午时花属	*Pentapates* L.	锦葵科	Malvaceae
两广梭罗树	*R. thyrsoidea* Lindl.	梭罗树属	*Reevesia* Lindl.	锦葵科	Malvaceae
木棉	*B. ceiba* L.	木棉属	*Bombax* L.	木棉科	Bombacaceae
齿缘吊钟花	*E. serrulatus*（Wils.）Schneid.	吊钟花属	*Enkianthus* Lour.	杜鹃花科	Ericaceae
扁枝越橘	*V. japonicum* var. *sinicum*（Nakai）Rehd.	越橘属	*Vaccinium* L.	杜鹃花科	Ericaceae
南烛	*V. bracteatum* Thunb.	越橘属	*Vaccinium* L.	杜鹃花科	Ericaceae
小果珍珠花	*L. ovalifolia* var. *elliptica*（Sieb. et Zucc.）Hand. -Mazz.	珍珠花属	*Lyonia* Nutt	杜鹃花科	Ericaceae
狭叶珍珠花	*L. ovalifolia* var. *lanceolata*（Wall.）Hand. -Mazz.	珍珠花属	*Lyonia* Nutt	杜鹃花科	Ericaceae
马醉木	*P. japonica*（Thunb.）D. Don ex G. Don	马醉木属	*Pieris* D. Don	杜鹃花科	Ericaceae
云锦杜鹃	*R. fortunei* Lindl.	杜鹃花属	*Rhododendron* L.	杜鹃花科	Ericaceae
鹿角杜鹃	*R. latoucheae* Franch.	杜鹃花属	*Rhododendron* L.	杜鹃花科	Ericaceae
满山红	*R. mariesii* Hemsl. et Wils.	杜鹃花属	*Rhododendron* L.	杜鹃花科	Ericaceae
羊踯躅	*R. molle*（Bl.）G. Don	杜鹃花属	*Rhododendron* L.	杜鹃花科	Ericaceae
马银花	*R. ovatum*（Lindl.）Planch. ex Maxim.	杜鹃花属	*Rhododendron* L.	杜鹃花科	Ericaceae
猴头杜鹃	*R. simiarum* Hance	杜鹃花属	*Rhododendron* L.	杜鹃花科	Ericaceae
杜鹃	*R. simsii* Planch.	杜鹃花属	*Rhododendron* L.	杜鹃花科	Ericaceae
普通鹿蹄草	*P. decorata* H. Andr.	鹿蹄草属	*Pyrola* L.	杜鹃花科	Ericaceae

（续）

中文种名	拉丁种名	中文属名	拉丁属名	中文科名	拉丁科名
长叶鹿蹄草	*P. elegantula* H. Andr.	鹿蹄草属	*Pyrola* L.	杜鹃花科	Ericaceae
鹿蹄草	*P. calliantha* H. Andr.	鹿蹄草属	*Pyrola* L.	杜鹃花科	Ericaceae
云南越橘	*V. duclouxii*（Lévl.）Hand. -Mazz.	越橘属	*Vaccinium* L.	杜鹃花科	Ericaceae
短尾越橘	*V. carlesii* Dunn	越橘属	*Vaccinium* L.	杜鹃花科	Ericaceae
水晶兰	*M. uniflora* L.	水晶兰属	*Monotropa* L.	杜鹃花科	Ericaceae
银荆	*A. dealbata* Link	相思树属	*Acacia* Mill.	豆科	Fabaceae
黑荆	*A. mearnsii* De Wilde	相思树属	*Acacia* Mill.	豆科	Fabaceae
合欢	*A. julibrissin* Durazz.	合欢属	*Albizia* Durazz.	豆科	Fabaceae
山合欢	*A. kalkora*（Roxb.）Prain	合欢属	*Albizia* Durazz.	豆科	Fabaceae
含羞草	*M. pudica* Linn.	含羞草属	*Mimosa* L.	豆科	Fabaceae
首冠藤	*C. corymbosa*（Roxb.）R. Clark & Mackinder	首冠藤属	*Cheniella* R. Clark & Mackinder	豆科	Fabaceae
粉叶首冠藤	*C. glauca*（Benth.）R. Clark & Mackinder	首冠藤属	*Cheniella* R. Clark & Mackinder	豆科	Fabaceae
小叶云实	*B millettii*（Hook. & Arn.）Gagnon & G. P. Lewis	云实属	*Biancaea* Tod.	豆科	Fabaceae
云实	*B. decapetala*（Roth）O. Deg.	云实属	*Biancaea* Tod.	豆科	Fabaceae
大叶山扁豆	*C. leschenaultiana*（DC.）O. Deg.	山扁豆属	*Chamaecrista* Moench	豆科	Fabaceae
望江南	*S. occidentalis*（L.）Link	决明属	*Senna* Mill.	豆科	Fabaceae
决明	*S. tora*（L.）Roxb.	决明属	*Senna* Mill.	豆科	Fabaceae
紫荆	*C. chinensis* Bunge	紫荆属	*Cercis* L.	豆科	Fabaceae
湖北紫荆	*C. glabra* Pamp.	紫荆属	*Cercis* L.	豆科	Fabaceae
皂荚	*G. sinensis* Lam.	皂荚属	*Gleditsia* J. Clayton	豆科	Fabaceae
肥皂荚	*G. chinensis* Baill.	肥皂荚属	*Gymnocladus* Lam.	豆科	Fabaceae
合萌	*A. indica* Burm. f.	合萌属	*Aeschynomene* L.	豆科	Fabaceae

（续）

中文种名	拉丁种名	中文属名	拉丁属名	中文科名	拉丁科名
紫穗槐	*A. fruticosa* Linn.	紫穗槐属	*Amorpha* L.	豆科	Fabaceae
锦鸡儿	*C. sinica* (Buc'hoz) Rehd.	锦鸡儿属	*Caragana* Fabr.	豆科	Fabaceae
响铃豆	*C. albida* Heyne ex Roth	猪屎豆属	*Crotalaria* L.	豆科	Fabaceae
大猪屎豆	*C. assamica* Benth.	猪屎豆属	*Crotalaria* L.	豆科	Fabaceae
假地蓝	*C. ferruginea* Benth.	猪屎豆属	*Crotalaria* L.	豆科	Fabaceae
猪屎豆	*C. pallida* Blanco	猪屎豆属	*Crotalaria* L.	豆科	Fabaceae
农吉利	*C. sessiliflora* Linn.	猪屎豆属	*Crotalaria* L.	豆科	Fabaceae
藤黄檀	*D. hancei* Benth.	黄檀属	*Dalbergia* L. f.	豆科	Fabaceae
黄檀	*D. hupeana* Hance	黄檀属	*Dalbergia* L. f.	豆科	Fabaceae
中南鱼藤	*D. fordii* Oliv.	鱼藤属	*Derris* Lour.	豆科	Fabaceae
小槐花	*O. caudata* (Thunb.) Ohashi	小槐花属	*Ohwia* H. Ohashi	豆科	Fabaceae
宽卵叶长柄山蚂蝗	*H. podocarpum* subsp. *fallax* (Schindl.) H. Ohashi & R. R. Mill	长柄山蚂蝗属	*Hylodesmum* H. Ohashi & R. R. Mill	豆科	Fabaceae
假地豆	*G. heterocarpos* (L.) DC. H. Ohashi & K. Ohashi	假地豆属	*Grona* Lour.	豆科	Fabaceae
糙毛假地豆	*G. heterocarpos* var. *strigosa* (Meeuwen) H. Ohashi & K. Ohashi	假地豆属	*Grona* Lour.	豆科	Fabaceae
小叶细蚂蟥	*L. microphylla* (Thunb.) H. Ohashi & K. Ohashi	细蚂蝗属	*Leptodesmia* (Benth.) Benth. & Hook. f.	豆科	Fabaceae
山蚂蝗	*D. oxyphyllum* DC.	山蚂蝗属	*Desmodium* Desv.	豆科	Fabaceae
饿蚂蟥	*O. multiflora* (DC.) H. Ohashi & K. Ohashi	饿蚂蝗属	*Ototropis* Nees	豆科	Fabaceae
山黑豆	*D. truncata* Sieb. et Zucc.	山黑豆属	*Dumasia* DC.	豆科	Fabaceae
野扁豆	*D. villosa* (Thunb.) Makino	野扁豆属	*Dunbaria* Wight & Arn.	豆科	Fabaceae
鸡头薯	*E. chinense* Vogel	鸡头薯属	*Eriosema* (DC.) Desv.	豆科	Fabaceae
乳豆	*G. tenuiflora* (Willd.) Wight & Arn.	乳豆属	*Galactia* P. Browne	豆科	Fabaceae
野大豆	*G. soja* Sieb. et Zucc.	大豆属	*Glycine* Willd.	豆科	Fabaceae

（续）

中文种名	拉丁种名	中文属名	拉丁属名	中文科名	拉丁科名
苏木蓝	*I. carlesii* Craib.	木蓝属	*Indigofera* L.	豆科	Fabaceae
宁波木蓝	*I. decora* var. *cooperi* Y. Y. Fang et C. Z. Zheng	木蓝属	*Indigofera* L.	豆科	Fabaceae
宜昌木蓝	*I. decora* var. *ichangensis* (Craib) Y. Y. Fang et C. Z. Zheng	木蓝属	*Indigofera* L.	豆科	Fabaceae
苍山木蓝	*I. hancockii* Craib	木蓝属	*Indigofera* L.	豆科	Fabaceae
河北木蓝	*I. bungeana* Walp.	木蓝属	*Indigofera* L.	豆科	Fabaceae
鸡眼草	*K. striata* (Thunb.) Schindl.	鸡眼草属	*Kummerowia* Schindl.	豆科	Fabaceae
绿叶胡枝子	*L. buergeri* Miq.	胡枝子属	*Lespedeza* Michx.	豆科	Fabaceae
中华胡枝子	*L. chinensis* G. Don	胡枝子属	*Lespedeza* Michx.	豆科	Fabaceae
截叶铁扫帚	*L. cuneata* (Dum. Cours.) G. Don.	胡枝子属	*Lespedeza* Michx.	豆科	Fabaceae
大叶胡枝子	*L. davidii* Franch.	胡枝子属	*Lespedeza* Michx.	豆科	Fabaceae
多花胡枝子	*L. floribunda* Bunge	胡枝子属	*Lespedeza* Michx.	豆科	Fabaceae
美丽胡枝子	*L. thunbergii* subsp. *formosa* (Vogel) H. Ohashi	胡枝子属	*Lespedeza* Michx.	豆科	Fabaceae
铁马鞭	*L. pilosa* (Thunb.) Siebold & Zucc.	胡枝子属	*Lespedeza* Michx.	豆科	Fabaceae
马鞍树	*M. hupehensis* Takeda	马鞍树属	*Maackia* Rupr.	豆科	Fabaceae
香花鸡血藤	*C. dielsiana* (Harms) P. K. Loc ex Z. Wei & Pedley	鸡血藤属	*Callerya* Endl.	豆科	Fabaceae
亮叶鸡血藤	*C. nitida* (Benth.) R. Geesink	鸡血藤属	*Callerya* Endl.	豆科	Fabaceae
网络夏藤	*W. reticulata* (Benth.) J. Compton & Schrire	夏藤属	*Wisteriopsis* J. Compton & Schrire	豆科	Fabaceae
千斤拔	*F. prostrata* Roxb. f. ex Roxb.	千斤拔属	*Flemingia* Roxb. ex W. T. Aiton	豆科	Fabaceae
花榈木	*O. henryi* Prain	红豆属	*Ormosia* Jacks.	豆科	Fabaceae
葛麻姆	*P. montana* var. *lobata* (Willd.) Maesen et S. M. Almeida ex Sanjappa et Predeep	葛属	*Pueraria* DC.	豆科	Fabaceae
葛	*P. montana* (Lour.) Merr.	葛属	*Pueraria* DC.	豆科	Fabaceae

（续）

中文种名	拉丁种名	中文属名	拉丁属名	中文科名	拉丁科名
粉葛	*P. montana* var. *thomsonii*（Benth.）Wiersema ex D. B. Ward	葛属	*Pueraria* DC.	豆科	Fabaceae
菱叶鹿藿	*R. dielsii* Harms	鹿藿属	*Rhynchosia* Lour.	豆科	Fabaceae
鹿藿	*R. volubilis* Lour.	鹿藿属	*Rhynchosia* Lour.	豆科	Fabaceae
刺槐	*R. pseudoacacia* Linn.	刺槐属	*Robinia* L.	豆科	Fabaceae
坡油甘	*S. sensitiva* Aiton	坡油甘属	*Smithia* Aiton	豆科	Fabaceae
苦参	*S. flavescens* Ait.	苦参属	*Sophora* L.	豆科	Fabaceae
槐	*S. japonicum*（L.）Schott	槐属	*Styphnolobium* Schott	豆科	Fabaceae
龙爪槐	*S. japonicum* f. *pendulum*（Lodd. ex Sweet）H. Ohashi	槐属	*Styphnolobium* Schott	豆科	Fabaceae
广布野豌豆	*V. cracca* Benth.	野豌豆属	*Vicia* L.	豆科	Fabaceae
小巢菜	*V. hirsuta*（L.）Gray	野豌豆属	*Vicia* L.	豆科	Fabaceae
野豇豆	*V. vexillata*（Linn.）Rich.	豇豆属	*Vigna* Savi	豆科	Fabaceae
紫藤	*W. sinensis*（Sims）Sweet	紫藤属	*Wisteria* Nutt.	豆科	Fabaceae
松萝	*U. florida*（L.）Weber ex F. H. Wigg.	松萝属	*Usnea*	梅衣科	Lichinaceae
石地钱	*R. hemisphaerica*（L.）Raddi	石地钱属	*Reboulia* Raddi	疣冠苔科	Aytoniaceae
蛇苔	*C. conicum*（L.）Dumort.	蛇苔属	*Conocephalum* Hill	蛇苔科	Conocephalaceae
地钱	*M. polymorpha* L.	地钱属	*Marchantia* L.	地钱科	Marchantiaceae
翅茎灯芯草	*J. alatus* Franch. & Sav.	灯芯草属	*Juncus* L.	灯芯草科	Juncaceae
假灯芯草	*J. setchuensis* var. *effusoides* Buchenau	灯芯草属	*Juncus* L.	灯芯草科	Juncaceae
扁茎灯芯草	*J. gracillimus*（Buchenau）V. I. Krecz. & Gontsch.	灯芯草属	*Juncus* L.	灯芯草科	Juncaceae
笄石菖	*J. prismatocarpus* R. Br.	灯芯草属	*Juncus* L.	灯芯草科	Juncaceae
地杨梅	*L. campestris*（Linn.）DC.	地杨梅属	*Luzula* DC.	灯芯草科	Juncaceae
铁苋菜	*A. australis* Linn.	铁苋菜属	*Acalypha* L.	大戟科	Euphorbiaceae

（续）

中文种名	拉丁种名	中文属名	拉丁属名	中文科名	拉丁科名
山麻杆	*A. davidii* Franch.	山麻杆属	*Alchornea* Sw.	大戟科	Euphorbiaceae
乳浆大戟	*E. esula* Linn.	大戟属	*Euphorbia* L.	大戟科	Euphorbiaceae
泽漆	*E. helioscopia* Linn.	大戟属	*Euphorbia* L.	大戟科	Euphorbiaceae
钩腺大戟	*E. sieboldiana* Morr. et Decne.	大戟属	*Euphorbia* L.	大戟科	Euphorbiaceae
飞扬草	*E. hirta* Linn.	大戟属	*Euphorbia* L.	大戟科	Euphorbiaceae
地锦草	*E. humifusa* Willd. ex Schlecht.	大戟属	*Euphorbia* L.	大戟科	Euphorbiaceae
续随子	*E. lathylris* L.	大戟属	*Euphorbia* L.	大戟科	Euphorbiaceae
斑地锦	*E. maculata* L.	大戟属	*Euphorbia* L.	大戟科	Euphorbiaceae
银边翠	*E. marginata* Pursh.	大戟属	*Euphorbia* L.	大戟科	Euphorbiaceae
虎刺梅	*E. milii* var. *splendens*（Bojer ex Hook.）Ursch & Leandri	大戟属	*Euphorbia* L.	大戟科	Euphorbiaceae
大戟	*E. pekinensis* Ripr.	大戟属	*Euphorbia* L.	大戟科	Euphorbiaceae
一品红	*E. pulcherrima* Willd. ex Klotzsch	大戟属	*Euphorbia* L.	大戟科	Euphorbiaceae
千根草	*E. thymifolia* L.	大戟属	*Euphorbia* L.	大戟科	Euphorbiaceae
算盘子	*G. puberum*（Linn.）Hutch.	算盘子属	*Glochidion* J. R. & G. Forst.	叶下珠科	Phyllanthaceae
湖北算盘子	*G. wilsonii* Hutch.	算盘子属	*Glochidion* J. R. & G. Forst.	叶下珠科	Phyllanthaceae
白背叶	*M. apelta*（Lour.）Müll. Arg.	野桐属	*Mallotus* Lour.	大戟科	Euphorbiaceae
野梧桐	*M. japonicus*（Linn. f.）Müll. Arg.	野桐属	*Mallotus* Lour.	大戟科	Euphorbiaceae
粗糠柴	*M. philippensis*（Lam.）Muell. Arg.	野桐属	*Mallotus* Lour.	大戟科	Euphorbiaceae
石岩枫	*M. repandus*（Willd.）Müll. Arg.	野桐属	*Mallotus* Lour.	大戟科	Euphorbiaceae
青灰叶下珠	*P. glaucus* Wall. ex Muell. Arg.	叶下珠属	*Phyllanthus* L.	叶下珠科	Phyllanthaceae
密柑草	*P. ussuriensis* Rupr.	叶下珠属	*Phyllanthus* L.	叶下珠科	Phyllanthaceae
叶下珠	*P. urinaria* Linn.	叶下珠属	*Phyllanthus* L.	叶下珠科	Phyllanthaceae

（续）

中文种名	拉丁种名	中文属名	拉丁属名	中文科名	拉丁科名
蓖麻	*R. communis* Linn.	蓖麻属	*Ricinus* L.	大戟科	Euphorbiaceae
山乌桕	*T. cochinchinensis* Lour.	乌桕属	*Triadica* Lour.	大戟科	Euphorbiaceae
白木乌桕	*N. japonica*（Siebold & Zucc.）Esser	白木乌桕属	*Neoshirakia* Esser	大戟科	Euphorbiaceae
乌桕	*T. sebifera*（L.）Small	乌桕属	*Triadica* Lour.	大戟科	Euphorbiaceae
油桐	*V. fordii*（Hemsl.）Airy Shaw	油桐属	*Vernicia* Lour.	大戟科	Euphorbiaceae
木油桐	*V. montana* Lour.	油桐属	*Vernicia* Lour.	大戟科	Euphorbiaceae
虎皮楠	*D. oldhamii*（Hemsl.）Rosenthal	虎皮楠属	*Daphniphyllum* Blume	虎皮楠科	Daphniphyllaceae
交让木	*D. macropodum* Miq.	虎皮楠属	*Daphniphyllum* Blume	虎皮楠科	Daphniphyllaceae
五月茶	*A. bunius*（L.）Spreng.	五月茶属	*Antidesma* L.	叶下珠科	Phyllanthaceae
酸味子	*A. japonicum* Sieb. et Zucc.	五月茶属	*Antidesma* L.	叶下珠科	Phyllanthaceae
重阳木	*B. polycarpa*（Lévl.）Airy Shaw	秋枫属	*Bischofia* Blume	叶下珠科	Phyllanthaceae
紫珠	*C. bodinieri* Lévl.	紫珠属	*Callicarpa* L.	唇形科	Lamiaceae
老鸦糊	*C. giraldii* Hesse ex Rehd.	紫珠属	*Callicarpa* L.	唇形科	Lamiaceae
华紫珠	*C. cathayana* H. T. Chang	紫珠属	*Callicarpa* L.	唇形科	Lamiaceae
白棠子树	*C. dichotoma*（Lour.）K. Koch	紫珠属	*Callicarpa* L.	唇形科	Lamiaceae
广东紫珠	*C. kwangthungensis* Chun	紫珠属	*Callicarpa* L.	唇形科	Lamiaceae
尖尾枫	*C. longissima*（Hemsl.）Merr.	紫珠属	*Callicarpa* L.	唇形科	Lamiaceae
枇杷叶紫珠	*C. kochiana* Makino	紫珠属	*Callicarpa* L.	唇形科	Lamiaceae
红紫珠	*C. rubella* Lindl.	紫珠属	*Callicarpa* L.	唇形科	Lamiaceae
秃红紫珠	*C. rubella* var. *subglabra*（C. Pei）Hung T. Chang	紫珠属	*Callicarpa* L.	唇形科	Lamiaceae
兰香草	*C. incana*（Thunb.）Miq.	莸属	*Caryopteris* Bunge	唇形科	Lamiaceae
臭牡丹	*C. bungei* Steud.	大青属	*Clerodendrum* L.	唇形科	Lamiaceae

（续）

中文种名	拉丁种名	中文属名	拉丁属名	中文科名	拉丁科名
大青	*C. cyrtophyllum* Turcz.	大青属	*Clerodendrum* L.	唇形科	Lamiaceae
臭茉莉	*C. chinense* var. *simplex* (Moldenke) S. L. Chen	大青属	*Clerodendrum* L.	唇形科	Lamiaceae
海通	*C. mandarinorum* Diels	大青属	*Clerodendrum* L.	唇形科	Lamiaceae
灰毛大青	*C. canescens* Wall.	大青属	*Clerodendrum* L.	唇形科	Lamiaceae
海州常山	*C. trichotomum* Thunb.	大青属	*Clerodendrum* L.	唇形科	Lamiaceae
豆腐柴	*P. microphylla* Turcz.	豆腐柴属	*Premna* L.	唇形科	Lamiaceae
马鞭草	*V. officinalis* Linn.	马鞭草属	*Verbena* L.	马鞭草科	Verbenaceae
牡荆	*V. negundo* var. *cannabifolia* (Sieb. et Zucc.) Hand. -Mazz.	牡荆属	*Vitex* L.	唇形科	Lamiaceae
黄荆	*V. negundo* Linn.	牡荆属	*Vitex* L.	唇形科	Lamiaceae
山牡荆	*V. quinata* (Lour.) Will.	牡荆属	*Vitex* L.	唇形科	Lamiaceae
筋骨草	*A. ciliata* Bunge	筋骨草属	*Ajuga* L.	唇形科	Lamiaceae
藿香	*A. rugosa* (Fisch. & C. A. Mey.) Kuntze	藿香属	*Agastache* J. Clayton ex Gronov.	唇形科	Lamiaceae
风轮菜	*C. chinense* (Benth.) Kuntze	风轮菜属	*Clinopodium* L.	唇形科	Lamiaceae
细风轮菜	*C. gracile* (Benth.) Matsum.	风轮菜属	*Clinopodium* L.	唇形科	Lamiaceae
水虎尾	*P. stellatus* (Lour.) Kuntze	刺蕊草属	*Pogostemon* Desf.	唇形科	Lamiaceae
紫花香薷	*E. argyi* Lévl.	香薷属	*Elsholtzia* Willd.	唇形科	Lamiaceae
香薷	*E. ciliata* (Thunb.) Hyland.	香薷属	*Elsholtzia* Willd.	唇形科	Lamiaceae
小野芝麻	*M. chinense* (Benth.) Bendiksby	小野芝麻属	*Matsumurella* Makino	唇形科	Lamiaceae
活血丹	*G. longituba* (Nakai) Kupr.	活血丹属	*Glechoma* L.	唇形科	Lamiaceae
四轮香	*H. sinensis* (Hemsl.) Kudo	四轮香属	*Hanceola* Kudô	唇形科	Lamiaceae
夏至草	*L. supina* (Steph. ex Willd.) Ikonn. -Gal.	夏至草属	*Lagopsis* (Bunge ex Benth.) Bunge	唇形科	Lamiaceae
宝盖草	*L. amplexicaule* Linn.	野芝麻属	*Lamium* L.	唇形科	Lamiaceae

（续）

中文种名	拉丁种名	中文属名	拉丁属名	中文科名	拉丁科名
野芝麻	*L. barbatum* Sieb. et Zucc.	野芝麻属	*Lamium* L.	唇形科	Lamiaceae
益母草	*L. japonicus* Houtt.	益母草属	*Leonurus* L.	唇形科	Lamiaceae
硬毛地笋	*L. lucidus* var. *hirtus* Regel	地笋属	*Lycopus* L.	唇形科	Lamiaceae
薄荷	*M. canadensis* L.	薄荷属	*Mentha* L.	唇形科	Lamiaceae
留兰香	*M. spicata* Linn.	薄荷属	*Mentha* L.	唇形科	Lamiaceae
凉粉草	*P. palustre*（Blume）A. J. Paton	逐风草属	*Platostoma* P. Beauv.	唇形科	Lamiaceae
牛至	*O. vulgare* Linn.	牛至属	*Origanum* L.	唇形科	Lamiaceae
石香薷	*M. chinensis* Maxim.	石荠苎属	*Mosla*（Benth.）Buch. -Ham. ex Maxim.	唇形科	Lamiaceae
小鱼仙草	*M. dianthera*（Buch. -Ham.）Maxim.	石荠苎属	*Mosla*（Benth.）Buch. -Ham. ex Maxim.	唇形科	Lamiaceae
石荠苎	*M. scabra*（Thunb.）C. Y. Wu et H. W. Li	石荠苎属	*Mosla*（Benth.）Buch. -Ham. ex Maxim.	唇形科	Lamiaceae
白花假糙苏	*P. albiflora*（Hemsl.）Hand. -Mazz.	假糙苏属	*Paraphlomis*（Prain）Prain	唇形科	Lamiaceae
紫苏	*P. frutescens*（L.）Britton	紫苏属	*Perilla* L.	唇形科	Lamiaceae
糙苏	*P. umbrosa*（Turcz.）Kamelin & Makhm.	糙苏属	*Phlomoides* Moench	唇形科	Lamiaceae
夏枯草	*P. vulgaris* Linn.	夏枯草属	*Prunella* L.	唇形科	Lamiaceae
内折香茶菜	*I. inflexus*（Thunb.）Kudo	香茶菜属	*Isodon*（Schrad. ex Benth.）Spach	唇形科	Lamiaceae
线纹香茶菜	*I. lophanthoides*（Buch. -Ham. ex D. Don）H. Hara	香茶菜属	*Isodon*（Schrad. ex Benth.）Spach	唇形科	Lamiaceae
华鼠尾草	*S. chinensis* Benth.	鼠尾草属	*Salvia* L.	唇形科	Lamiaceae
丹参	*S. miltiorrhiza* Bunge	鼠尾草属	*Salvia* L.	唇形科	Lamiaceae
荔枝草	*S. plebeia* R. Br.	鼠尾草属	*Salvia* L.	唇形科	Lamiaceae
红根草	*S. prionitis* Hance	鼠尾草属	*Salvia* L.	唇形科	Lamiaceae
一串红	*S. splendens* Sellow ex Wied-Neuw.	鼠尾草属	*Salvia* L.	唇形科	Lamiaceae
佛光草	*S. substolonifera* Stib.	鼠尾草属	*Salvia* L.	唇形科	Lamiaceae

（续）

中文种名	拉丁种名	中文属名	拉丁属名	中文科名	拉丁科名
四棱草	*S. oligophylla* Hand. -Mazz.	四棱草属	*Schnabelia* Hand. -Mazz.	唇形科	Lamiaceae
半枝莲	*S. barbata* D. Don	黄芩属	*Scutellaria* L.	唇形科	Lamiaceae
耳挖草	*S. indica* var. *indica* f. *ramosa* C. Y. Wu et C. Chen	黄芩属	*Scutellaria* L.	唇形科	Lamiaceae
光柄筒冠花	*S. nudipes*（Hemsl.）Kudo	筒冠花属	*Siphocranion* Kudô	唇形科	Lamiaceae
水苏	*S. japonica* Miq.	水苏属	*Stachys* L.	唇形科	Lamiaceae
针筒菜	*S. oblongifolia* Benth.	水苏属	*Stachys* L.	唇形科	Lamiaceae
甘露子	*S. sieboldii* Miq.	水苏属	*Stachys* L.	唇形科	Lamiaceae
庐山香科科	*T. penryi* Franch.	香科科属	*Teucrium* L.	唇形科	Lamiaceae
血见愁	*T. viscidum* Bl.	香科科属	*Teucrium* L.	唇形科	Lamiaceae
柽柳	*T. chinensis* Lour.	柽柳属	*Tamarix* L.	柽柳科	Tamaricaceae
车前	*P. asiatica* Ledeb.	车前属	*Plantago* L.	车前科	Plantaginaceae
长叶车前	*P. lanceolata* Linn.	车前属	*Plantago* L.	车前科	Plantaginaceae
大车前	*P. major* Linn.	车前属	*Plantago* L.	车前科	Plantaginaceae
虎尾藓	*H. ciliata* Ehrh. ex P. Beauv.	虎尾藓属	*Hedwigia* P. Beauv.	虎尾藓科	Hedwigiaceae
点地梅	*A. umbellata*（Lour.）Merr.	点地梅属	*Androsace* L.	报春花科	Primulaceae
广西过路黄	*L. alfredii* Hance	珍珠菜属	*Lysimachia* L.	报春花科	Primulaceae
泽珍珠菜	*L. candida* Lindl.	珍珠菜属	*Lysimachia* L.	报春花科	Primulaceae
细梗香草	*L. capillipes* Hemsl.	珍珠菜属	*Lysimachia* L.	报春花科	Primulaceae
过路黄	*L. christinae* Hance	珍珠菜属	*Lysimachia* L.	报春花科	Primulaceae
矮桃	*L. clethroides* Duby	珍珠菜属	*Lysimachia* L.	报春花科	Primulaceae
临时救	*L. congestiflora* Hemsl.	珍珠菜属	*Lysimachia* L.	报春花科	Primulaceae
星宿菜	*L. fortunei* Maxim.	珍珠菜属	*Lysimachia* L.	报春花科	Primulaceae

（续）

中文种名	拉丁种名	中文属名	拉丁属名	中文科名	拉丁科名
黑腺珍珠菜	*L. heterogenea* Klatt	珍珠菜属	*Lysimachia* L.	报春花科	Primulaceae
小茄	*L. japonica* Thunb.	珍珠菜属	*Lysimachia* L.	报春花科	Primulaceae
轮叶过路黄	*L. klattiana* Hance	珍珠菜属	*Lysimachia* L.	报春花科	Primulaceae
小叶星宿菜	*L. ruhmeriana* Vatke	珍珠菜属	*Lysimachia* L.	报春花科	Primulaceae
巴东过路黄	*L. patungensis* Hand. -Mazz.	珍珠菜属	*Lysimachia* L.	报春花科	Primulaceae
疏花过路黄	*L. pseudohenryi* Pamp.	珍珠菜属	*Lysimachia* L.	报春花科	Primulaceae
假婆婆纳	*S. chamaedryoides* Wright ex A. Gray	假婆婆纳属	*Stimpsonia* C. Wright ex A. Gray	报春花科	Primulaceae
短柄粉条儿菜	*A. scopulorum* Dunn	肺筋草属	*Aletris* L.	沼金花科	Nartheciaceae
粉条儿菜	*A. spicata*（Thunb.）Franch.	肺筋草属	*Aletris* L.	沼金花科	Nartheciaceae
天门冬	*A. cochinchinensis*（Lour.）Merr.	天门冬属	*Asparagus* L.	天门冬科	Asparagaceae
石刁柏	*A. officinalis* Linn.	天门冬属	*Asparagus* L.	天门冬科	Asparagaceae
文竹	*A. setaceus*（Kunth）Jessop	天门冬属	*Asparagus* L.	天门冬科	Asparagaceae
流苏蜘蛛抱蛋	*A. fimbriata* F. T. Wang & K. Y. Lang	蜘蛛抱蛋属	*Aspidistra* Ker Gawl.	天门冬科	Asparagaceae
九龙盘	*A. lurida* Ker Gawl.	蜘蛛抱蛋属	*Aspidistra* Ker Gawl.	天门冬科	Asparagaceae
吊兰	*C. comosum*（Thunb.）Jacques	吊兰属	*Chlorophytum* Ker Gawl.	天门冬科	Asparagaceae
君子兰	*C. miniata*（Lindl.）Bosse	君子兰属	*Clivia* Lindl.	石蒜科	Amaryllidaceae
竹根七	*D. fuscopicta* Hance	竹根七属	*Disporopsis* Hance	天门冬科	Asparagaceae
短蕊万寿竹	*D. bodinieri*（H. Lév. & Vaniot）F. T. Wang & Tang	万寿竹属	*Disporum* Salisb.	秋水仙科	Colchicaceae
万寿竹	*D. cantoniense*（Lour.）Merr.	万寿竹属	*Disporum* Salisb.	秋水仙科	Colchicaceae
宝铎草	*D. sessile* D. Don	万寿竹属	*Disporum* Salisb.	秋水仙科	Colchicaceae
黄花菜	*H. citrina* Baroni	萱草属	*Hemerocallis* L.	阿福花科	Asphodelaceae
萱草	*H. fulva*（Linn.）Linn.	萱草属	*Hemerocallis* L.	阿福花科	Asphodelaceae

（续）

中文种名	拉丁种名	中文属名	拉丁属名	中文科名	拉丁科名
玉簪	*H. plantaginea* (Lam.) Aschers.	玉簪属	*Hosta* Tratt.	天门冬科	Asparagaceae
紫萼	*H. ventricosa* (Satlisb.) Stearn	玉簪属	*Hosta* Tratt.	天门冬科	Asparagaceae
野百合	*L. brownii* F. E. Br. ex Miellez	百合属	*Lilium* L.	百合科	Liliaceae
百合	*L. brownii* var. *viridulum* Baker	百合属	*Lilium* L.	百合科	Liliaceae
荞麦叶大百合	*C. cathayanum* (E. H. Wilson) Stearn	大百合属	*Cardiocrinum* (Endl.) Lindl.	百合科	Liliaceae
卷丹	*L. tigrinum* Ker Gawl.	百合属	*Lilium* L.	百合科	Liliaceae
药百合	*L. speciosum* var. *gloriosoides* Baker	百合属	*Lilium* L.	百合科	Liliaceae
禾叶山麦冬	*L. graminifolia* (Linn.) Baker	山麦冬属	*Liriope* Lour.	天门冬科	Asparagaceae
阔叶山麦冬	*L. muscari* (Decne.) L. H. Bailey	山麦冬属	*Liriope* Lour.	天门冬科	Asparagaceae
山麦冬	*L. spicata* (Thunb.) Lour.	山麦冬属	*Liriope* Lour.	天门冬科	Asparagaceae
沿阶草	*O. bodinieri* H. Lév.	沿阶草属	*Ophiopogon* Ker Gawl.	天门冬科	Asparagaceae
麦冬	*O. japonicus* (L. f.) Ker Gawl.	沿阶草属	*Ophiopogon* Ker Gawl.	天门冬科	Asparagaceae
多花黄精	*P. cyrtonema* Hua	黄精属	*Polygonatum* Mill.	天门冬科	Asparagaceae
长梗黄精	*P. filipes* Merr. ex C. Jeffrey et McEwan	黄精属	*Polygonatum* Mill.	天门冬科	Asparagaceae
玉竹	*P. odoratum* (Mill.) Druce	黄精属	*Polygonatum* Mill.	天门冬科	Asparagaceae
湖北黄精	*P. zanlanscianense* Pamp.	黄精属	*Polygonatum* Mill.	天门冬科	Asparagaceae
吉祥草	*R. carnea* (Andrews) Kunth	吉祥草属	*Reineckea* Kunth	天门冬科	Asparagaceae
万年青	*R. japonica* (Thunb.) Roth	万年青属	*Rohdea* Roth	天门冬科	Asparagaceae
绵枣儿	*B. japonica* (Thunb.) Schult. & Schult. f.	绵枣儿属	*Barnardia* Lindl.	天门冬科	Asparagaceae
油点草	*T. macropoda* Miq.	油点草属	*Tricyrtis* Wall.	百合科	Liliaceae
黄花油点草	*T. pilosa* Wall.	油点草属	*Tricyrtis* Wall.	百合科	Liliaceae
老鸦瓣	*A. edulis* (Miq.) Honda	老鸦瓣属	*Amana* Honda	百合科	Liliaceae

（续）

中文种名	拉丁种名	中文属名	拉丁属名	中文科名	拉丁科名
野棕豆	*V. album* var. *grandiflorum* Maxim. ex Baker	藜芦属	*Veratrum* L.	藜芦科	Melanthiaceae
藜芦	*V. nigrum* Linn.	藜芦属	*Veratrum* L.	藜芦科	Melanthiaceae
七叶一枝花	*P. polyphylla* Smith	北重楼属	*Paris* L.	藜芦科	Melanthiaceae
凤眼蓝	*E. crassipes*（Mart.）Solms	凤眼莲属	*Eichhornia* Kunth	雨久花科	Pontederiaceae
鸭舌草	*M. vaginalis*（Burm. f.）C. Presl	雨久花属	*Monochoria* C. Presl	雨久花科	Pontederiaceae
华肖菝葜	*H. chinensis* Wang	肖菝葜属	*Heterosmilax* Kunth	菝葜科	Smilacaceae
尖叶菝葜	*S. arisanensis* Hayata	菝葜属	*Smilax* L.	菝葜科	Smilacaceae
西南菝葜	*S. biumbellata* T. Koyama	菝葜属	*Smilax* L.	菝葜科	Smilacaceae
菝葜	*S. china* L.	菝葜属	*Smilax* L.	菝葜科	Smilacaceae
小果菝葜	*S. davidiana* A. DC.	菝葜属	*Smilax* L.	菝葜科	Smilacaceae
土茯苓	*S. glabra* Roxb.	菝葜属	*Smilax* L.	菝葜科	Smilacaceae
黑果菝葜	*S. glaucochina* Warb.	菝葜属	*Smilax* L.	菝葜科	Smilacaceae
白背牛尾菜	*S. nipponica* Miq.	菝葜属	*Smilax* L.	菝葜科	Smilacaceae
牛尾菜	*S. riparia* A. DC.	菝葜属	*Smilax* L.	菝葜科	Smilacaceae
尖叶牛尾菜	*S. riparia* var. *acuminata*（C. H. Wright）Wang et Tang	菝葜属	*Smilax* L.	菝葜科	Smilacaceae
短梗菝葜	*S. scobinicaulis* C. H. Wright	菝葜属	*Smilax* L.	菝葜科	Smilacaceae
醉蝶花	*C. hassleriana* Chodat	鸟足菜属	*Cleome* L.	白花菜科	Cleomaceae
赤杨叶	*A. fortunei*（Hemsl.）Makino	赤杨叶属	*Alniphyllum* Matsum.	安息香科	Styracaceae
陀螺果	*M. xylocarpum* Hand. -Mazz.	陀螺果属	*Melliodendron* Hand. -Mazz.	安息香科	Styracaceae
小叶白辛树	*P. corymbosus* Siebold & Zucc.	白辛树属	*Pterostyrax* Siebold & Zucc.	安息香科	Styracaceae
狭果秤锤树	*S. rehderiana* Hu	秤锤树属	*Sinojackia* Hu	安息香科	Styracaceae
白花龙	*S. faberi* Perk.	安息香属	*Styrax* L.	安息香科	Styracaceae

（续）

中文种名	拉丁种名	中文属名	拉丁属名	中文科名	拉丁科名
垂珠花	*S. dasyanthus* Perk.	安息香属	*Styrax* L.	安息香科	Styracaceae
野茉莉	*S. japonicus* Sieb. et Zucc.	安息香属	*Styrax* L.	安息香科	Styracaceae
芬芳安息香	*S. odoratissimus* Champ.	安息香属	*Styrax* L.	安息香科	Styracaceae
栓叶安息香	*S. suberifolius* Hook. et Arn.	安息香属	*Styrax* L.	安息香科	Styracaceae
腺柄山矾	*S. adenopus* Hance	山矾属	*Symplocos* Jacq.	山矾科	Symplocaceae
山矾	*S. sumuntia* Buch.-Ham. ex D. Don	山矾属	*Symplocos* Jacq.	山矾科	Symplocaceae
华山矾	*S. chinensis*（Lour.）Druce	山矾属	*Symplocos* Jacq.	山矾科	Symplocaceae
南岭革瓣山矾	*C. confusa*（Brand）Ridl.	革瓣山矾属	*Cordyloblaste* Hensch. ex Moritzi	山矾科	Symplocaceae
密花山矾	*S. congesta* Benth.	山矾属	*Symplocos* Jacq.	山矾科	Symplocaceae
光叶山矾	*S. lancifolia* Siebold & Zucc.	山矾属	*Symplocos* Jacq.	山矾科	Symplocaceae
黄牛奶树	*S. cochinchinensis* var. *laurina*（Retz.）Noot.	山矾属	*Symplocos* Jacq.	山矾科	Symplocaceae
白檀	*S. tanakana* Nakai	山矾属	*Symplocos* Jacq.	山矾科	Symplocaceae
铁山矾	*S. pseudobarberina* Gontsch.	山矾属	*Symplocos* Jacq.	山矾科	Symplocaceae
光亮山矾	*S. lucida*（Thunb.）Siebold & Zucc.	山矾属	*Symplocos* Jacq.	山矾科	Symplocaceae
老鼠屎	*S. stellaris* Brand	山矾属	*Symplocos* Jacq.	山矾科	Symplocaceae
银色山矾	*S. subconnata* Hand.-Mazz.	山矾属	*Symplocos* Jacq.	山矾科	Symplocaceae
团花山矾	*S. glomerata* King ex Gamble	山矾属	*Symplocos* Jacq.	山矾科	Symplocaceae
香附子	*C. rotundus Linn.*	莎草属	*Cyperus*	落草科	*Cyperaceae*
柄状薹草	*C. pediformis* C. A. Mey	薹草属	*Carex*	莎草科	*Cyperaceae*

3.4.2 森林植物群落物种组成和特征

（1）概述

本数据集选择大岗山国家野外站具有代表性的长期观测样地，选定具有代表性的典型群落类型，包括常绿阔叶林、杉木人工林、针阔混交林，整理了2005年、2010年、2015年不同层次主要物种组成数据，揭示森林生态系统生物群落的动态变化规律，为深入研究森林生态系统的结构与功能提供数据服务。

（2）数据采集和处理方法

a. 样地设置

本数据集参照中华人民共和国国家标准《森林生态系统长期定位观测方法》（GB/T 33027—2016），将观测内容分为乔木层、灌木层、草本层，根据不同林分森林面积的大小、地形、土壤水分、肥力等特征，在林内坡面上部、中部、下部与等高线平行各设置一条样线，在样线上选择具有代表性的地段，每个样地设置3个面积20 m×20 m的乔木层标准观测地，每个乔木层标准观测地设置3个面积5 m×5 m的灌木层标准观测地和3个1 m×1 m的草本层标准观测地。

b. 观测方法

乔木层：准确鉴定并详细记录群落中所有植物种的中文名和拉丁名，对样地内胸径≥1.0 cm的各类树种的胸径、树高等进行逐一测定，并做好记录。按样方观测群落郁闭度，每木调查数据，计算林分平均树高、平均胸径等数据。

灌木层：每个灌木样方内记录灌木种名，调查株数（丛数）、株高、盖度，统计每平方米样方内所测灌木株数，并根据植物片段占样方的比例来计算植被总盖度。

草本层：每个草本小样方内，调查并记录草本种名，调查草本植物的种类、数量、高度、多度和盖度等指标。

（3）数据使用方法和建议

通过对森林生态系统土壤有机碳储量观测，可建立土壤碳库清单，评估其历史亏缺或盈余，测算土壤碳固定潜力，为进一步深入研究森林生态系统碳循环，为合理评价土壤质量和土壤健康、正确认识森林土壤固碳能力提供基础依据。

（4）数据

具体森林植物群落物种组成和特征数据见表3-48至表3-53。

表 3-48　森林植物群落乔木层植物种组成

时间（年）	样地名称	样方面积/m²	植物	拉丁名	株数/株	平均胸径/cm	平均高度/m	盖度/%	生活型	每个样方树干干重/kg	每个样方树枝干重/kg	每个样方树叶干重/kg	每个样方树皮干重/kg	每个样方地上部总干重/kg	每个样方地下部总干重/kg
2005	杉木纯林长期样地 002	625	杉木	*Cunninghamia*	56	26.44	19.65	80	常绿针叶	133.42	32.61	7.00	14.92	164.23	40.20
	杉木纯林长期样地 003	625	杉木	*Cunninghamia*	48	20.21	22.37	75	常绿针叶	167.40	42.74	8.85	17.82	210.18	55.51
	杉木纯林长期样地 004	400	杉木	*Cunninghamia*	50	26.68	20.81	90	常绿针叶	137.72	35.38	9.40	16.42	173.70	45.61
	杉木纯林长期样地 005	400	杉木	*Cunninghamia*	44	19.89	23.03	70	常绿针叶	56.34	15.76	6.87	9.29	69.59	19.83
	针阔混交林长期样地 001	625	杉木	*Cunninghamia*	60	25.52	19.57	100	常绿针阔混	55.63	14.88	5.26	8.64	66.38	16.12
2010	常绿阔叶纯林永久样地 004	400	木荷	*Schima superba*	60	15.58	12.61	85	阔叶乔木	95.26	20.95	1.66	8.26	115.48	22.19
	常绿阔叶纯林永久样地 005	400	丝栗栲	*Castanopsis fargesii*	28	20.89	18.43	100	阔叶乔木	152.40	36.59	3.60	12.72	190.09	49.67
	常绿阔叶纯林长期样地 013	400	丝栗栲	*Castanopsis fargesii*	30	18.77	19.65	100	阔叶乔木	169.14	44.40	5.02	14.30	201.87	53.12
	杉木纯林长期样地 006	400	杉木	*Cunninghamia lanceolata*	86	16.75	12.34	72	针叶乔木	96.61	21.73	4.99	9.69	121.51	29.69

表 3-49　森林植物群落乔木层群落特征

时间（年）	样地名称	样地类别	样方面积/m²	优势种	植物种数	密度/（株/hm²）	优势种平均高度/m	郁闭度/%	地上部总干重/（kg/m²）	地下部总干重/（kg/m²）
2005	杉木纯林长期样地 002	长期样地	625	杉木	2	896	25	80	0.400	0.149
	杉木纯林长期样地 003	长期样地	625	杉木	3	768	26	75	0.489	0.175
	杉木纯林长期样地 004	长期样地	400	杉木	3	800	25	90	0.604	0.217
2015	杉木纯林长期样地 005	长期样地	400	杉木	2	704	22	70	0.513	0.193
	针阔混交林长期样地 001	长期样地	625	杉木	5	960	26	95	0.252	0.128
	常绿阔叶纯林永久样地 004	固定样地	400	木荷	2	1 254	15	85	0.623	0.194

表 3 - 50　森林植物群落灌木层植物种组成

时间（年）	样地名称	样方面积/m²	植物	拉丁名	株（丛）数	平均基径/cm	平均高度/cm	盖度/%	生活型	每个样方枝干干重/g	每个样方叶干重/g	每个样方地上部总干重/g	每个样方地下部总干重/g
2010	杉木纯林长期样地 003	25	杜茎山	*Maesa japonica*	3	0.9	80	0.2	灌木	44.72	12.63	56.13	13.22
	杉木纯林长期样地 004	25	峨眉鼠刺	*Itea omeiensis*	2	1.2	100	0.1	灌木	45.50	12.39	57.28	13.00
	杉木纯林长期样地 005	25	细枝柃	*Eurya loquaiana*	5	1.0	90	1.0	灌木	44.13	11.53	55.73	12.13
	针阔混交林长期样地 001	25	朱砂根	*Ardisia crenata*	1	1.1	40	0.2	灌木	50.32	13.00	59.47	16.31
2015	常绿阔叶混交林长期样地 001	25	菝葜	*Smilax china*	2	1.4	44	8.0	灌木	47.00	2.67	—	12.37
	常绿阔叶混交林长期样地 001	25	杜茎山	*Maesa japonica*	5	1.7	52	15.1	灌木	4.41	2.08	—	1.16
	常绿阔叶混交林长期样地 001	25	峨眉鼠刺	*Itea omeiensis*	2	1.7	97	31.3	灌木	3.11	1.16	—	3.44
	常绿阔叶混交林长期样地 001	25	阔叶十大功劳	*Mahonia bealei*	1	1.1	32	6.2	灌木	4.14	2.39	—	1.99
	常绿阔叶混交林长期样地 001	25	细枝柃	*Eurya loquaiana*	3	1.3	124	18.4	灌木	4.06	1.78	—	2.85
	常绿阔叶混交林长期样地 001	25	油茶	*Camellia oleifera*	2	2.3	32	7.0	灌木	2.89	1.13	—	1.61
	常绿阔叶混交林长期样地 001	25	朱砂根	*Ardisia crenata*	10	1.4	22	6.3	灌木	1.27	0.90	—	0.51

表 3 - 51　森林植物群落灌木层群落特征

时间（年）	样地名称	样地类别	样方面积/m²	优势种	植物种数	密度/（株或丛/hm²）	优势种平均高度/m	总盖度/%	地上部总干重/（g/m²）	地下部总干重/（g/m²）
2005	杉木纯林长期样地 002	长期样地	625	杜茎山	4	1 200	0.9	80	56.13	13.22
	杉木纯林长期样地 003	长期样地	625	峨眉鼠刺	6	800	1.2	90	57.28	13.00
	杉木纯林长期样地 004	长期样地	400	细枝柃	3	2 000	1.0	90	55.73	12.13
2010	杉木纯林长期样地 005	长期样地	400	朱砂根	4	400	1.1	40	59.47	16.31
	常绿阔叶纯林永久样地 004	固定样地	25	朱砂根	6	450	0.9	45	245.69	98.24

表 3-52 森林植物群落草本层植物种组成

时间（年）	样地名称	样方面积/m²	植物	拉丁名	株（丛）数	平均高度/cm	盖度/%	生活型	每个样方地上部总干重/g
2005	杉木纯林长期样地 003	1	鸢尾	*Iris tectorum*	5	26	70	草本	30.24
	杉木纯林长期样地 004	1	楼梯草	*Elatostema involucratum*	2	32	85	草本	46.77
	杉木纯林长期样地 005	1	马银花	*Rhododendron ovatum*	4	9	65	草本	20.45
	针阔混交林长期样地 001	1	香附子	*Cyperus rotundus*	4	6	50	草本	16.49
2015	常绿阔叶混交林长期样地 001	1	鸢尾	*Iris tectorum*	13	44	46	多年生草本	47.73
	常绿阔叶混交林长期样地 001	1	冷水花	*Pilea notata*	12	36	45	多年生草本	64.38
	常绿阔叶混交林长期样地 001	1	柄状薹草	*Carex pediformis*	13	24	52	多年生草本	54.39
	常绿阔叶混交林长期样地 001	1	楼梯草	*Elatostema involucratum*	15	46	55	多年生草本	67.71
	常绿阔叶混交林长期样地 001	1	蕨类	—	10	37	58	多年生草本	63.27
	常绿阔叶混交林长期样地 001	1	草珊瑚	*Sarcandra glabra*	11	44	40	多年生草本	65.49

表 3-53 森林植物群落草本层群落特征

时间（年）	样地名称	样地类别	样方面积/m²	优势种	植物种数	密度/（株或丛/m²）	优势种平均高度/cm	总盖度/%	地上部总干重/g/m²	地下部总干重/（g/m²）
2005	杉木纯林长期样地 003	长期样地	1	鸢尾	8	5	26	70	30.24	10.24
	杉木纯林长期样地 004	长期样地	1	楼梯草	7	2	32	85	46.77	15.77
	杉木纯林长期样地 005	长期样地	1	马银花	8	4	9	65	20.45	8.47
2010	针阔混交林长期样地 001	长期样地	1	莎草	10	4	6	50	16.49	9.56
	常绿阔叶纯林永久样地 004	固定样地	1	莎草	5	15	23	72	40.26	26.11

3.4.3 昆虫名录

（1）概述

本数据集为大岗山国家野外站站区昆虫名录。

（2）数据

具体昆虫名录见表 3－54。

表 3－54 大岗山国家野外站昆虫名录

科属类别	名称	拉丁学名
蜻蜓目		Odonata
	霸王叶春蜓	*Ictinogomphus pertinax*（Hagen，1854）
	黄蜻	*Pantala flavescens* Fabricius
	黄翅蜻	*Brachythemis contaminata* Fabricius
	透顶单脉色蟌	*Matrona basilaris* Selys
	黄翅绿色蟌	*Mnais auripennis* Needham
	赤基色蟌	*Archineura incarnata*
	白狭扇蟌	*Copera annulata*（Selys，1863）
	鼎脉灰蜻	*Orthetrum triangulare*
	方带溪蟌	*Euphaea decorata* Hagen，1853
蜚蠊目		Blattaria
	黑带大光蠊	*Rhabdoblatta brunneoginra* Caudell，1915
	台湾拟歪尾蠊	*Episymploce formosana* Shiraki
	简褶翅蠊	*Anaplecta simplex* Shiraki
	黄翅大白蚁	*Macrotermes barneyi* Light
	黑翅土白蚁	*Odontotermes formosanus*（Shiraki）
螳螂目		Mantodea
	中华齿螳	*Odontomantis sinensis* Giglo-Tos，1915
	中华斧螳	*Hierodula chinensis* Werner，1929
	中华大刀螳	*Tenodera Sinensis*
	棕静螳	*Statilia maculata*
蛸目		Phasmatodea
	腹突长肛竹节虫	*Entoria* sp.
直翅目		Orthoptera
	双叶疾蟋螽	*Apotrechus bilobus* Guo et Shi，2012
	无刺拟疾灶螽	*Pseudotachycines inermis* sp. nov.
	巨叉剑螽	*Xiphidiopsis megafurcula* Tinkham
	四川华绿螽	*Sinochlora szechuanensis* Tinkham

（续）

科属类别	名称	拉丁学名
直翅目	长裂掩耳螽	*Elimaea longifissa* Mu et al.
	斑翅草螽	*Conocephalus maculatus* (Le Guillou, 1841)
	悦鸣草螽	*Conocephalus melas* De Haan
	日本条螽	*Ducetia japonica* (Thunberg)
	日本纺织娘	*Mecopoda nipponensis* (De Hann)
	东方蝼蛄	*Gryllotalpa orientalis* Burmeister
	中华树蟋	*Oecanthus sinensis* Walker, 1869
	长颚斗蟋	*Velarifictorus asperses* Walker, 1869
	附突棺头蟋	*Loxoblemmus appendicularis* Shiraki, 1930
	斑翅灰针蟋	*Polionemobius taprobanensis* (Walker, 1869)
	双针蟋	*Dianemobius* sp.
	波氏蚱	*Tetrix bolivari* Saulcy, 1901
	慕唐华蜢	*China mantispoides* Walker, 1870
	青脊竹蝗	*Ceracris nigricornis* Walker
	棉蝗	*Chondracris rosea* (De Geer)
	中华稻蝗	*Oxya chinensis* (Thunberg)
	短翅佛蝗	*Phlaeoba angustidorsis* Bol.
	短额负蝗	*Atractomorpha sinensis* Bolivar, 1905
	疣蝗	*Trilophidia annulata* Thunberg, 1815
	中华剑角蝗	*Acrida cinerea* Thunberg, 1815
革翅目		Dermaptera
	新高庸螋	*Mesolabia niitakaensis* Shiraki, 1906
	镰殖肥螋	*Gonolabis fallax* (Bey-Bienko, 1959)
	日本张球螋	*Anechura japonica* Bormans
半翅目		Hemiptera
	稻黑蝽	*Scotinophara lurida* (Burmeister)
	大鳖土蝽	*Adrisa magna* (Uhler)
	桑宽盾蝽	*Poecilocoris druraei* (Fabricius, 1792)
	棕角匙同蝽	*Elasmucha angular*
	伊锥同蝽	*Sastragala esakii* Hasegawa
	中华岱蝽	*Dalpada cinctipes* Walker
	稻绿蝽（黄肩型）	*Nezara viridula forma torquata* (Fabricius)
	稻绿蝽	*Neara viridula forma* (Linnaeus)

（续）

科属类别	名称	拉丁学名
半翅目	小皱蝽	*Cyclopelta parva* Distant
	珀蝽	*Plautia fimbriata* (Fabricius)
	菜蝽	*Eurydema dominulus* (Scopoli)
	辉蝽	*Carbula obtusangula* Reuter
	茶翅蝽	*Halyomorpha Picus* Fabricius
	斑须蝽	*Dolycoris baccarum*
	紫蓝曼蝽	*Menida violacea* Motschlsky，1861
	侧刺蝽	*Andrallus spinidens* (Fabricius)
	二星蝽	*Eysarcoris guttiger* (Thunberg)
	锚纹二星蝽	*Eysarcoris montivagus* (Distant)
	筛豆龟蝽	*Megacopta cribraria* (Fabricius)
	稻棘缘蝽	*Cletus punctiger* Dallas
	中稻缘蝽	*Leptocorisa chinensis* Dallas
	山竹缘蝽	*Notobitus montanus* Hsiao
	粟缘蝽	*Liorhyssus hyalinus* Fabr
	瘤缘蝽	*Acanthocoris scaber* (Linnaeus)
	伊锥同蝽	*Sastragata esakii*
	一点同缘蝽	*Homoeocerus unipunctatus* (Thunberg)
	黑边同缘蝽	*Homoeocerus simiolus* Distant
	纹须同缘蝽	*Homoeocerus striicornis* Scott
	钝缘蝽	*Anacestra hirticornis* Hsiao，1964
	中华异腹长蝽	*Heterogaster chinensis* Zou et Zheng
	黄足猎蝽	*Sirthenea flavipes* (Stal)
	齿缘刺猎蝽	*Sclomina erinacea*
	霜斑素猎蝽	*Epidaus famulus*
	宽额锥绒猎蝽	*Opistoplitys seculusus* Miller
	多氏田猎蝽	*Agriosphodrus dohrni* (Signoret)
	环斑猛猎蝽	*Sphedanolestes impressicollis* (Stal)
	沟背奇蝽	*Oncylocotis shirozui*
	瘤背奇蝽	*Hoplitocoris lewisi*
	蒙古寒蝉	*Meimuna mongolica* (Distant)
	螂蝉	*Pomponia linearis* (Walker)
	斑蝉	*Gaeana maculata*

（续）

科属类别	名称	拉丁学名
半翅目	竹蝉	*Platylomia pieli* Kato
	黑斑丽沫蝉	*Cosmoscarta dorsimacula* Walker
	东方丽沫蝉	*Cosmoscarta heros* (Fabricius)
	斑衣蜡蝉	*Lycorma deBcatula* (White)
	眼纹广翅蜡蝉	*Euricania ocellus* Walker, 1851
	粉圆瓢蜡蝉	*Gergithus variabilis* (Butler, 1875)
	尖鼻象蜡蝉	*Saigona ussuriensis* (Lethierry)
	黑尾大叶蝉	*Tettigoniella ferruginea* (Fabricius)
	点翅大叶蝉	*Anatkina illustris* (Distant, 1908)
	白粉虱	*Trialeurodes vaporariorum* (Westwood)
	竹蚜	*Aphis bambusae* Fullaway
缨翅目		Thysanoptera
	褐三鬃蓟马	*Lefroyothrips lefroyi*
襀翅目		Plecoptera
	长形襟襀	*Togoperala perpicta* Klapalek
鞘翅目		Coleoptera
	中华虎甲	*Cicindela chinenesis* Degeer
	金斑虎甲	*Cosmodela aurulenta* Fabricius
	毛颊斑虎甲	*Cosmodela setosomalaris* Mand
	凹翅宽颚步甲	*Parena cavipennis* Bates, 1873
	八星光鞘步甲	*Lebidia octoguttata* Morawitz, 1862
	蠋步甲	*Dolichus halensis* Schaller
	铜胸短脚步甲	*Trigonotoma lewisi* Bates
	爪哇屁步甲	*Pheropsophus javanus* Dejean
	背黑狭胸步甲	*Stenolophus connotatus* Bates
	广屁步甲	*Pheropsophus occipitalis* Macleay
	孟加青步甲	*Chlaenius bengalensis* Chaud
	宽斑青步甲	*Chlaenius hamifer* Chaud
	黄斑青步甲	*Chlaenius micans* (Fabricius)
	亮暗步甲	*Amara lucidissima* Baliani
	红裙步甲	*Carabus augustus* Bates
	大豉甲	*Dineutus mellyi* (Regimbart)
	美斑突眼隐翅虫	*Stenus alumoenus* Rougemont

（续）

科属类别	名称	拉丁学名
鞘翅目	黄缘真龙虱	*Cygister bengalensis* Aube
	柳树潜吉丁	*Trachys minuta* Linne
	樟矮吉丁虫	*Trachys auricollis* E. Saunders
	灰斑槽缝叩甲	*Agrypnus taciturnus*
	筛头梳爪叩甲	*Melanotus legatus*
	朱肩丽叩甲	*Campsosternus gemma* Candeze
	西氏叩甲	*Elater sieboldi*
	沟纹眼锹	*Aegus laevicollis* Saunders
	铜绿丽金龟	*Anomala corpulenta* Motschulsky
	蓝边矛丽金龟	*Callistethus plagiicollis* Fairmaire
	黄毛阔花金龟	*Torynorrhina fulvopilosa* Moser，1913
	大斑跗花金龟	*Clinterocera discipennis*
	无斑弧丽金龟	*Popillia mutans* Newman
	中华弧丽金龟	*Popillia quadriguttata* Fobricius
	大等鳃金龟	*Exolontha serrulate*（Gyllenhall）
	双叉犀金龟	*Allomyrina dichotoma* Linnaeus
	松瘤象	*Hyposipalus gigaus* Fabricius
	绿鳞象	*Hypomeces squamosus* Fabricius
	膝卷象	*Apoderus geniculatus*
	臭椿沟眶象	*Eucryptorrhynchus brandti*（Harold）
	黄纹三锥象	*Baryrhynchus yaeyamensis*
	四纹象鼻虫	*Rhynchophorinae ocellatus*
	斜条大象鼻虫	*Cryptoderma fortunei*
	并刺趾铁甲	*Dactylispa approximata* Gressitt
	山楂肋龟甲	*Alledoya vespertina*（Boheman）
	中华大锹	*Dorcus hopei*（E. Saunders）
	狭长前锹甲	*Prosopocoilus gracilis* Saunders
	孔夫子锯锹	*Prosopocoilas confucius*
	黑裸蜣螂	*Gymnopleurus melanarius* Harold
	光滑负泥虫	*Lilioceris subpolita* Motschulsky
	蓝负泥虫	*Lema concinnipennis* Baly
	宽缘瓢萤叶甲	*Oides maculates*（Olivier）
	二纹柱萤叶甲	*Gallerucida bifasciata* Motschulsky

（续）

科属类别	名称	拉丁学名
鞘翅目	丝殊角萤叶甲	*Agetocera filicornis* Laboissiere
	斑翅粗角跳甲	*Phygasia ornata* Baly
	蓼蓝齿胫叶甲	*Gastophysa atrocyanea* Motschulsky
	水杉阿萤叶甲	*Arthrotus nigrofasciatus* Jacoby
	小斑长跗萤叶甲	*Monolepta longitarsoides* Chûjô
	桔潜跳甲	*Podagricomela nigricollis* Chen
	隆基角胸叶甲	*Basilepta leechi* Jacoby
	茶叶甲	*Demotina fasciculata* Baly
	蒿金叶甲	*Chrysolina aurichalcea mannerheim*
	盾厚缘叶甲	*Aoria scutellaris* Pic
	褐足角胸叶甲	*Basilpeta fulvipes* Motschulsky
	四斑角伪叶甲	*Cerogria quadrimaculata* (Hope, 1831)
	黑额光叶甲	*Smaragdina nigrifrons* (Hope)
	中华毛郭公	*Trichodes sinae* Chevrolat
	普通郭公虫	*Clerus dealbatus* Kraatz
	中华食植瓢虫	*Epilachna chinensis* (Weise)
	四斑裸瓢虫	*Calvia muiri* (Timberlake)
	龟纹瓢虫	*Propyleajaponica* (Thunberg)
	异色瓢虫	*Harmonia axyridis* (Pallas)
	红点唇瓢虫	*Chilocorus kuwanae* Silvestri
	黑缘红瓢虫	*Chilocorus rubidus* Hope
	弯胫大轴甲	*Promethis valgipes* Marseul, 1876
	中华树甲	*Strongylium chinense* Mäklin, 1864
	江西莱甲	*Laena jiangxica* Schawaller, 2009
	库特莱甲	*Laena cooteri* Schawaller, 2008
	宽拱阿垫甲	*Anaedus basilatilus* Wang & Ren, 2007
	细沟阿垫甲	*Anaedus substriatus* Pic, 1938
	波兹齿甲	*Uloma bonzica* Marseul, 1876
	双齿土甲	*Gonocephalum coriaceum* (Motschulsky, 1857)
	亚刺土甲	*Gonocephalum subspinosum* (Fairmaire, 1894)
	弯背烁甲	*Amarygmus curvus* Marseul, 1876
	深沟彩菌甲	*Ceropria punctata* Ren & Gao, 2007
	四斑露尾甲	*Glischrochilus Japonicus* Motschulsky, 1857

（续）

科属类别	名称	拉丁学名
鞘翅目	豆芫菁	*Epicauta gorhami* (Marseul)
	圆点斑芫菁	*Mylabris aulica* Menetries，1832
	竹绿虎天牛	*Chlorophorus annularis* (Fabricius)
	白带坡天牛	*Pterolophia albanina* Gressitt
	竹紫天牛	*Purpuricenus temminckii* Guerin-Meneville
	苎麻双脊天牛	*Paraglenea fortune* Saundeas
	华星天牛	*Anoplophora chinensis* (Foster)
	蚤瘦花天牛	*Strangalia fortunei* (Pascoe，1858)
广翅目		Megaloptera
	普通齿蛉	*Neoneuromus ignobilis* Navas
	炎黄星齿蛉	*Protohermes xanthodes* Naves
	中华斑鱼蛉	*Neochauliodes sinensis* Walker
脉翅目		Neuroptera
	刺蝶角蛉	*Acheron trux* Walker，1855
	巨意草蛉	*Italochrysa megista*
鳞翅目		Lepidoptera
	东方菜粉蝶	*Pieris canidia* (Sparrman)
	黄粉蝶	*Eurema blanda*
	樟青凤蝶	*Graphium sarpedon* Linnaeue
	美凤蝶	*Papilio Memnon* Linnaeus
	蓝凤蝶	*Papilio protenor* Cramer
	金凤蝶	*Papilio machaon* Linnaeus
	玉斑凤蝶	*Papilio helenus* Linnaeus，1758
	宽带青凤蝶	*Graphium cloanthus* Westwood
	点玄灰蝶	*Tongeia filicaudis* (Pryer，1877)
	古楼娜灰蝶	*Nacaduba kurava* (Moore)
	酢浆灰蝶	*Pseudozizeeria maha* (Kollar)
	浓紫彩灰蝶	*Heliophorus ila*
	波蚬蝶	*Zemeros flegyas* (Cramer，1780)
	华西箭环蝶	*Stichophthalma suffusa* Leech，1892
	大绢斑蝶	*Parantica sita*
	斐豹蛱蝶	*Argyreus hyperbius* (L.)
	美眼蛱蝶	*Junonia almana* Linnaeus

（续）

科属类别	名称	拉丁学名
鳞翅目	素饰蛱蝶	*Stibochiona nicea*
	扬眉线蛱蝶	*Limenitis helmanni* Lederer
	离斑带蛱蝶	*Athyma ranga* Moore
	大红蛱蝶	*Vanessa indica* (Herbst)
	黄钩蛱蝶	*Polygonia c-aureum* (Linnaeus)
	苎麻珍蝶	*Acraea issoria* (Hiibner)
	白弄蝶	*Abraximorpha davidii* (Mabille)
	曲纹袖弄蝶	*Notocrypta curvifascia* (C. et R. Felder, 1862)
	曲纹稻弄蝶	*Parnara ganga Evans*
	直纹稻弄蝶	*Parnara guttata* Bremer et Grey
	密纹瞿眼蝶	*Ypthima multistriata*
	曲纹黛眼蝶	*Lethe chandica* Moore
	白带黛眼蝶	*Lethe confusa* Aurivillius
	拟稻眉眼蝶	*Mycalesis francisca* (Staid)
	黑线塘水螟	*Elophila* (*Mnuroessa*) *nigrolinealis* (Pryer, 1877)
	丽斑水螟	*Eoophyla peribocalis* (Walker, 1859)
	白杨缀叶野螟	*Botyodes asialis* Guenee, 1854
	红云翅斑螟	*Nephopteryx semirubella* Scopoli
	浩波纹蛾	*Habrosyne derasa* Linnaeus
	洋麻钩蛾	*Cyclidia substigmaria*
	交让木山钩蛾	*Hypsomadius insignis* Butler, 1877
	黄带山钩蛾	*Oreta pulchripes* Butler, 1877
	一线山钩蛾	*Oreta unilinea* Warren, 1899
	台蚁舟蛾	*Stauropus teikichiana* Matsumura, 1929
	杨二尾舟蛾	*Cerura menciana* Moore
	黑蕊舟蛾	*Dudusa sphingiformis* Moore
	茶柄脉锦斑蛾	*Eterusia aedea* (Linnaeus, 1763)
	粉蝶灯蛾	*Nyctemera adversata* Walker
	八点灰灯蛾	*Creatonotus transiens*
	乳白斑灯蛾	*Areas galactina formosana* Okano, 1960
	大丽灯蛾	*Callimorpha histrio* Walker
	美雪苔蛾	*Cyana distincta*
	优美苔蛾	*Miltochrista striata* Bremer et Grey

（续）

科属类别	名称	拉丁学名
鳞翅目	水仙瘤蛾	*Eligma narcissus* Cramer，1775
	白斜带毒蛾	*Numenes albofascia* Leech，1888
	粉翠夜蛾	*Hylophilodes orientalis* Hampson，1912
	凡艳叶夜蛾	*Ophideres fullonica* Linnaeus
	安钮夜蛾	*Ophiusa tirhaca* Cramer，1777
	枫杨藓皮夜蛾	*Blenina quinaria* Moore，1882
	弓巾夜蛾	*Dysgonia arcuata* Moore
	间纹炫夜蛾	*Actinotia intermediate* Bremer，1861
	桔肖毛翅夜蛾	*Thyas dotata* Fabricius，1794
	蓝条夜蛾	*Ischija manlia* Cramer，1766
	两色壶夜蛾	*Calyptra bicolor*Moore，1883
	霉巾夜蛾	*Dysgonia maturata* Walker，1858
	苹梢鹰夜蛾	*Hypocala subsatura* Guenee，1852
	苎麻夜蛾	*Arcte coerula* Guenee，1852
	兀尺蛾	*Elphos insueta* Butler
	玻璃尺蛾	*Krananda semihyalina* Moore，1867
	叉尾尺蛾	*Ourapteryx brachycera* Wehrli
	雪尾尺蛾	*Ourapteryx nivea* Butler
	黑星白尺蛾	*Asthena melanosticta* Wehrli
	灰点尺蛾	*Percnia grisearia* Leech，1897
	联眼尺蛾	*Problepsis subreferta* Prout
	赭尾尺蛾	*Ourapteryx aristidaria*
	尖翅金星尺蛾	*Abraxas cupreilluminata* Inoue
	丝棉木金星尺蛾	*Abraxas suspecta* Warren
	木橑尺蛾	*Culcula panterinaria* Brener et Grey
	白带枝尺蛾	*Alcis admissaria*
	葡萄回纹尺蛾	*Chartographa ludovicaria* Oberthur，1879
	光穿孔尺蛾	*Corymica specularia* Wehrli，1940
	后纹尺蠖	*Garaeus apicatus* Moore
	枯叶尺蛾	*Gandaritis sinicaria* Leech，1897
	褐斑隐尺蛾	*Heterolocha biplagiata* Bastelberger
	茶褐弭尺蛾	*Menophra anaplagiata* Sato
	巨豹纹尺蛾	*Obeidia giganteraria* Leech

（续）

科属类别	名称	拉丁学名
鳞翅目	间庶尺蛾	*Semiothisa intermediaria* Leech
	黄刺蛾	*Cnidocampa flavescens* (Walker)
	褐边绿刺蛾	*Latoia consocia* Walker
	丽绿刺蛾	*Latoia lepida* (Cramer)
	刚竹毒蛾	*Pantana phyllostachysae* Chao
	石榴豹纹木蠹蛾	*Zeuzera coffeae* (Nietner)
	竹黄枯叶蛾	*Euthrix laeta* Walker
	思茅松毛虫	*Dendrolimus kikuchii* Matsumura
	灰纹带蛾	*Ganisa cyanugrisea* Mell
	青球箩纹蛾	*Brahmaea hearseyi* (White, 1928)
	王氏樗蚕	*Samia wangi* Naumann et Peigler
	蓝目天蛾	*Smeritus planus* Walker, 1856
	葡萄缺角天蛾	*Acosmeryx naga* (Moore, 1857)
	白边白肩天蛾	*Rhagastis albomarginatus* Rothschild, 1894
	白薯天蛾	*Agrius convolvuli* Linnaeus, 1785
	大背天蛾	*Meganoton analis* Felder
	大星天蛾	*Dolbina inexacta* Walker, 1856
	黑角六点天蛾	*Marumba saishiuana* Matsumura, 1927
	斜纹后红天蛾	*Theretra alecto* Butler, 1880
	栗六点天蛾	*Marumba sperchius* Menentries, 1857
	平背天蛾	*Cechenena minor* Butler, 1928
	青背长喙天蛾	*Macroglossum bombylans* Boisduval, 1928
	雀纹天蛾	*Teretra japonica* Orza
	条背天蛾	*Cechenena lineosa*
	斜绿天蛾	*Rhyncholaba acteus* Cramer
	鹰翅天蛾	*Oxyambulyx ochracea* Butler, 1885
	芋双线天蛾	*Theretra oldenlandiae* Fabricius
	豹天蚕蛾	*Loepa oberthür* (Leech, 1890)
	华尾大蚕蛾	*Actias sinensis* Walker, 1913
	银杏大蚕蛾	*Dictyoploca japonica* Butler
双翅目		Diptera
	斑翅蚜蝇	*Dideopsis aegrotus* Fabricius
	长尾管蚜蝇	*Eristalis tenax* Linnaeus

（续）

科属类别	名称	拉丁学名
鳞翅目	家蝇	*Musca domestica* Linnaeus，1758
	斑跖黑蝇	*Ophyra chalcogaster*
	丝光绿蝇	*Lucilia sericata* Meigen
	大头金蝇	*Chrysomya megacephala* Fabricjus
	棕尾别麻蝇	*Boettcherisca peregrina*
膜翅目		Hymenoptera
	大齿猛蚁	*Odontomachus haematodus*（Linnaeus）
	东方食植行军蚁	*Dorylus orientalis* Westwood
	相似铺道蚁	*Tetramorium simillimum*（F. Smith）
	宽结大头蚁	*Pheidole noda*（F. Smith）
	少毛弓背蚁	*Camponotus spanis* Xdao et Wang
	列斑黄腹三节叶蜂	*Arge xanthogaster*
	黑毛截唇三节叶蜂	*Arge xiaoweii* Wei
	榆红胸三节叶蜂	*Arge captiva* Smith，1874
	金环胡蜂	*Vepa manderinia*
	变侧异腹胡蜂	*Parapolybia varia*（Fabricius）
	印度侧异腹胡蜂	*Parapolybia india*
	黄缘蜾蠃	*Anterhynchium flavomarginatum*（Smith）
	中华蜜蜂	*Apis cerana* Fabricius
	约马蜂	*Polistes jakahamae*
	柑马蜂	*Polistes mandarinus*
	陆马蜂	*Polistes rothneyi*
	背弯沟蛛蜂	*Cyphononyx fulvognathus*（Rohwer，1911）
	厚长腹土蜂	*Campsomeris grossa*（Fabricius）
	眼斑驼盾蚁蜂	*Trogaspidia oculata* Fabricius
	木蜂	*Xylocopa nasalis* Westwood
	黑足熊蜂	*Bombus atripes* Smith
	三条熊蜂	*Bombus trifasciatus*（Smith，1852）

第4章

台站特色研究数据集

4.1 森林生态系统碳储量数据集

4.1.1 植被层碳储量数据集

森林是陆地生态系统中最大的碳库，植物通过光合作用将大气中的二氧化碳合成有机质并固定在植物体内，并将一部分碳转化到土壤中，植物固定到土壤中的这部分有机碳其中一部分会经过土壤微生物的分解转化以二氧化碳形式重新返回到大气；剩余的有机质则经过多年累积转化成稳定的有机碳储存到土壤。通过对森林生态系统总生物量、净初级生产力和土壤有机碳储量观测，探索森林生态系统碳密度空间分布特征；研究森林生态系统碳储量及年净固碳量的动态变化规律，为森林生态系统碳汇功能及森林生态系统碳储量和碳循环研究提供基础数据。

（1）概述

为揭示区域森林生态系统的固碳功能规律和碳循环机理，评价亚热带森林生态系统在碳平衡中的作用，为亚热带的森林植被碳储量提供精确的数据，本数据集以大岗山国家野外站三种典型林分类型（常绿阔叶林、毛竹林和杉木人工林）为参照，整理了2006—2015年典型林分植被各层次碳储量及林区主要树种不同器官碳含量数据。

（2）数据采集和处理方法

a. 样地设置

数据主要来自大岗山国家野外站不同林分类型森林样地的野外调查。按照中华人民共和国国家标准《森林生态系统长期定位观测方法》（GB/T 33027—2016），根据不同林分类型的面积大小、地形、土壤水分、肥力等特征，在林内坡面上部、中部、下部与等高线平行各设置一条样线，在样线上选择具有代表性的地段，每个样地设置3个面积20 m×20 m的标准地。

b. 采样方法

参照中华人民共和国国家标准《森林生态系统长期定位观测方法》（GB/T 33027—2016）执行。在所在样地内进行每木调查，测定胸径和树高。在整理好的每木调查结果内，选择胸径在平均值附近的几棵立木作为平均标准木，采集乔木（分干、枝、叶、根不同器官）、灌木（分干、枝、叶、根不同器官）、草本（地上部分和地下部分）、枯落物。乔木、灌木、草本、枯落物的制样方法是将样品在粉碎前均放入85 ℃的恒温箱中烘至恒定质量。

c. 分析方法

植物各组分有机碳含量测定方法依据中华人民共和国国家标准《森林生态系统长期定位观测方法》（GB/T 33027—2016）采用湿烧法测定。

（3）数据质量控制和评估

①样品采集和试验分析依据国家标准执行。

②分析时进行3次平行样品测定。

③样品采集和处理过程中，分别在树干和树冠中上下3个部分东西南北4个方向取干、枝和叶样品进行烘干粉碎均匀混合，取粗根和细根烘干粉碎混合。考虑到在分析时样品的实际用量较少，为了保证取样均匀，本实验采用3次粉碎法制样，即初次粉碎时取样量较大，在初粉碎的基础上按四分法取其中的1/4进行第2次粉碎，然后依法进行第3次粉碎，经粉碎的样品过0.02 mm筛后装瓶备用。所有粉碎后的样品在分析前，再次放入85 ℃的恒温箱中烘干至恒定质量。

（4）数据

具体植被层碳储量数据见表4-1至表4-2。

表4-1 不同林分植被层碳储量及分配格局

类型	时间（年）	层次/器官	干（秆）/（t/hm²）	枝/（t/hm²）	叶/（t/hm²）	根（蔸）/（t/hm²）	鞭/（t/hm²）	合计/（t/hm²）
常绿阔叶林	2006	乔木层	56.97	13.12	1.28	18.33	—	89.70
		灌木层	0.74	0.17	0.24	0.07	—	1.22
		草本层	—	—	0.06	0.04	—	0.10
		细根	—	—	—	2.24	—	2.24
		合计	57.71	13.29	1.58	20.68	—	93.26
	2007	乔木层	—	—	—	—	—	77.66
		灌木层	—	—	—	—	—	6.77
		草本层	—	—	—	—	—	0.12
		枯落物层	—	—	—	—	—	0.02
		合计	—	—	—	—	—	84.57
	2014	乔木层	57.71	13.29	1.58	20.68	—	93.26
		灌木层	—	—	—	—	—	0.46
		草本层	—	—	—	—	—	0.04
		枯落物层	—	—	—	—	—	0.28
		细根	—	—	—	—	—	0.48
		合计	—	—	—	—	—	94.52
	2015	乔木层	—	—	—	—	—	78.96
		灌木层	—	—	—	—	—	2.34
		草本层	—	—	—	—	—	1.04
		枯落物层	—	—	—	—	—	1.97
		合计	—	—	—	—	—	84.31
毛竹林	2006	乔木层	18.10	3.50	2.30	2.20	5.40	31.50
		灌木层	1.57	0.30	0.33	0.28	—	2.48
		草本层	0.25	—	0.18	0.07	—	0.50
		枯落物层	—	—	—	1.60	—	1.60
		合计	19.92	3.80	2.81	4.15	5.40	36.08

（续）

类型	时间（年）	层次/器官	干（秆）/（t/hm²）	枝/（t/hm²）	叶/（t/hm²）	根（蔸）/（t/hm²）	鞭/（t/hm²）	合计/（t/hm²）
毛竹林	2007	乔木层	13.33	2.13	1.20	5.34	9.06	31.06
		灌木层	—	—	—	—	—	1.21
		草本层	—	—	—	—	—	0.20
		枯落物层	—	—	—	—	—	6.38
		合计	—	—	—	—	—	38.85
	2014	乔木层	—	—	—	—	—	59.77
		灌木层	—	—	—	—	—	2.48
		草本层	—	—	—	—	—	0.50
		枯落物层	—	—	—	—	—	0.89
		细根	—	—	—	—	—	19.31
		合计	—	—	—	—	—	82.95
杉木人工林	2006	乔木层	19.20	3.04	2.44	2.95	—	27.63
		灌木层	—	—	—	—	—	2.83
		草本层	—	—	—	—	—	0.21
		枯落物层	—	—	—	—	—	4.39
		合计	—	—	—	—	—	35.06
	2014	乔木层	—	—	—	—	—	47.97
		灌木层	—	—	—	—	—	0.88
		草本层	—	—	—	—	—	1.10
		枯落物层	—	—	—	—	—	1.42
		合计	—	—	—	—	—	51.37
	2015	乔木层	—	—	—	—	—	73.91
		灌木层	—	—	—	—	—	1.28
		草本层	—	—	—	—	—	—
		枯落物层	—	—	—	—	—	2.07
		合计	—	—	—	—	—	77.26

表 4-2　不同林分主要树种各器官碳含量特征

树种类型	时间（年）	主要树种	干（秆）/%	枝/%	叶/%	根（蔸）/%	鞭/%	平均值/%
常绿阔叶树种	2006	樟 *Cinnamomum camphora*	46.90	51.20	56.90	—	—	51.70
		苦槠 *Castanopsis sclerophylla*	46.70	44.80	42.70	44.20	—	44.60

（续）

树种类型	时间（年）	主要树种	干（秆）/%	枝/%	叶/%	根（蔸）/%	鞭/%	平均值/%
常绿阔叶树种	2006	丝栗栲 *Castanopsis fargesii*	52.50	48.30	48.30	47.90	—	49.25
		木荷 *Schima superba*	47.20	27.50	56.10	47.40	—	49.60
	2007	丝栗栲 *Castanopsis fargesii*	45.53	43.63	44.96	43.00	—	44.28
		苦槠 *Castanopsis sclerophylla*	44.27	47.11	45.98	49.54	—	46.72
		绒毛润楠 *Machilus velutina*	48.62	45.50	43.42	42.19	—	44.93
	2015	木荷 *Schima superba*	48.11	48.72	50.91	48.34	—	48.02
		青冈 *Cyclobalanopsis glauca*	47.20	48.76	49.92	46.78	—	48.17
		苦槠 *Castanopsis sclerophylla*	49.60	48.01	49.29	47.52	—	48.61
落叶阔叶树种	2006	桤木 *Alnus cremastogyne*	47.50	48.40	51.20	47.80	—	48.73
		麻栎 *Quercus acutissima*	46.00	48.50	52.60	47.40	—	48.63
		赤杨叶 *Alniphyllum fortunei*	49.10	49.30	48.40	44.30	—	47.78
		鹅掌楸 *Liriodendron chinense*	48.70	47.80	48.30	46.30	—	47.78
		油桐 *Vernicia fordii*	41.10	43.90	50.70	44.60	—	45.08
		枫香树 *Liquidambar formosana*	44.70	44.60	39.60	33.20	—	40.53
		檫木 *Sassafras tzumu*	42.60	—	—	50.80	—	46.70
针叶树种	2006	马尾松 *Pinus massoniana*	55.70	56.20	53.10	51.30	—	54.08
		湿地松 *Pinus elliottii*	51.00	54.70	52.00	50.60	—	52.08
		杉木 *Cunninghamia lanceolata*	50.60	51.40	52.30	47.60	—	50.48
		柳杉 *Cryptomeria japonica* var. *sinensis* Miq.	49.80	47.60	49.70	46.40	—	48.38
		水杉 *Metasequoia glyptostoboides*	46.20	46.60	51.10	48.10	—	48.00
毛竹林	2006	毛竹 *Phyllostachys pubescens*	51.08	50.70	47.46	45.76	44.20	47.84
	2014	毛竹 *Phyllostachys pubescens*	47.53	46.49	42.22	45.30	46.10	45.53
灌木树种	2006	灌木林	49.80	47.30	52.10	50.30	—	49.88
蕨类树种	2007	狗脊 *Woodwardia japonica*	—	—	42.44	40.21	—	41.33
		芒萁 *Dicranopteris pedata*	—	—	43.60	44.56	—	44.08
经济树种	2007	油茶 *Camellia oleifera*	45.35	45.92	44.93	45.24	—	45.36
		山乌桕 *Triadica cochinchinensis*	44.70	47.27	46.62	48.46	—	46.76

4.1.2 不同林分土壤有机碳库数据集

（1）概述

土壤有机碳的含量是反映土壤质量或土壤健康的一个重要指标。为了解江西大岗山森林生态系统土壤碳储量和生产力的现状和特点，通过探究森林土壤中的碳含量和转化规律，建立亚热带森林生态系统碳循环和分配的数量模式。本数据集将林区内的森林植被划分为以下类型：常绿阔叶林、杉木林、马尾松林、丝栗栲林、国外松林（湿地松和火炬松）、针阔混交林、阔叶混交林（软阔林和硬阔林）、毛竹林、经济林和灌木林，整理了2007—2015年大岗山国家野外站不同林分类型土壤有机碳库数据。

（2）数据采集和处理方法

a. 样地设置

数据主要来自大岗山国家野外站不同林分类型森林样地的野外调查。按照中华人民共和国国家标准《森林生态系统长期定位观测方法》（GB/T 33027—2016），根据不同林分类型的面积大小、地形、土壤水分、肥力等特征，在林内坡面上部、中部、下部与等高线平行各设置一条样线，在样线上选择具有代表性的地段，每个样地设置3个面积20 m×20 m的标准地，每个标准地利用S形取样法布置5个采样点，取0～10 cm、>10～20 cm、>20～40 cm、>40～60 cm、>60～100 cm土层土壤。

b. 采样方法

参照中华人民共和国国家标准《森林生态系统长期定位观测方法》（GB/T 33027—2016）执行。先观察土壤剖面的颜色、结构、质地、紧实度、湿度、植物根系分布等，然后自上而下划分土层，并进行剖面特征的观察记录，作为土壤基本性质的资料及分析结果审查时的参考。自地表每隔10 cm或20 cm采集一个样品。取土原则应按先下后上的原则，以免混杂土壤。将同一层次多样点采集的质量大致相当的土样置于塑料布上，剔除石砾、植被残根等杂物，混匀后利用四分法将多余的土壤样品弃除，一般保留1 kg左右土样为宜。将采集土样装入袋内，土袋内外附上标签，标签上记录样方号、采样地点、采集深度、采集日期和采集人等。观察和采样结束后，按原来层次回填土壤，以免人为干扰。

c. 分析方法

土壤有机碳含量测定方法依据中华人民共和国国家标准《森林生态系统长期定位观测方法》（GB/T 33027—2016）采用重铬酸钾氧化法。

（3）数据质量控制和评估

①样品采集和试验分析依据国家标准执行。

②分析时进行3次平行样品测定。

③利用校验软件检查每个观测数据是否超出相同土壤类型和采样深度的历史数据阈值范围、每个观测项目平均值是否超出该样地相同深度历史数据平均值的2倍标准差、每个观测项目标准差是否超出该样地相同深度历史数据的2倍标准差或者样地空间变异调查的2倍标准差等。对于超出范围的数据进行核实或再次测定。

（4）数据使用方法和建议

通过对森林生态系统土壤有机碳储量观测，可建立土壤碳库清单，评估其历史亏缺或盈余，测算土壤碳固定潜力，为进一步深入研究森林生态系统碳循环，为合理评价土壤质量和土壤健康、正确认识森林土壤固碳能力提供基础依据。

（5）数据

具体不同林分土壤有机碳库数据见表4-3至表4-4。

表4-3 大岗山林区林地土壤有机碳含量

林分类型	时间（年）	有机碳含量/（g/kg）					平均值/（g/kg）
		0～20 cm	>20～40 cm	>40～60 cm	>60～80 cm	>80～100 cm	
常绿阔叶林	2007	41.50	21.00	12.70	9.80	5.80	18.16

（续）

林分类型	时间（年）	有机碳含量/（g/kg）					平均值/（g/kg）
		0～20 cm	>20～40 cm	>40～60 cm	>60～80 cm	>80～100 cm	
常绿阔叶林	2014	41.40	21.00	12.70	—	—	24.03
	2015	41.40	18.75	14.50	2.15	—	19.20
毛竹林	2007	27.40	14.10	10.80	8.30	6.70	13.46
	2008	36.20	16.70	10.80	7.90	4.30	15.18
	2013	36.45	24.75	20.75	13.25	8.90	20.82
	2014	29.40	16.70	10.80	—	—	18.97
杉木林	2012	24.85	15.22	11.70	8.45	7.87	13.62
阔叶混交林	2007	35.00	26.75	15.49	14.12	6.18	19.51
针阔混交林	2007	18.15	12.61	11.35	10.61	5.73	11.69
经济林	2007	32.32	22.90	23.03	7.34	8.71	18.86
灌木林	2007	52.12	35.97	30.82	—	—	39.64
国外松林	2007	17.83	10.07	5.55	3.07	1.40	7.58
马尾松林	2013	27.72	19.04	9.53	5.82	2.65	12.95
丝栗栲林	2013	40.78	22.80	12.35	6.72	4.78	17.49
木荷林	2015	23.85	15.30	12.20	9.90	—	15.31
青冈栎林	2015	41.40	27.00	25.90	14.90	—	27.30
苦槠栲林	2015	24.15	14.80	10.90	9.40	—	14.81

表 4-4 大岗山林区林地土壤碳密度

林分类型	时间（年）	碳密度/（kg/m^2）					合计/（kg/m^2）
		0～20 cm	>20～40 cm	>40～60 cm	>60～80 cm	>80～100 cm	
常绿阔叶林	2007	7.242	4.807	2.571	1.605	1.168	17.393
	2014	6.398	4.692	3.111	—	—	14.201
	2015	6.398	2.895	4.692	3.111	—	17.096
毛竹林	2007	6.439	3.456	2.285	1.462	0.742	14.384
	2008	5.718	3.443	2.734	1.523	1.199	14.617
	2013	3.230	3.520	2.770	2.710	2.440	14.670
	2014	4.315	4.025	2.687	—	—	11.027
针杉木	2006	2.258	2.669	1.931	1.854	—	8.712
	2007	2.668	1.760	2.525	1.966	1.827	10.747
阔叶混交林	2007	3.819	3.093	3.331	2.964	1.430	14.637
针阔混交林	2007	2.126	1.534	2.814	2.780	1.432	10.687
经济林	2007	3.675	2.588	2.735	2.237	2.349	13.583
灌木林	2007	3.684	2.412	4.654	—	—	10.750
国外松林	2007	2.019	1.221	1.264	0.723	0.349	5.576
马尾松林	2013	2.590	1.230	0.950	1.020	1.150	6.940

（续）

林分类型	时间（年）	碳密度/（kg/m²）					合计/（kg/m²）
		0～20 cm	>20～40 cm	>40～60 cm	>60～80 cm	>80～100 cm	
丝栗栲林	2013	4.200	3.260	2.870	2.030	2.410	14.770
木荷林	2015	2.763	1.981	3.246	6.274	—	14.264
青冈栎林	2015	4.812	2.957	5.533	4.886	—	18.188
苦槠栲林	2015	2.921	2.048	3.239	6.099	—	14.307

4.1.3 不同林分土壤有机碳组分数据集

（1）概述

森林土壤中的有机碳组成并不单一，而是由一系列具有不同周转时间的有机组分构成。土壤有机碳组分是土壤有机碳库属性的重要表征，依据不同的分类标准结果不同，大致可分为化学组分、物理组分、生物组分等几大类。关于土壤有机碳组分的划分研究开展的较早，但组分划分至今没有统一的标准。这主要是由于环境和土壤条件时空差异较大，在一定条件下有机碳各组分间还可以相互转换，所以很难限定划分界限。

本数据集以我国亚热带南方地区三种典型林分类型为例，整理了2012年丝栗栲林、毛竹林和马尾松林土壤有机碳组分（活性炭、缓效碳和惰性碳）的分布特征及丝栗栲林不同生长季土壤碳组分分配数据。

（2）数据采集和处理方法

a. 样地设置

数据主要来自大岗山国家野外站不同林分类型森林样地的野外调查。按照中华人民共和国国家标准《森林生态系统长期定位观测方法》（GB/T 33027—2016），根据不同林分类型的面积大小、地形、土壤水分、肥力等特征，在林内坡面上部、中部、下部与等高线平行各设置一条样线，在样线上选择具有代表性的地段，每个样地设置3个面积20 m×20 m的标准地，每个标准地利用S形取样法布置5个采样点，取0～10 cm、>10～20 cm、>20～40 cm、>40～60 cm、>60～100 cm土层土壤。

b. 采样方法

参照中华人民共和国国家标准《森林生态系统长期定位观测方法》（GB/T 33027—2016）执行。先观察土壤剖面的颜色、结构、质地、紧实度、湿度、植物根系分布等，然后自上而下划分土层，并进行剖面特征的观察记录，作为土壤基本性质的资料及分析结果审查时的参考。自地表每隔10 cm或20 cm采集一个样品。取土原则应按先下后上的原则，以免混杂土壤。将同一层次多样点采集的质量大致相当的土样置于塑料布上，剔除石砾、植被残根等杂物，混匀后利用四分法将多余的土壤样品弃除，一般保留1 kg左右土样为宜。将采集土样装入袋内，土袋内外附上标签，标签上记录样方号、采样地点、采集深度、采集日期和采集人等。观察和采样结束后，按原来层次回填土壤，以免人为干扰。

c. 分析方法

依据中华人民共和国国家标准《森林生态系统长期定位观测方法》（GB/T 33027—2016），土壤有机碳含量测定方法采用重铬酸钾氧化法；土壤水溶性碳含量（water soluble organic carbon，WSOC）测定方法采用水提取法；土壤惰性碳含量（recalcitrant organic carbon，ROC）测定采用酸水解法；土壤缓效碳含量（slow organic carbon，SOC）利用差值法求得，公式为

$$C_S = TOC - (C_M + C_R)$$

式中：C_S 为缓效碳含量，g/kg；TOC 为总有机碳含量，g/kg；C_M 为微生物生物量碳含量，g/kg；C_R为惰性碳含量，g/kg。

（3）数据质量控制和评估

①样品采集和试验分析依据国家标准执行。

②分析时进行 3 次平行样品测定。

（4）数据

具体不同林分土壤有机碳组分数据见表 4－5 至表 4－7。

表 4－5　2012 年大岗山林区三种典型林分土壤碳组分含量

林分类型	土层/cm	活性碳/（g/kg）		缓效碳/（g/kg）	惰性碳/（g/kg）
		微生物生物量碳	水溶性碳		
毛竹林	0～10	0.72±0.11b	0.14±0.05a	25.97±2.72a	9.76±0.52b
	>10～20	0.51±0.07a	0.08±0.01a	28.45±2.58a	5.79±0.02b
	>20～40	0.52±0.03a	0.07±0.02a	15.65±1.34a	4.58±0.46a
	>40～60	0.39±0.01a	0.08±0.03a	9.87±0.73a	2.99±0.35a
	>60～100	0.37±0.05a	0.08±0.01a	5.04±0.52a	3.49±0.66a
丝栗栲林	0～10	1.02±0.13a	0.11±0.04a	22.76±1.71a	15.00±1.52a
	>10～20	0.50±0.02a	0.07±0.02a	14.17±0.83b	8.12±1.14a
	>20～40	0.44±0.05b	0.08±0.01a	8.14±0.77b	3.77±0.48b
	>40～60	0.41±0.04a	0.07±0.01a	2.69±0.36c	3.62±0.06a
	>60～100	0.33±0.03a	0.09±0.03a	2.38±0.41b	2.07±0.27b
马尾松林	0～10	0.44±0.01c	0.07±0.02b	19.81±1.46a	7.47±1.04b
	>10～20	0.32±0.04b	0.07±0.01a	12.01±0.59b	6.71±0.67b
	>20～40	0.28±0.02c	0.05±0.03a	5.80±0.74c	3.44±0.26b
	>40～60	0.27±0.01b	0.04±0.01b	3.50±0.38b	2.04±0.51b
	>60～100	0.25±0.03b	0.07±0.02a	1.39±0.07c	1.01±0.33c

注：不同字母表示同一土层不同林分类型土壤有机碳组分差异显著（$P<0.05$），平均值±标准差。

表 4－6　2012 年大岗山林区三种典型林分土壤碳组分分配比例

林分类型	土层/cm	活性炭/有机碳/%		缓效碳/有机碳/%	惰性碳/有机碳/%
		微生物生物量碳/有机碳	水溶性碳/有机碳		
毛竹林	0～10	1.97	0.38	70.98	26.67
	>10～20	1.46	0.23	81.68	16.62
	>20～40	2.50	0.34	75.17	22.00
	>40～60	2.93	0.60	74.04	22.43
	>60～100	4.12	0.89	56.12	38.86
丝栗栲林	0～10	2.62	0.28	58.52	38.57
	>10～20	2.19	0.31	61.99	35.52
	>20～40	3.54	0.64	65.49	30.33
	>40～60	6.04	1.03	39.62	53.31

（续）

林分类型	土层/cm	活性炭/有机碳/%		缓效碳/有机碳/%	惰性碳/有机碳/%
		微生物生物量碳/有机碳	水溶性碳/有机碳		
丝栗栲林	>60～100	6.78	1.85	48.87	42.51
马尾松林	0～10	1.58	0.25	71.28	26.88
	>10～20	1.67	0.37	62.85	35.11
	>20～40	2.93	0.52	60.61	35.95
	>40～60	4.62	0.68	59.83	34.87
	>60～100	9.19	2.57	51.10	37.13

表4-7 丝栗栲林不同生长季土壤碳组分分配比例

时间（年-月）	土层/cm	碳库比例/%		
		活性炭/有机碳	缓效碳/有机碳	惰性碳/有机碳
2012-06	0～10	59.43	0.96	39.61
	>10～20	45.38	0.56	54.06
	>20～40	13.62	0.43	85.95
	>40～60	10.83	0.55	88.62
	>60～100	3.48	0.50	96.03
2012-08	0～10	27.47	2.02	70.51
	>10～20	52.38	1.65	45.98
	>20～40	63.85	2.24	33.90
	>40～60	9.45	1.07	89.48
	>60～100	4.67	0.73	94.60
2012-10	0～10	39.61	1.14	59.25
	>10～20	36.57	1.11	62.32
	>20～40	63.99	2.69	33.31
	>40～60	12.66	0.62	86.72
	>60～100	60.03	1.62	38.35
2012-12	0～10	44.96	1.56	53.49
	>10～20	11.08	1.04	87.88
	>20～40	44.27	0.67	55.07
	>40～60	41.00	1.24	57.76
	>60～100	23.13	1.94	74.93
2013-04	0～10	13.20	2.81	83.99
	>10～20	51.14	3.52	45.34
	>20～40	38.71	2.12	59.16
	>40～60	20.29	3.61	76.09
	>60～100	7.73	1.29	90.98
平均值	—	31.96	1.51	66.54

4.2 森林氮循环数据集

氮循环是指氮在自然界中的循环转化过程，描述自然界中氮单质和含氮化合物之间相互转换过程的生态系统的物质循环，是生物圈内基本的物质循环之一。通过对森林生态系统氮循环的观测，掌握土壤—植物—大气连续体（SPAC）中的氮循环规律。了解植物的氮利用效率、土壤氮转化与可利用性，分析森林生态系统氮通量、碳氮耦合及氮收支规律，并探讨氮沉降对森林生态系统的影响。

4.2.1 植被层氮元素分配数据集

（1）概述

为揭示区域森林生态系统的氮元素分配特征，比较植被不同器官之间氮元素的空间分布，本数据集整理了 2008—2015 年大岗山国家野外站典型树种不同器官氮含量数据。

（2）数据采集和处理方法

a. 样地设置

数据主要来自大岗山国家野外站不同林分类型森林样地的野外调查。按照中华人民共和国国家标准《森林生态系统长期定位观测方法》（GB/T 33027—2016），根据不同林分类型的面积大小、地形、土壤水分、肥力等特征，在林内坡面上部、中部、下部与等高线平行各设置一条样线，在样线上选择具有代表性的地段，每个样地设置 3 个面积 10 m×10 m 的标准地。

b. 采样方法

参照中华人民共和国国家标准《森林生态系统长期定位观测方法》（GB/T 33027—2016）执行。在所在样地内进行每木调查，测定胸高和树高。在整理好的每木调查结果内，选择胸径在平均值附近的几棵立木作为平均标准木，采集乔木（分干、枝、叶、根）、竹［分秆（胸径位置）、枝、叶、篼、篼根、竹鞭］和枯落物。有的样品在 4 h 内带回实验室，105 ℃下杀青 30 min，60 ℃烘干至恒重，用粉碎机磨成粉末状，过 60 目（0.25 mm）筛，装封口袋保藏。

c. 分析方法

植物氮含量采用浓硫酸+混合加速剂消煮法和靛酚蓝比色法测定。称取 0.15 g 样品，依次加入 1.5 g 混合催化剂、5 mL 浓硫酸，静置 3 h 后在红外消化炉上 150 ℃加热 30 min，340 ℃高温消煮约 120 min，当消煮液由黑色变成淡绿色后，继续消煮 30 min，待冷却后转移到 100 mL 容量瓶中，定容备用。

取 1 mL 制备好的消煮液至 50 mL 容量瓶中，加入 1 mL EDTA-甲基红指示剂溶液，溶液呈红色，用稀盐酸、氢氧化钠溶液将反应液调成淡黄色，之后加入 5 mL 酚溶液和 5 mL 次氯酸钠碱性混合液，摇匀、定容 1 h 后用紫外分光光度计在 625 nm 波长处比色，每种样品测 3 个平行样品。

（3）数据质量控制和评估

①样品采集和试验分析依据国家标准执行。

②分析时进行 3 次平行样品测定。

②样品采集过程中，根据毛竹的关键生理期，分别选取休眠期、发笋初期、发笋盛期、发笋末期、鞭生长盛期和鞭孕笋期进行采样，以确保采样包含毛竹完整的生理期；与此同时，毛竹林存在明显的大小年现象，根据研究区单年份为毛竹大年，双年份为毛竹小年，因此毛竹样品采集多处于单年份。

（4）数据

具体植被层氮元素分配数据见表 4-8。

表 4-8　不同林分植被层氮含量

单位：g/kg

类型	时间（年-月）	干（秆）	枝	叶	根（蔸）	鞭	枯落物
毛竹	2008-08	—	—	19.66	—	—	—
	2008-10	—	—	18.76	—	—	—
	2009-04	—	—	19.54	—	—	—
	2009-06	—	—	21.24	—	—	—
	2009-08	—	—	20.13	—	—	—
	2009-10	—	—	18.83	—	—	—
	2015-01	2.20	3.90	19.90	3.80	4.30	10.80
	2015-03	2.30	4.50	19.00	5.60	5.70	11.20
	2015-04	4.50	3.50	15.70	4.70	3.60	12.50
	2015-05	3.30	5.30	19.70	5.70	4.10	11.70
	2015-07	2.80	4.30	17.90	4.70	3.70	10.90
	2015-10	3.20	4.10	18.00	4.60	3.70	11.50
丝栗栲	2011-03	—	—	—	—	—	14.25
	2015-10	1.80	4.80	16.00	3.00	—	14.30
苦槠	2011-03	—	—	—	—	—	11.42
	2015-10	2.10	4.50	14.90	3.40	—	11.40
黄牛奶树	2011-03	—	—	—	—	—	13.28
	2015-10	1.30	5.50	14.30	4.00	—	13.30
小叶栎	2011-03	—	—	—	—	—	12.11
	2015-10	1.50	4.50	15.00	3.90	—	12.10
木荷	2015-10	1.60	5.60	10.10	3.80	—	12.20
马尾松	2011-03	—	—	—	—	—	7.19

4.2.2　土壤氮库数据集

（1）概述

全氮量是土壤氮养分的储备指标，在一定程度上说明土壤氮的供应能力。土壤中的氮 99 %以上是以有机氮的形式存在，不能被植物直接吸收利用，必须经过微生物的矿化作用将其转化为有效氮的形式才能被植物吸收利用。在森林土壤中有效氮主要以氨态氮（NH_4^+-N）和硝态氮（NO_3^--N）的形式存在，无机氮的组分比例及其数量反映了土壤氮的有效性。本数据集基于已有研究，整理了 2010—2015 年江西大岗山不同林分类型土壤氮组分分配特征和动态变化，对揭示亚热带森林生态系统土壤氮养分管理具有重要意义。

（2）数据采集和处理方法

a. 样地设置

数据主要来自大岗山国家野外站不同林分类型森林样地的野外调查。按照中华人民共和国国家标准《森林生态系统长期定位观测方法》（GB/T 33027—2016），根据不同林分类型的面积大小、地形、土壤水分、肥力等特征，在林内坡面上部、中部、下部与等高线平行各设置一条样线，在样线上选择具有代表性的地段，每个样地设置 3 个面积 10 m×10 m 的标准地。

b. 采样方法

参照中华人民共和国国家标准《森林生态系统长期定位观测方法》（GB/T 33027—2016）执行。先观察土壤剖面的颜色、结构、质地、紧实度、湿度、植物根系分布等，然后自上而下划分土层，并进行剖面特征的观察记录，作为土壤基本性质的资料及分析结果审查时的参考。自地表每隔 10 cm 或 20 cm 采集一个样品。取土原则应按先下后上的原则，以免混杂土壤。将同一层次多样点采集的质量大致相当的土样置于塑料布上，剔除石砾、植被残根等杂物，混匀后利用四分法将多余的土壤样品弃除，一般保留 1 kg 左右土样为宜。将采集土样装入袋内，土袋内外附上标签，标签上记录样方号、采样地点、采集深度、采集日期和采集人等。观察和采样结束后，按原来层次回填土壤，以免人为干扰。

c. 分析方法

室内土壤分析包括氨态氮、硝态氮及其他相关土壤理化性质的测定。土壤全氮（STN）采用半微量凯氏法；碱解氮测定采用碱扩散法；氨态氮测定采用靛酚蓝比色法；硝态氮测定采用镀铜镉还原-重氮化偶合比色法；矿质氮测定采用氯化钾浸提—连续流动分析仪法。

（3）数据质量控制和评估

①样品采集和试验分析依据国家标准执行。

②土壤采样采用随机选样法，每种林型的取样数量不少于 3 个。同一林分的氮含量是所有样品的平均值。

（4）数据

具体土壤氮库数据见表 4-9。

表 4-9　大岗山林区林地土壤氮组分分配

林分类型	时间（年-月）	全氮/(g/kg)	碱解氮/(mg/kg)	氨态氮/(mg/kg)	硝态氮/(mg/kg)	矿质氮/(mg/kg)
常绿阔叶林	2010-04	1.19	—	—	—	—
	2011-01	—	—	3.91	0.89	3.55
	2011-03	1.32	—	2.90	—	—
	2011-04	—	—	2.66	0.84	2.76
	2011-07	—	—	1.92	0.78	7.10
	2011-10	—	—	6.32	0.23	5.15
	2012-12	1.90	—	4.40	2.60	—
	2015-07	1.84		—	—	—
毛竹林	2011-03	1.24	—	—	—	—
	2012-12	2.00	—	4.00	1.60	—
	2013-07	—	—	3.33	3.29	—
	2015-07	1.59	98.16	—	—	—
杉木林	2015-07	1.63	136.46	—	—	—
	2018-03	1.32	—	—	—	—
阔叶混交林	2015-07	1.42	138.58	—	—	—
针阔混交林	2015-07	1.76	150.50	—	—	—
竹阔混交林	2011-03	1.88	—	3.60	—	—
	2013-07	—	—	1.66	2.58	—
马尾松林	2010-04	1.61	—	—	—	—
	2015-07	2.11	114.37	—	—	—

（续）

林分类型	时间（年-月）	全氮/(g/kg)	碱解氮/(mg/kg)	氨态氮/(mg/kg)	硝态氮/(mg/kg)	矿质氮/(mg/kg)
鹅掌楸林	2010-04	1.79	—	—	—	—
荒草地	2015-07	1.48	87.63	—	—	—
农田	2015-07	1.60	112.76	—	—	—
流域	2015-07	1.63	—	—	—	—

4.2.3 土壤氮素年矿化量与植被吸收量数据集

（1）概述

土壤氮素矿化作用是森林生态系统氮循环的重要过程之一。植物可利用氮素主要来源于土壤氮素矿化作用（即氨化作用和硝化作用），有机氮矿化生成氨态氮和硝态氮后，可被土壤微生物和土壤动物吸收利用，并同化为自身组织使部分氮被固持。因此，通过探究土壤氮素矿化过程，以深刻理解不同林分类型对土壤肥力和生态环境功能的影响，同时为全球森林氮循环格局研究提供重要参考。本数据集基于现有研究内容，整理了2010—2011年江西大岗山不同林分类型的土壤矿化速率和植被吸收速率数据，以期为亚热带森林保护、恢复提供理论指导。

（2）数据采集和处理方法

a. 样地设置

数据主要来自大岗山国家野外站不同林分类型森林样地的野外调查。按照中华人民共和国国家标准《森林生态系统长期定位观测方法》（GB/T 33027—2016），根据不同林分类型的面积大小、地形、土壤水分、肥力等特征，在林内坡面上部、中部、下部与等高线平行各设置一条样线，在样线上选择具有代表性的地段，每个样地设置3个面积10 m×10 m的标准地。

b. 采样方法

参照中华人民共和国国家标准《森林生态系统长期定位观测方法》（GB/T 33027—2016）执行。采用聚氯乙烯（PVC）顶盖埋管法，在每块样地的四角及中心位置确定5个采样点，去除地表植物和凋落物，将2根长为17 cm、内径为5 cm的PVC管垂直打入土中（以装满为准），二者相距较近（<5 cm），小心取出其中1根，带回实验室；另1根盖上顶盖，留在原位培养，待培养结束时取回。如此，将下一批管按上述方法布置于前一次培养点附近。掏出每次取回PVC管中的土壤，并拣去根系和石砾，过2 mm筛，再分别测定每个样点土壤氨态氮、硝态氮含量。共计5个培养期6次无机氮分析。

c. 分析方法

室内土壤分析包括氨态氮和硝态氮的测定。土壤氨态氮测定采用靛酚蓝比色法；硝态氮测定采用镀铜镉还原-重氮化偶合比色法。

土壤氮素矿化速率和植被氮素吸收速率分析方法：

$$R_a = ([NH_4^+ - N]_{i+1} - [NH_4^+ - N]_i) \times 1\,000h / (t_{i+1} - t_i)$$

$$R_n = ([NO_3^- - N]_{i+1} - [NO_3^- - N]_i) \times 1\,000h / (t_{i+1} - t_i)$$

$$R_m = R_a + R_n$$

式中：R_a、R_n、R_m分别代表土壤氨化速率、硝化速率和矿化速率，mg/（m^2·d）；$[NH_4^+ - N]_i$、$[NH_4^+ - N]_{i+1}$分别代表培养前后$NH_4^+ - N$含量，mg/kg；$[NO_3^- - N]_i$、$[NO_3^- - N]_{i+1}$分别代表培养前后$NO_3^- - N$含量，mg/kg；1 000为单位转换系数；h代表土层厚度，0.15 m；t_i、t_{i+1}分别表示各培养期开始与结束时间，d。

$$R_a^{up} = ([NH_4^+ - N]_{in} - [NH_4^+ - N]_{out}) \times 1\,000h / (t_{i+1} - t_i)$$

$$R_n^{up} = ([NO_3^- - N]_{in} - [NO_3^- - N]_{out}) \times 1\,000h / (t_{i+1} - t_i)$$

$$R_m^{up} = R_a^{up} + R_n^{up}$$

式中：R_a^{up}、R_n^{up}、R_m^{up}分别代表森林植物对土壤 NH_4^+ - N、NO_3^- - N 和无机氮的吸收速率，mg/（m^2 • d）；$[NH_4^+ - N]_{in}$、$[NH_4^+ - N]_{out}$分别代表培养后管内与管外 NH_4^+ - N 的含量，mg/kg；$[NO_3^- - N]_{in}$、$[NO_3^- - N]_{out}$分别代表培养后管内与管外 NO_3^- - N 的含量，mg/kg；h、t_i、t_{i+1}同上。

根据土壤氮素含量、土壤容重和培养时间，可计算出任意培养期内氮素净矿化量和植被吸收量（kg/hm^2）。

（3）数据质量控制和评估

①样品采集和试验分析依据国家标准执行。

②分析时进行 3 次平行样品测定。

③采用时空替代法和 PVC 顶盖原位培养法探究土壤氮素关键转换过程，根据土壤氮素年矿化量与植被吸收量，结合土壤容重和林地面积，求得净矿化量（或吸收量）。

（4）数据

具体土壤氮素年矿化量与植被吸收量数据见表 4 - 10 至表 4 - 11。

表 4 - 10　2010 年土壤氮素年矿化量与植被吸收量

指标	常绿阔叶林	马尾松林	杉木林	鹅掌楸林
年净总矿化量/［kg/（hm^2 • 年）］	118.94±24.32a	111.85±28.11a	89.58±14.23b	88.00±23.36b
年净氨化量/［kg/（hm^2 • 年）］	43.09±5.65a	−5.66±1.46b	−4.62±1.85b	−6.41±0.99b
年净硝化量/［kg/（hm^2 • 年）］	75.85±6.14a	117.51±21.31b	94.20±15.97c	94.41±12.12c
硝化量占总矿化量比例/%	63.78±5.09a	105.04±0.03b	105.15±8.52b	107.29±10.69b
矿化量占总氮比例/%	6.23±0.16a	4.63±0.45a	3.65±0.11b	2.80±0.28b
无机氮吸收量/［kg/（hm^2 • 年）］	93.89±34.99a	137.83±42.23b	92.76±23.24a	99.28±24.11a
氨态氮吸收量/［kg/（hm^2 • 年）］	24.89±6.23a	7.77±2.43b	−15.17±0.83c	8.81±3.87b
硝态氮吸收量/［kg/（hm^2 • 年）］	68.91±15.32a	130.07±34.67b	92.76±32.21c	90.48±21.78c

注：同行中不同小写字母表示同一指标数据差异显著（$P<0.05$），平均值±标准差。

表 4 - 11　2011 年土壤氮素年矿化量与植被吸收量

指标	常绿阔叶林		竹阔混交林	
	0～10 cm	>10～30 cm	0～10 cm	>10～30 cm
年净氨化量/［kg/（hm^2 • 年）］	52.19±15.99ab	18.09±11.83c	62.96±27.34b	27.32±13.92bc
年净硝化量/［kg/（hm^2 • 年）］	45.57±13.95a	14.05±5.16bc	1.99±0.66c	−4.73±1.70c
年净矿化量/［kg/（hm^2 • 年）］	97. 60±27.71a	32.15±18.67c	64.95±24.73b	22.57±8.74c
无机氮/总氮/%	9.10±3.30a	8.60±2.70a	4.40±1.20b	3.20±1.20b
吸收氨态氮/［kg/（hm^2 • 年）］	56.41±22.84a	31.96±18.94b	63.74±20.07a	33.08±13.37b
吸收硝态氮/［kg/（hm^2 • 年）］	48.46±44.48a	22.49±9.04b	3.94±0.55c	2.70±0.76c
吸收无机氮/［kg/（hm^2 • 年）］	104.87±31.74a	54.45±12.77b	67.68±14.44b	35.78±11.04bc

注：同行中不同字母表示不同土壤层次间差异显著（$P<0.05$），平均值±标准差。

4.2.4　大气氮沉降数据集

（1）概述

大气氮湿沉降是森林生态系统氮素的一个重要来源。NH_4^+、NO_3^- 的沉降都能导致各种环境中的土壤发生酸化。土壤酸化涉及包括植被、土壤溶液和土壤矿物在内的氮迁移过程。NH_4^+、NO_3^- 的输入与输出之间的平衡状态影响着土壤—土壤溶液系统的酸化速率。本数据集通过对江西大岗山2008—2009 年林区各月降水量及氮沉降变化情况的监测，旨在为林区大气治理及保护提供理论依据。

（2）数据采集和处理方法

a. 样地设置

按照中华人民共和国国家标准《森林生态系统长期定位观测方法》（GB/T 33027—2016），林外氮湿沉降采样点布设在研究区典型林分外的空地内，采样点四周无遮挡雨、雪、风的高大树木，并考虑风向和地形因素。

b. 采样方法

参照中华人民共和国国家标准《森林生态系统长期定位观测方法》（GB/T 33027—2016）执行。采用 APS－3A 降水降尘全自动采样器进行大气湿沉降样品采集。采集到的样品立刻放入冰箱在 4 ℃下冷藏保存。每月将采集的雨水混合并冷冻保存。

c. 分析方法

室内土壤分析包括氨态氮、硝态氮及其他相关土壤理化性质的测定。土壤全氮（STN）采用半微量凯氏法；氨态氮测定采用靛酚蓝比色法；硝态氮测定采用镀铜镉还原-重氮化偶合比色法。

（3）数据质量控制和评估

①样品采集和试验分析依据国家标准执行。

②分析时进行 3 次平行样品测定。

③收集器放置在野外之前，在实验室内先将收集器用 1∶5 的盐酸浸泡 7 d，然后用去离子水淋洗，在洁净的工作台上晒干，用洁净塑料袋包好备用。用收集器收集大于 0.5 mm 的降水后，同时根据样品的体积加入 0.4 %的三氯甲烷，震荡均匀，于阴凉干燥处保存，并贴上标签，记录采样时间、地点、风向、风速、大气压降水量、降水起止时间。取每次降水的全过程样品。若一天中有几次降水过程，可合并为一个样品测定。若遇连续几天降雨，可收集上午 8 时至次日上午 8 时的降水，即 24 h 降水样品作为一个样品进行测定。

（4）数据

具体大气氮沉降数据见表 4－12。

表 4－12　大岗山林区各月降水量及氮沉降

时间（年-月）	降水量/mm	全氮/（kg/hm²）	氨态氮/（kg/hm²）	硝态氮/（kg/hm²）	氨态氮/全氮/%	硝态氮/全氮/%
2008－08	121	3.79	—	—	—	—
2008－10	27	1.61	—	—	—	—
2008－11	162	5.75	2.72	1.81	47.30	31.48
2008－12	85	4.11	1.59	1.15	38.69	27.98
2009－02	118	3.85	1.94	0.85	50.39	22.08
2009－03	135	3.02	1.67	0.31	55.30	10.26
2009－04	225	4.21	2.59	0.70	61.52	16.63

（续）

时间 （年-月）	降水量/ mm	全氮/ （kg/hm²）	氨态氮/ （kg/hm²）	硝态氮/ （kg/hm²）	氨态氮/ 全氮/%	硝态氮/ 全氮/%
2009-05	167	4.94	3.27	0.72	66.19	14.57
2009-06	177	3.08	1.66	0.32	53.90	10.39
2009-07	205	3.30	2.11	0.45	63.94	13.64
2009-08	83	2.88	1.34	0.63	46.53	21.88
2009-09	25	0.90	0.43	0.20	47.78	22.22
2009-10	14	0.67	0.25	0.22	37.31	32.84
平均	127	3.33	1.78	0.67	54.94	20.68

4.3 森林土壤呼吸数据集

土壤呼吸是指未受扰动的土壤吸收氧气并产生二氧化碳的所有代谢过程，它包括三个生物学过程——土壤微生物呼吸、植物根系和根际有机体呼吸、土壤动物呼吸，以及一个化学氧化过程——含碳物质的化学氧化过程。通过对森林生态系统土壤呼吸的三个生物学过程进行精确区分和量化，了解各生物学过程在土壤总呼吸中的比例及其时空变化特征，分析不同组分二氧化碳释放速率的控制因子，能够为了解土壤碳释放规律、测算生态系统土壤碳的年际通量以及预测气候变化条件下土壤动物、根系、微生物对土壤碳释放格局的影响提供科学依据。

4.3.1 不同林分土壤呼吸数据集

（1）概述

土壤呼吸是陆地生态系统碳平衡的重要环节，探究森林生态系统土壤呼吸可为评价森林碳平衡提供基础数据。为此，本数据集整理了 2005—2012 年江西大岗山土壤总呼吸速率以及三个生物学过程特征组分的动态变化特征，可为森林固碳能力评估提供理论依据。

（2）数据采集和处理方法

a. 样地设置

数据主要来自大岗山国家野外站不同林分类型森林样地的野外调查。按照中华人民共和国国家标准《森林生态系统长期定位观测方法》（GB/T 33027—2016），根据不同林分类型的面积大小、地形、土壤水分、肥力等特征，在林内按照蛇形采样法，随机布设土壤总呼吸观测样地，每个样地设置 3 个面积 20 m×20 m 的标准地。

b. 测定方法

参照中华人民共和国国家标准《森林生态系统长期定位观测方法》（GB/T 33027—2016）执行。在每个标准地上、中、下坡位，每个坡位 2 个不同位置上随机布设 1 个土壤总呼吸和 1 个土壤无凋落物呼吸测定点，每个观测点安装 1 个土壤呼吸测定环（内径 20 cm、高 10 cm 的 PVC 环）。在每个观测点安置 PVC 环时，确保采样器固定而且底部密封，埋置时尽量降低土壤表层破坏带来的干扰，地面之上留出 2 cm，每次测定前将基座内绿色植物齐地剪掉，尽可能不扰动地表凋落物。土壤无凋落物呼吸测定点齐地剪掉地面植被，并去掉枯枝落叶层。

测定前 3 个月，在土壤总呼吸每个观测点附近 1 m 左右设置 1 m×1 m 小样方，采用壕沟法进行切断根系保留凋落物试验。挖壕沟深度为 60～100 cm（深度达基岩或根系分布层以下），四周插入 4 块 1 m×1 m 的硬塑料板进行断根处理，同时除去小样方内所有活的植物体，埋置土壤 PVC 环，用于土壤无根呼吸测定，利用 LI-COR-8100 在各测定点进行 2 次土壤呼吸速率测定。

土壤环布置完后，至少稳定 48 h，再进行第一次土壤呼吸测量，以减少土壤环埋置时引起土壤的扰动导致对土壤呼吸的影响。每月选择晴朗无风的稳定天气利用 LI-COR-8100 在各测定点进行 2 次土壤呼吸速率测定，每次测定时间为 8 时至 18 时。

c. 分析方法

土壤总呼吸样方测定出的土壤呼吸即为土壤总呼吸速率。

植物根系呼吸计算公式如下：

$$R_{root}=R-R_1$$

$$RC_{root}=R_{root}/R$$

式中：R_{root}为植物根系呼吸量（以二氧化碳计），μmol/（m^2・s）；R 为土壤总呼吸量（以二氧化碳计），μmol/（m^2・s）；R_1 为无根样方内土壤呼吸量（以二氧化碳计），μmol/（m^2・s）；RC_{root}为根系呼吸贡献率。

土壤动物呼吸计算公式如下：

$$R_{fauna}=R-R_2$$

$$RC_{fauna}=R_{fauna}/R$$

式中：R_{fauna}为土壤动物呼吸量（以二氧化碳计），μmol/（m^2・s）；R 为土壤总呼吸量（以二氧化碳计），μmol/（m^2・s）；R_2 为无动物样方内土壤呼吸量（以二氧化碳计），μmol/（m^2・s）；RC_{fauna}为根系呼吸贡献率。

由差值法得出土壤微生物呼吸，公式如下：

$$R_{microbial}=R-R_{root}-R_{fauna}$$

$$RC_{microbial}=R_{microbial}/R$$

式中：$R_{microbial}$为土壤微生物呼吸量（以二氧化碳计），μmol/（m^2・s）；R 为土壤总呼吸量（以二氧化碳计），μmol/（m^2・s）；R_{root}为植物根系呼吸量（以二氧化碳计），μmol/（m^2・s）；R_{fauna}为土壤动物呼吸量（以二氧化碳计），μmol/（m^2・s）；$RC_{microbial}$为土壤微生物呼吸贡献率。

（3）数据质量控制和评估

①样品采集和试验分析依据国家标准执行。

②土壤环布置完后，至少稳定 48 h，再进行第一次土壤呼吸测量，以减少土壤环埋置时引起土壤的扰动导致对土壤呼吸的影响；每月选择晴朗无风的稳定天气进行土壤呼吸测定，每次测定时间为 8 时至 18 时。

③由于样品在试验过程中存在运输保存不当等人为因素，导致部分月份数据存在缺失。

（4）数据

具体不同林分土壤呼吸数据见表 4-13。

表 4-13　不同林分土壤呼吸动态变化

林分类型	时间（年-月）	总呼吸速率/[μmol/（m^2・s）]	自养呼吸速率/[μmol/（m^2・s）]	异养呼吸速率/[μmol/（m^2・s）]
毛竹林	2007-01	0.75	—	—
	2007-02	1.02	—	—
	2007-03	1.93	—	—
	2007-04	2.78	—	—
	2007-05	3.49	—	—

（续）

林分类型	时间（年-月）	总呼吸速率/[μmol/（m² · s）]	自养呼吸速率/[μmol/（m² · s）]	异养呼吸速率/[μmol/（m² · s）]
毛竹林	2007－06	3.83	—	—
	2007－07	3.91	—	—
	2007－08	3.19	—	—
	2007－09	3.01	—	—
	2007－10	2.94	—	—
	2007－11	1.17	—	—
	2007－12	1.08	—	—
	2008－03	1.82	0.53	1.29
	2008－04	2.51	0.91	1.60
	2008－05	3.99	0.99	3.00
	2008－06	4.89	1.57	3.32
	2008－07	4.94	1.92	3.02
	2008－08	5.05	2.13	2.92
	2008－09	3.93	1.33	2.60
	2008－10	2.61	0.96	1.65
	2008－12	1.03	0.32	0.71
	2009－03	1.47	0.58	0.89
	2009－04	1.93	0.76	1.17
	2009－05	3.19	0.91	2.28
	2009－06	3.47	1.42	2.05
	2009－07	4.14	1.78	2.36
	2009－08	4.06	1.87	2.19
	2009－09	3.95	1.11	2.84
	2009－10	1.61	0.66	0.95
	2009－11	1.27	0.21	1.06
	2012－01	0.76	0.43	0.33
	2012－02	0.98	0.67	0.31
	2012－03	1.79	1.23	0.56
	2012－04	3.08	1.38	1.70
	2012－05	3.56	1.55	2.01
	2012－06	4.03	1.97	2.06
	2012－07	4.55	2.23	2.32
	2012－08	3.89	1.88	2.01
	2012－09	3.66	1.34	2.32
	2012－10	2.87	1.12	1.75
	2012－11	3.08	0.99	2.09
	2012－12	3.12	0.44	2.68

（续）

林分类型	时间（年-月）	总呼吸速率/[μmol/（m² · s）]	自养呼吸速率/[μmol/（m² · s）]	异养呼吸速率/[μmol/（m² · s）]
杉木人工林	2005-04	2.97	—	—
	2005-05	3.27	—	—
	2005-06	3.93	—	—
	2005-07	4.14	—	—
	2005-08	3.75	—	—
	2005-09	3.06	—	—
	2005-10	2.78	—	—
	2006-04	2.66	—	—
	2006-05	3.23	—	—
	2006-06	3.78	—	—
	2006-07	4.39	—	—
	2006-08	4.02	—	—
	2006-09	3.39	—	—
	2006-10	2.88	—	—
丝栗栲林	2012-01	1.35	0.51	0.84
	2012-02	2.88	1.04	1.84
	2012-03	2.56	1.23	1.33
	2012-04	3.99	1.48	2.51
	2012-05	4.89	3.12	1.77
	2012-06	6.87	4.89	1.98
	2012-07	7.86	5.07	2.79
	2012-08	5.43	3.56	1.87
	2012-09	5.21	2.67	2.54
	2012-10	3.40	1.63	1.77
	2012-11	2.77	1.04	1.73
	2012-12	1.84	0.44	1.40
马尾松林	2012-01	0.78	0.18	0.60
	2012-02	1.05	0.39	0.66
	2012-03	1.96	1.03	0.93
	2012-04	2.88	1.38	1.50
	2012-05	2.97	1.44	1.53
	2012-06	3.04	1.51	1.53
	2012-07	3.53	1.88	1.65
	2012-08	3.32	1.62	1.70
	2012-09	2.59	1.28	1.31
	2012-10	2.21	1.01	1.20
	2012-11	1.40	0.43	0.97
	2012-12	1.24	0.23	1.01

4.3.2 土壤呼吸相关模型数据集

（1）概述

影响土壤呼吸的因素包括温度、水分、土壤养分、植物和微生物多样性、光合作用、土壤理化特征等，这些因素往往相互作用、共同影响着土壤呼吸。将土壤呼吸与环境因子变化之间的关系精确量化，有利于人们对这种反馈机制的理解和对全球变化趋势做出正确判断。为此，本数据集整理了2006—2008年江西大岗山土壤总呼吸速率与环境影响因子之间的各种关系模型数据，以此反映不同林分土壤呼吸与环境因子之间的响应规律。

（2）数据采集和处理方法

土壤呼吸测定参照中华人民共和国国家标准《森林生态系统长期定位观测方法》（GB/T 33027—2016）执行，详细方法见该标准5.3.1。土壤温度采用便携式光合作用测量系统（LI-6400）自带的温度探针与土壤呼吸同步自动测定，同时对空气温度、相对湿度、气压、CO_2 浓度等气象因子进行测定并自动记录；土壤含水量测定采用烘干法，测定深度为地下0～30 cm，在每次土壤呼吸测定完成后测定。

根据野外调查资料和实验室内的分析结果，对所测数据进行统计分析，采用单因素方差分析（one-way ANOVA）和最小显著差异法（LSD）比较土壤呼吸差异性，显著水平为 $P=0.05$，极显著水平为 $P=0.01$；Pearson相关系数评价土壤呼吸与影响因子的相关性后，采用相关模型进行土壤呼吸与环境因子的模拟。

（3）数据质量控制和评估

①样品采集和试验分析依据国家标准执行。

②采用差异性分析法将各点所测土壤呼吸控制在样地平均土壤呼吸的90 %内。

（4）数据

a. 杉木人工林土壤呼吸与土壤温度及含水量的相关模型

杉木人工林土壤呼吸速率与温度之间采用指数回归方程，在土壤呼吸速率与温度之间建立如下模型：

$$R_s=a\exp(bT)$$

式中：R_s 为土壤呼吸速率；T 为温度；a 为温度0 ℃时的土壤呼吸，即基础呼吸；b 为温度敏感系数，可用来表示土壤呼吸对温度的敏感程度。

杉木人工林土壤呼吸速率与土壤含水量之间采用线性回归方程，在消除温度的影响后，在土壤呼吸速率与土壤含水量之间建立如下模型：

$$R_s=aH_s+b$$

式中：R_s 为土壤呼吸速率；H_s 为0～10cm土壤含水量，%；a 为尺度系数；b 为回归系数。

对杉木人工林土壤呼吸速率（R_s）与地表空气温度（T_a）、0～10 cm土壤温度（T_s）和0～10 cm土壤含水量（H_s）建立回归方程，如表4-14所示。

表4-14 2006年杉木人工林土壤呼吸与土壤温度及含水量的相关模型

环境因子	尺度	R_s	R^2	n	P
温度	单日尺度	$R_s=3.133\exp(0.012T_a)$	0.640	31	<0.01
		$R_s=0.925\exp(0.066T_s)$	0.829	31	<0.01
	季节尺度	$R_s=1.150\exp(0.053T_a)$	0.688	44	<0.01
		$R_s=0.946\exp(0.064T_s)$	0.846	44	<0.01

（续）

环境因子	尺度	R_s	R^2	n	P
土壤含水量	单日尺度	$R_s=0.004H_s+3.344$	0.004	44	0.738
	季节尺度	$R_s=0.019H_s+2.859$	0.140	44	0.012
温度、土壤含水量	季节尺度	$R_s=0.207T_s+0.024H_s-1.357$	0.880	44	<0.05

b. 三种典型林分土壤呼吸与环境因子的相关模型

采用 Van't Hoff 模型和 Lloyd and Taylor 方程分析土壤呼吸温度敏感性；采用二次项模型与幂函数模型研究土壤呼吸与土壤含水量相关性；利用线性模型和指数模型研究土壤温度和土壤含水量交互作用对土壤呼吸的影响。

$$f(R)=a\exp(bT)$$

$$Q_{10}=\exp(10b)$$

$$f(R)=R_{ref}\exp\left[E_0\left(\frac{1}{T_{ref}-T_0}-\frac{1}{T+T_0}\right)\right]$$

$$f(R)=a+b_1W+b_2W^2$$

$$f(R)=aW^b$$

$$f(R)=a+bT+cW$$

$$f(R)=ae^{bT}W^c$$

式中：a、b、c 为拟合参数；Q_{10}为土壤呼吸温度敏感性指数；R_{ref}为土壤温度在 10 ℃时的土壤呼吸速率；T_{ref}为标准化土壤温度 283.15K（10 ℃）；T_0 为土壤呼吸为 0 时的温度下限，即 227.13K（−46.02 ℃）；E_0（K）为活化能，是指土壤呼吸速率的指数式温度系数 J/mol；T 为观察土壤温度,℃；W 为观察土壤含水量,%。

具体土壤呼吸相关模型数据见表 4-15 至表 4-17。

表 4-15　2006 年三种典型林分土壤呼吸与土壤温度的相关模型

林型	$f(R)=a\exp(bT)$				$f(R)=R_{ref}\exp\left[E_0\left(\frac{1}{T_{ref}-T_0}-\frac{1}{T+T_0}\right)\right]$					
	a	b	R^2	P	Q_{10}	R_{10}^a	R_{10}^b	E_0	R^2	P
常绿阔叶林	1.815	0.035	0.793	0.001	1.420	2.560	2.450	152.886	0.782	0.001
杉木人工林	2.489	0.024	0.686	0.003	1.270	3.160	3.080	106.160	0.666	0.004
毛竹林	1.355	0.027	0.645	0.005	1.300	1.780	1.710	118.241	0.636	0.006

注：R_{10}^a 为由 Q_{10}得出的结果；R_{10}^b 为由 Lloyd and Taylor 方程得出的结果。

表 4-16　2006 年三种典型林分土壤呼吸与土壤含水量的相关模型

林型	$f(R)=a+b_1W+b_2W^2$					$f(R)=aW^b$			
	a	b_1	b_2	R^2	P	a	b	R^2	P
常绿阔叶林	7.313	−0.173	0.002	0.431	0.139	25.148	−0.582	0.415	0.045
杉木人工林	10.819	−0.566	0.012	0.328	0.248	10.355	−0.287	0.197	0.199
毛竹林	5.510	−0.212	0.003	0.626	0.032	8.591	−0.403	0.557	0.013

表 4-17　2006 年三种典型林分土壤呼吸与土壤水热因子的相关模型

相关模型	拟合参数	常绿阔叶林	杉木人工林	毛竹林
$f(R)=a\exp(bT)W^c$	a	3.158	2.612	2.252
	b	0.031	0.024	0.021
	c	−0.147	−0.013	−0.118
	P_W（土壤温度）	0.459	0.936	0.626
	P_T（土壤水分）	0.007	0.013	0.105
	P（土壤水热因子）	0.003	0.017	0.023
	R^2	0.810	0.687	0.658
$f(R)=a+bT+cW$	a	2.102	2.102	1.518
	b	−0.028	−0.002	−0.009
	c	0.117	0.103	0.053
	P_W（土壤温度）	0.432	0.946	0.666
	P_T（土壤水分）	0.012	0.014	0.103
	P（土壤水热因子）	0.005	0.021	0.023
	R^2	0.783	0.669	0.658

c. 毛竹林土壤呼吸与土壤温度及含水量的相关模型

同时，选择 Van't Hoff 模型和 Lloyd and Taylor 方程进行毛竹林土壤呼吸（R）的温度（T）敏感性分析，具体模型如下：

$$R=a\exp(bT)$$

$$Q_{10}=\exp(10b)$$

$$R=R_{ref}\exp\left[E_0\left(\frac{0}{T_{ref}-T_0}-\frac{1}{T+46.02}\right)\right]$$

$$R=aW+b$$

采用线性模型和指数模型分析 T、W 交互作用对 R 的影响，具体模型如下：

$$R=a+bT+cW$$

$$R=a\exp(bT)(W)^c$$

$$R=a(T\times W)+b$$

式中：R 为土壤呼吸；a、b、c 为拟合参数；Q_{10} 为土壤呼吸的温度敏感性指数；R_{ref} 为土壤温度在 10 ℃时的土壤呼吸速度；T_{ref} 为标准化土壤温度，即 283.15K（10 ℃）；T_0 为土壤呼吸为 0 时的温度下限，即 227.13K（−46.02 ℃）；E_0（K）为活化能，是指土壤呼吸速率的指数式温度系数 J/mol；T 为土壤温度，℃；W 为土壤含水量，%。

具体土壤呼吸相关模型数据见表 4-18。

表 4-18　2008 年毛竹林土壤呼吸速率与土壤温度相关关系模型

海拔/m	土壤深度/cm	$R=a\exp(bT)$				$R=R_{ref}\exp\left[E_0\left(\frac{0}{T_{ref}-T_0}-\frac{1}{T+46.02}\right)\right]$					
		a	b	R^2	P	R_{10}^a	Q_{10}	R_{10}^b	E_0	R^2	P
200	地表	2.856	0.012	0.424	0.005	3.230	1.130	3.020	67.788	0.450	0.006
	0~10	0.651	0.084	0.561	0.001	1.510	2.320	1.230	387.490	0.558	0.001
	>10~20	0.563	0.095	0.454	0.006	1.530	2.590	1.170	430.732	0.458	0.006
	>20~30	0.473	0.107	0.441	0.007	1.380	2.920	1.110	478.770	0.449	0.006

（续）

海拔/m	土壤深度/cm	$R=a\exp(bT)$				$R=R_{ref}\exp\left[E_0\left(\frac{0}{T_{ref}-T_0}-\frac{1}{T+46.02}\right)\right]$					
		a	b	R^2	P	R_{10}^a	Q_{10}	R_{10}^b	E_0	R^2	P
200	0～30	0.855	0.075	0.389	0.000	1.810	2.120	1.520	343.115	0.394	0.000
400	地表	1.891	0.021	0.432	0.030	2.320	1.230	2.180	107.510	0.463	0.020
	0～10	1.067	0.061	0.482	0.006	1.960	1.840	1.730	270.628	0.489	0.024
	>10～20	0.909	0.071	0.374	0.060	1.850	2.030	1.620	309.230	0.379	0.058
	>20～30	0.560	0.097	0.299	0.100	1.480	2.640	1.260	416.663	0.301	0.100
	0～30	1.224	0.055	0.301	0.002	2.120	1.730	1.910	244.400	0.306	0.002
700	地表	1.153	0.038	0.583	0.001	1.690	1.470	1.700	178.580	0.599	0.000
	0～10	0.910	0.054	0.527	0.002	1.560	1.720	1.430	229.804	0.540	0.002
	>10～20	0.803	0.062	0.461	0.005	1.490	1.860	1.360	265.224	0.482	0.004
	>20～30	0.762	0.067	0.469	0.005	1.490	1.950	1.350	282.975	0.494	0.003
	0～30	0.975	0.052	0.419	0.000	1.640	1.680	1.520	219.285	0.432	0.000
200～700	0～30	0.334	0.116	0.593	0.000	1.070	3.190	0.860	511.292	0.599	0.000

注：$R_{10}{}^a$ 为由 Q_{10} 得出的结果；$R_{10}{}^b$ 为由 Lloyd and Taylor 方程得出的结果。

Q_{10} 代表土壤呼吸温度敏感性，表示温度每升高 10 ℃土壤呼吸增加的倍数；R_{10} 表示土壤温度为 10 ℃时的土壤呼吸，常用来对比分析不同生态系统土壤呼吸。本研究 3 个海拔土壤 0～30 cm 处所有数据得出 Q_{10} 平均值为 3.19；Van't Hoff 模型得到的 R_{10} 平均值为 1.07，Lloyd and Taylor 方程 R_{10} 平均值为 0.86。

水分对土壤呼吸的影响可能会被温度的效果所掩盖，为了减小土壤温度对土壤呼吸的影响，从而更准确地描述土壤呼吸与土壤含水量的关系，本方程将实测土壤呼吸速率 R_{10}，用 R_{10} 分析模拟土壤含水量与土壤呼吸的相关关系。

$$R_{10}=R\times Q_{10}\exp(-bT)$$

式中：R 为温度为 T 时的实测土壤呼吸速率；b 由土壤呼吸与土壤 10 ℃处温度的指数模型得出。

具体土壤呼吸相关模型数据见表 4-19。

表 4-19　2008 年毛竹林不同海拔土壤呼吸速率与土壤含水量相关关系模型

海拔/m	深度/cm	R	R^2	P	R_{10}	R^2	P
200	0～10	$R=0.273W-3.899$	0.335	0.024	$R=0.076W-0.758$	0.425	0.008
	>10～20	$R=0.492W-9.337$	0.322	0.027	$R=0.139W-2.302$	0.413	0.010
	>20～30	$R=0.552W-10.242$	0.284	0.041	$R=0.123W-1.706$	0.228	0.072
400	0～10	$R=0.194W-2.840$	0.377	0.049	$R=0.078W-0.659$	0.400	0.050
	>10～20	$R=0.107W-2.236$	0.231	0.160	$R=0.052W-0.296$	0.356	0.069
	>20～30	$R=0.096W-0.856$	0.237	0.153	$R=0.044W-0.643$	0.341	0.076
700	0～10	$R=0.095W-0.128$	0.319	0.044	$R=0.078W-0.601$	0.445	0.013
	>10～20	$R=0.085W-0.291$	0.249	0.083	$R=0.077W-0.450$	0.425	0.016
	20～30	$R=0.064W-1.023$	0.133	0.221	$R=0.067W-0.005$	0.303	0.051

4.3.3 土壤微生物呼吸数据集

（1）概述

土壤微生物是森林生态系统的主要分解者，对碳循环起着重要作用，森林生态系统几乎所有的元素循环都离不开微生物群落及其分泌的酶的作用，土壤微生物群落的种类、数量和酶活性强烈地影响着土壤有机碳代谢和养分循环。本数据集整理了2008—2011年江西大岗山不同林分类型土壤微生物呼吸数据，以此反映不同林分土壤微生物呼吸与环境因子等影响因子之间的响应规律。

（2）数据采集和处理方法

依据中华人民共和国国家标准《森林生态系统长期定位观测方法》（GB/T 33027—2016），土壤微生物数量（真菌、细菌、放线菌）采用混合培养平板计数法或磷脂脂肪酸（phospholipid fatty acid，PLFA）方法来测定，土壤微生物生物量碳采用重铬酸钾氧化滴定法测定。细菌数量使用牛肉蛋白胨作为培养基，以稀释度为10^{-2}的土壤稀释液接种；真菌数量使用孟加拉红马丁氏琼脂作为培养基，以稀释度为10^{-1}的土壤稀释液接种；放线菌数量使用淀粉铵盐琼脂作为培养基，以稀释度为10^{-1}的土壤稀释液接种。微生物数量计算公式如下：

$$M=a\times u$$

$$N=M\times k$$

式中：M为每克湿土样的菌数，个；a为培养皿中的平均菌数，个；u为稀释倍数；N为每克烘干土样的菌数，个；k为烘干土换算系数。

土壤微生物呼吸由差值法得出，具体计算公式见4.3.1。

（3）数据质量控制和评估

①土壤样品采集选择各土层混合土样，采集后需保存在4℃的环境中，用于测定土壤微生物数量等生物学性质。

②采用差异性分析法将各点所测土壤微生物呼吸控制在样地平均土壤呼吸的90%内。

（4）数据

具体土壤微生物呼吸数据见表4-20至表4-24。

表4-20 不同海拔毛竹林土壤微生物数量及微生物生物量碳

深度/cm	海拔/m	时间（年）	细菌数量/$\times10^6$个	真菌数量/$\times10^3$个	放线菌数量/$\times10^4$个	微生物生物量碳/(g/kg)
0～20	200	2008	3.80	13.31	27.28	0.823
		2009	3.58	12.89	26.42	0.775
	400	2008	6.42	6.92	31.53	0.778
		2009	5.77	5.98	30.59	0.714
	700	2008	5.33	10.11	23.72	0.710
		2009	4.60	9.44	21.56	0.654

表4-21 不同海拔毛竹林土壤微生物呼吸日变化研究

时间（年-月）	海拔/m	时间跨度	土壤微生物呼吸变化范围/[μmol/(m²·s)]	土壤微生物呼吸日平均值/[μmol/(m²·s)]	土壤微生物呼吸日变化幅度/%	土壤总呼吸日变化幅度/%	微生物呼吸日贡献率变化范围/%
2008-08	200	9时—次日6时	2.03～1.71	1.84	17.34	45.36	26.36～46.87
	400	9时—次日6时	2.15～1.43	1.69	42.87	48.02	33.09～46.29

（续）

时间（年-月）	海拔/m	时间跨度	土壤微生物呼吸变化范围/[μmol/（m²·s）]	土壤微生物呼吸日平均值/[μmol/（m²·s）]	土壤微生物呼吸日变化幅度/%	土壤总呼吸日变化幅度/%	微生物呼吸日贡献率变化范围/%
2008-08	700	9时—次日6时	1.35～1.20	1.27	11.47	42.11	24.37～49.21
2009-08	200	9时—次日6时	2.01～1.52	1.71	28.65	45.23	38.66～49.53
	400	9时—次日6时	2.06～1.41	1.65	39.64	55.19	38.57～53.87
	700	9时—次日6时	1.99～1.10	1.53	58.26	62.51	41.40～50.21

表4-22　不同海拔毛竹林土壤微生物呼吸季节变化研究

时间（年）	海拔/m	时间跨度	土壤微生物呼吸变化范围/[μmol/（m²·s）]	土壤微生物呼吸年平均值/[μmol/（m²·s）]	微生物呼吸年贡献率变化范围/%	微生物呼吸年贡献率年平均值/%
2008	200	3—12月	0.84～2.58	1.78	42.67～64.74	52.32
	400	3—12月	0.62～2.85	1.93	43.16～70.51	56.93
	700	3—12月	0.59～2.70	1.71	40.35～65.71	57.67
2009	200	3—11月	0.69～2.22	1.46	39.39～58.05	47.41
	400	3—11月	0.80～2.21	1.52	45.48～66.39	54.19
	700	3—11月	0.72～2.17	1.44	49.16～62.96	57.04

表4-23　2011年不同发育阶段杉木人工林土壤微生物数量和呼吸速率特征

深度/cm	发育阶段	细菌数量/$\times10^5$个	真菌数量/$\times10^4$个	放线菌数量/$\times10^4$个	微生物量数量/$\times10^5$个	呼吸速率/[μmol/（m²·s）]
0～20	幼龄林	2.31	0.55	0.65	2.43	1.14
	中龄林	1.75	1.05	0.53	1.91	0.51
	成熟林	2.93	2.55	3.38	3.52	0.91
	过熟林	5.25	0.95	2.40	5.59	0.59

表4-24　2011年三种典型林分土壤微生物组成

生物标志PLFAs	毛竹林	丝栗栲林	马尾松林
细菌/（nmol/g）	15.39	17.36	10.68
真菌/（nmol/g）	1.64	2.79	3.25
细放线菌/（nmol/g）	0.12	2.13	1.55
革兰氏阴性菌/（nmol/g）	2.23	0.44	1.35
革兰氏阳性菌/（nmol/g）	4.46	3.04	1.89
i∶a	2.05	3.47	1.86
sat∶mono	2.38	32.55	5.51

注：i∶a表示异构PLFAs与反异构PLFAs之比；sat∶mono表示饱和PLFAs与单不饱和PLFAs之比。

4.3.4 土壤酶活性数据集

（1）概述

森林生态系统土壤酶来自微生物、动物和植物等各种生物体及其分解产物，土壤酶是土壤中生化反应的催化剂，在物质转化中比土壤微生物具有更大作用，常常被用来指示土壤生物活性和土壤肥力。分析土壤微生物和土壤酶在土壤有机碳分解转化中的功能作用，探讨土壤生物学特征对土壤有机碳特征变化的影响效果，具有重要意义。本数据集整理了2005—2009年江西大岗山不同林分类型土壤酶活性变化特征的数据，为研究土壤呼吸强度与土壤酶活性的关系提供数据支撑。

（2）数据采集和处理方法

依据中华人民共和国国家标准《森林生态系统长期定位观测方法》（GB/T 33027—2016），纤维素酶的测定方法采用3，5-二硝基水杨酸比色法；蔗糖酶的测定方法采用3，5-二硝基水杨酸比色法；淀粉酶的测定方法采用蒽酮比色法；β-葡萄苷酶的测定方法采用2，6-二溴醌氯亚胺比色法；多酚氧化酶的测定方法采用邻苯三酚比色法；脲酶的测定方法采用铵态氮释放量法。土壤酶活性计算公式如下：

土壤脲酶活性（NH_4^+释放量法）：

$$w(N)=\frac{c\times V\times ts\times 14}{m\times k\times 2}\times 1\,000$$

式中：w（N）为土壤脲酶活性，以单位时间内铵态氮的释放量表示，mg/（kg·h）；c为1/2硫酸标准溶液的浓度，mol/L；V为硫酸标准溶液的体积，mL；ts为分取系数，2.5；14为氮的摩尔质量，mg/mmol；m为样品质量，g；k为烘干土换算系数；2为培养时间，2 h。

土壤磷酸酶活性（比色法）：

$$w(C_6H_5NO_3)=\frac{m_1}{m_2\times k}\times 1\,000$$

式中：w（$C_6H_5NO_3$）为土壤磷酸酶、芳基硫酸酶活性，以单位时间内对硝基苯酚质量表示，mg；m_1为测试溶液中对硝基苯酚的质量，mg；m_2为样品质量，g；k为烘干土换算系数。

土壤蔗糖酶活性（比色法）：

$$X=a\times 4$$

式中：X为蔗糖酶活性，以24 h后1 g土壤产生葡萄糖量来表示，mg；a为从标准曲线查得的葡萄糖的质量，mg；4为换算成1 g土的系数。

土壤多酚氧化酶活性（比色法）：

$$X=\frac{(a-6)\ T\times 7}{5}$$

式中：X为多酚氧化酶活性，以1 g土壤滤液的0.01 mol/L碘液的体积表示，mL；a为用于试验滴定的0.01 mol/L碘液的体积，mL；6为用于对照滴定的0.01 mol/L碘液的体积，mL；T为0.01 mol/L碘的滴定度的校正值；7为反应混合物的总体积，mL；5为风干土重，g。

土壤过氧化氢酶活性（比色法）：

$$X=(V_1\times V_2)/5$$

式中：X为过氧化氢酶活性，以单位土重的0.1 mol/L高锰酸钾的体积表示，mL；V_1为用于试验滴定的0.1 mol/L高锰酸钾的体积，mL；V_2为用于对照滴定的0.1 mol/L高锰酸钾的体积，mL；5为风干土重，g。

（3）数据质量控制和评估

①土壤样品采集后需保存在4 ℃的环境中，用以土壤酶活性的测定。

②采用差异性分析法将各点所测土壤酶活性控制在样地平均酶活性的90 %内。

（4）数据

具体土壤酶活性数据见表4-25至4-27。

表4-25 2005年6月不同林型土壤酶活性变化特征

林分类型	土层深度（cm）	脲酶/（mg/g）	过氧化物酶/（mg/g）	多酚氧化酶/（mg/g）
杉木人工林	0～20	0.24±0.08ab	4.19±0.45b	0.24±0.05c
	>20～40	0.12±0.04ab	3.70±0.42bc	0.22±0.07c
马尾松林	0～20	0.17±0.05b	5.39±0.54a	0.73±0.22a
	>20～40	0.06±0.03b	4.92±0.50a	0.68±0.19a
鹅掌楸林	0～20	0.18±0.07b	3.94±0.43b	0.56±0.12b
	>20～40	0.08±0.05ab	3.16±0.44c	0.38±0.08b
鹅掌楸-桤木混交林	0～20	0.23±0.08ab	4.42±0.48b	0.52±0.09b
	>20～40	0.12±0.05ab	3.94±0.45b	0.37±0.06b
天然次生林	0～20	0.37±0.18a	4.37±0.49b	0.57±0.07ab
	>20～40	0.13±0.04a	3.99±0.29b	0.48±0.03b

注：脲酶活性单位为每克土中铵态氮的质量；过氧化物酶活性、多酚氧化酶活性单位为每克土中含没食子素的质量。表中数据均为平均值±标准差，不同字母表示LSD检验差异达显著水平（$P<0.05$）。

表4-26 2009年3月不同海拔毛竹林土壤酶活性变化特征

海拔/m	纤维素酶/（mg/g）	蔗糖酶/（mg/g）	淀粉酶/（mg/g）	β-葡萄苷酶/（mg/g）	多酚氧化酶/（mg/g）
300	0.243±0.10	0.084±0.01	5.196±0.65	0.363±0.14	0.003±0.001
400	0.299±0.03	0.062±0.09	4.231±0.80	0.478±0.12	0.004±0.001
500	0.131±0.02	0.097±0.02	4.823±0.86	0.494±0.12	0.006±0.003
600	0.326±0.03	0.067±0.01	5.558±0.65	0.996±0.33	0.023±0.009
700	0.278±0.04	0.106±0.02	5.034±0.43	1.186±0.33	0.110±0.028

注：纤维素酶活性、蔗糖酶活性、淀粉酶活性单位为每克土中葡萄糖的质量；β-葡萄苷酶活性单位为每克土中含水杨醇的质量；多酚氧化酶活性单位为每克土中含没食子素的质量。

表4-27 杉木人工林不同发育阶段土壤酶活性变化特征

时间（年-月）	林分分类	纤维素酶	β-葡萄苷酶	蔗糖酶	淀粉酶	多酚氧化酶
2008-03	幼龄林	0.10±0.05	—	0.22±0.04	2.37±1.98	—
	中龄林	0.12±0.04	—	0.26±0.05	4.70±2.33	—
	近熟林	0.21±0.18	—	0.28±0.08	3.17±1.24	—
	成熟林	0.32±0.10	—	0.21±0.06	4.60±1.57	—
	过熟林	0.34±0.12	—	0.16±0.08	4.32±2.17	—

（续）

时间（年-月）	林分分类	纤维素酶	β-葡萄苷酶	蔗糖酶	淀粉酶	多酚氧化酶
2008-03	幼龄林	0.10±0.01	0.41±0.07	0.23±0.02	2.85±0.84	0.09±0.02
	中龄林	0.12±0.01	0.38±0.05	0.25±0.02	5.44±0.52	0.13±0.02
	近熟林	0.20±0.02	0.53±0.07	0.27±0.02	4.19±0.94	0.12±0.03
2009-03	成熟林	0.30±0.03	0.83±0.07	0.22±0.02	4.99±0.49	0.05±0.02
	过熟林	0.35±0.02	0.63±0.04	0.15±0.02	5.04±0.71	0.06±0.02

注：纤维素酶活性、蔗糖酶活性、淀粉酶酶活性单位为每克土中葡萄糖的质量；β-葡萄苷酶活性单位为每克土中含水杨醇的质量；多酚氧化酶活性单位为每克土中含没食子素的质量。

4.4 树木年轮数据集

树木年轮以其定年准确、分辨率高、连续性强、轮宽测量精度高、地域分布广泛及重建精度高等特点，成为国际上研究过去全球变化的重要技术途径之一。对树木年轮的研究可以更好地理解气候变化的特征和机理，预测未来的气候变化趋势。利用树木年轮宽度资料，可为研究区域历史时期气候变化提供基础数据与参考依据，同时也填补该地区利用年轮资料重建气候要素变化的空白，为当地长期生态学研究提供参考依据。

4.4.1 不同林分树木年轮数据集

（1）概述

通过对中亚热带地区不同林分树木的年轮宽度进行研究，可重建江西大岗山近百年来降水和温度序列，进而揭示该地区的气候变化对树木生长的影响。为此，本数据集基于现有研究内容，整理了2006—2014 江西大岗山不同林分类型的树木年轮率数据，为准确建立该地区的代用气候资料提供依据，以此为中亚热带地区的气候研究提供佐证。

（2）数据采集和处理方法

a. 样地设置

数据主要来自大岗山国家野外站不同林分类型森林样地的野外调查。按照中华人民共和国国家标准《森林生态系统长期定位观测方法》（GB/T 33027—2016），选取有代表性的地段，在样地内设置一个 20 m×20 m 的标准地，在样地的四周用红漆做出标记，并记录试验样地的基本信息。

b. 样品采集与处理

参照中华人民共和国国家标准《森林生态系统长期定位观测方法》（GB/T 33027—2016）执行。在每个样地同一树种样本为 20～30 株，选择基部和根茎无动物洞穴、无干梢、树干通直的树木，为尽量重建尽量长的年轮气候变化谱，应选取树龄较长的树木。

在距离地面 1.3 m 处用生长锥沿平行于坡向的方向，对准杉木树芯均匀用力顺时针旋转生长锥，每棵树钻取 2～3 个杉木样芯，剔除严重扭曲或较短的样芯。采集的样芯放置在吸管中保存，对吸管进行编号，并对样地坡度、海拔和树木生长信息做好记录。

在实验室将木芯晾干，并进行固定和打磨等处理，用骨架图法对木芯进行初步的交叉定年；用精度为 0.01 mm 的 LINTAB 5 年轮分析仪（产自德国）进行木芯年轮宽度的测量，得到的数据用 COFFCHA 程序进行进一步的交叉定年，对数据进行剔除、修改和完善；用 ARSTAN 软件对交叉定年后的数据进行处理，建立标准年表（STD）、差值年表（RES）和自回归年表（ARS）。

c. 分析方法

平均敏感度：平均敏感度（MS）反映的是气候的短期或高频变化，体现年表中包含气候信息的多少，是一个无量纲值的参数。平均敏感度越大则表明实验样本中所含有的气候信息量越高，多数研究表明平均敏感度一般在0.1～0.4。计算公式为

$$MS=\frac{1}{n-1}\sum_{i=1}^{n-1}\left|\frac{2(X_{i+1}-X_i)}{X_{i+1}+X_i}\right|$$

式中：X_i 为第 i 个年轮宽度值；X_{i+1} 为第 $i+1$ 个年轮宽度值；n 为样本的年轮总数。

信噪比：信噪比（SNR）反映的是气候信息与其他非气候信息的比值，能够说明实验样本中含有的共同环境因子信息。信噪比越大表明样本中气候信息量越高，样本共有信息越多。计算公式为

$$SNR=t\,\frac{r_{bt}}{1-r_{bt}}$$

式中：t 为样本数；r_{bt} 为树间的相关系数。

一阶自相关系数：样本的一阶自相关系数反映的是当年树轮的宽度生长受前一年气候因子的影响。系数值越大，表明上一年气候对当年树轮生长的影响也越大。

年轮指数：年轮指数是树木年轮实际宽度值与期望值之比。在利用树木年轮宽度的逐年变化建立年表时，为消除由遗传因子支配的、随树龄增加而产生的树木径向生长减缓趋势及其他非限制因子造成的树木生长波动，获得受主要限制因子制约造成的年轮宽度变化类型，通常采用统计学方法对原来的年轮宽度序列进行曲线拟合，如双曲线、指数函数、多项式和样条函数等，得到各年树木生长的期望值。

（3）数据质量控制和评估

①在样品采集过程中，活体树木用生长锥在树干胸径处采样，方向与山坡等高线方向一致，同一样地内采样方向必须保持一致，已死亡树木在树干均匀处截采样木盘。

②生长量订正和标准化过程，能够消除树木生长中与年轮增长相关联的趋势及部分树木之间的非一致性扰动，排除其中的非气候信号。

（4）数据

具体不同林分树木年轮数据见表4-28。

4.4.2 树木年轮与气候因子的相关性数据集

（1）概述

通过建立树木年轮宽度对气象要素的响应关系，为中亚热带地区气象长序列资料的反演提供科学依据。为此，本数据集整理了树木年轮与气候因子的相关性数据集，探求中亚热带地区树木年生长量与气候要素变化的关系，通过周期性的气候要素变化规律来进一步地预测过去和将来的气候变化，为深入指导农林业生产和灾害性天气预报提供参考依据。

（2）数据采集和处理方法

a. 气象数据选取

树木横向生长与外界气候因子的关系极为复杂，可受当年生长季与前一年或更长时间气温、降水、蒸发等要素的影响。但是根据在干旱、半干旱地区和高寒地区树木生长的生物学模式，产生树木窄轮的限制性因子主要是温度与降水。选择距离大岗山林区最近的分宜县气象站（27°49′N、114°41′E）的监测资料作为参考资料，海拔高度为97.1 m。获得的气象资料为多年月平均气温、月平均最高温度、月平均最低温度和月总降水量。

表 4-28　不同林分综合年表的主要特征参数及公共区间分析结果

树种	年份（年）	海拔/m	样本量/个	年表长度	公共区间（年）	年表类型	平均敏感度	标准差	一阶自相关系数	树间平均相关系数	信噪比	样本总体代表性	第一主成分所占方差量/%
丝栗栲	2006	—	45	—	1975—2005	RES	0.173 5	0.160 2	0.062	0.417	32.187	0.969	32.79
樟树	2006	—	43	—	1966—2005	RES	0.211 0	0.183 2	0.126	0.434	32.972	0.970	38.69
马尾松	2008	300	27	133	1912—2007	STD	0.160 3	0.240 6	0.679	0.328	12.694	0.927	37.60
						RES	0.197 6	0.170 7	−0.034	0.302	11.236	0.918	33.33
						ARS	0.153 5	0.241 4	0.710	—	—	—	—
	2008	550	15	105	1949—2007	STD	0.174 5	0.191 5	0.396	0.203	2.596	0.722	30.69
						RES	0.221 2	0.182 0	−0.080	0.303	4.680	0.824	37.59
						ARS	0.187 5	0.184 9	0.232	—	—	—	—
	2008	650	24	132	1906—2007	STD	0.176 5	0.280 8	0.706	0.424	16.960	0.944	47.53
						RES	0.186 8	0.171 3	0.018	0.365	13.235	0.930	39.81
						ARS	0.153 5	0.250 5	0.706	—	—	—	—
	2008	730	24	124	1919—2007	STD	0.152 1	0.221 0	0.666	0.310	9.004	0.900	36.78
						RES	0.183 7	0.161 1	0.012	0.345	10.531	0.913	38.37
						ARS	0.149 2	0.216 7	0.671	—	—	—	—
杉木	2014	—	29	—	1924—2007	STD	0.174 0	0.110 0	0.132	0.483	32.698	0.970	42.70
						RES	0.182 0	0.133 0	0.118	0.467	30.666	0.968	49.10

b. 分析方法

在树木生长与气候因子之间的线性关系的研究中，采用相关函数和响应函数的方法，对树木生长与气候因子进行相关分析和响应分析，确定所要重建的气候要素，通过对全年各月、不同月组合及季节的气候要素数据与树木年轮宽度序列的相关分析，选取最佳的重建季节。

相关函数是以年轮资料与气候要素之间的简单的相关系数为表现形式，它计算简单，易解释，但只能考虑单个气候要素与树木生长的关系。

响应函数分析则采用数理统计中的多变量回归分析方法，先将多个气候要素做主分量变换后再和年轮年表做逐步回归，然后将主分量的回归系数转换为对应于原始气候要素的回归系数，并且以其大小和正负表示树木生长对气候要素的响应程度。因此，响应函数能分析出树木生长对多个气候要素的响应关系。

（3）数据质量控制和评估

虽然相关函数可以较为直接地反映树木年轮生长与气候要素之间的相关关系，但这种单个气候要素与年轮宽度之间的简单相关一般难以表述树木生长对整个气候变化的响应，因为树木生长往往是两个以上因子共同作用的结果。响应函数虽可以同时考虑树木生长对多个气候要素的响应，但其回归系数的置信区间常被估计过窄，造成过分强调某些气候要素的作用。为了弥补两种方法各自的不足，在分析时，两种方法均被采用。

（4）数据

具体树木年轮与气候因子的相关性数据见表4-29。

表4-29 不同林分综合年表与气候因子相关分析结果

树种	年表类型	气候因子	1月	2月	3月	4月	5月	6月	7月	8月	9月	10月	11月	12月
丝栗栲	RES	月降水量	0.08	0.22	−0.12*	0.29	−0.05	−0.29	−0.35**	−0.04	0.22	0.17	0.03	−0.33*
		月平均温度	−0.06	−0.19	−0.11	0.30*	0.21	0.11	0.28*	−0.01	−0.22	0.09	0.23	0.13
樟树	RES	月降水量	0.10	0.07	0.05	0.07	−0.31**	0.25*	0.02	−0.32**	−0.22	−0.03	0.06	−0.27*
		月平均温度	−0.02	−0.02	−0.10	0.30*	0.32**	−0.24	0.21	0.02	0.02	0.10	0.13	−0.09
马尾松	STD	月平均温度	0.03	−0.22	0.24	−0.12	0.26	−0.26	0.29**	0.52**	0.49**	0.11	0.01	−0.21
		月降水量	−0.51**	−0.08	−0.10	0.31*	−0.09	−0.11	−0.19	−0.24	−0.68**	0.19	−0.21	0.05
		平均最低温度	−0.42**	−0.45**	0.03	−0.37*	−0.16	−0.43**	−0.32*	−0.16	−0.22	−0.22	−0.16	−0.36*
		平均最高温度	0.19	−0.11	0.22*	−0.35*	0.02	−0.37*	0.18	0.32*	0.16	0.02	0.02	−0.21
	RES	月平均温度	−0.02	−0.11	0.08	0.03	0.21	−0.12	0.26*	0.33**	0.43**	0.18	0.14	0.03
		月降水量	−0.21	0.09	−0.19	0.21	−0.13	0.04	−0.11	−0.21	−0.27*	−0.07	0.08	0.02
		平均最低温度	−0.20	−0.20	0.21	−0.11	−0.23	0.02	−0.10	−0.03	−0.11	−0.19	−0.10	−0.19
		平均最高温度	0.11	0.09	0.26*	−0.27	−0.11	−0.03	0.12	0.11	0.08	0.03	0.03	−0.20
杉木	STD	月平均温度	−0.09	0.08	−0.21	0.21*	0.30**	0.18	−0.27*	0.02	−0.13	0.06	0.04	−0.13
		月降水量	0.03	0.04	−0.11	0.06	−0.23*	0.28**	0.08	−0.19*	−0.14	0.10	0.09	0.17*

注：*表示置信区间达到95%的显著水平；**表示置信区间达到99%的显著水平。

4.5 大岗山国家野外站出版物

4.5.1 标准规范

（1）国家林业局，2016. 森林生态系统长期定位观测方法（GB/T 33027—2016）. 北京：中国标

准出版社 .

（2）国家林业局，2017. 森林生态系统长期定位观测指标体系（GB/T 35377—2017）. 北京：中国标准出版社 .

（3）国家林业和草原局，2020. 森林生态系统服务功能评估规范（GB/T 38582—2020）. 北京：中国标准出版社 .

（4）国家林业和草原局，2021. 森林生态系统长期定位观测研究站建设规范（GB/T 40053—2021）. 北京：中国标准出版社 .

（5）国家林业局退耕还林（草）工程管理办公室，2016. 退耕还林工程生态效益监测与评估规范（LY/T 2573—2016）. 北京：中国标准出版社 .

（6）国家林业局，2015. 森林生态系统生物多样性监测与评估规范（LY/T 2241—2014）. 北京：中国标准出版社 .

（7）国家林业局，2010. 森林生态系统定位研究站数据管理规范（LY/T 1872—2010）. 北京：中国标准出版社 .

（8）国家林业局，2010. 森林生态站数字化建设技术规范（LY/T 1873—2010）. 北京：中国标准出版社 .

（9）国家林业局，2008. 寒温带森林生态系统定位观测指标体系（LY/T 1722—2008）. 北京：中国标准出版社 .

（10）国家林业局，2007. 暖温带森林生态系统定位观测指标体系（LY/T 1689—2007）. 北京：中国标准出版社 .

（11）国家林业局，2007. 干旱半干旱区森林生态系统定位观测指标体系（LY/T 1688—2007）. 北京：中国标准出版社 .

（12）国家林业局，2007. 热带森林生态系统定位观测指标体系（LY/T 1687—2007）. 北京：中国标准出版社 .

（13）国家林业局，2005. 森林生态系统定位研究站建设技术要求（LY/T 1626—2005）. 北京：中国标准出版社 .

4.5.2 专著

（14）张永利，杨锋伟，王兵，等，2010. 中国森林生态系统服务功能研究 . 北京：科学出版社 .

（15）《中国森林生态服务功能评估》项目组，2010. 中国森林生态服务功能评估 . 北京：中国林业出版社 .

（16）《中国森林资源核算研究》项目组，2015. 生态文明制度构建中的中国森林资源核算研究 . 北京：中国林业出版社 .

（17）国家林业局，2014. 2013 退耕还林工程生态效益监测国家报告 . 北京：中国林业出版社 .

（18）国家林业局，2015. 2014 退耕还林工程生态效益监测国家报告 . 北京：中国林业出版社 .

（19）国家林业局，2016. 2015 退耕还林工程生态效益监测国家报告 . 北京：中国林业出版社 .

（20）国家林业局，2017. 2016 退耕还林工程生态效益监测国家报告 . 北京：中国林业出版社 .

（21）国家林业和草原局，2019. 2017 退耕还林工程综合效益监测国家报告 . 北京：中国林业出版社 .

（22）国家林业局，2018. 中国森林资源及其生态功能四十年监测与评估 . 北京：中国林业出版社 .

（23）王兵，牛香，陶玉柱，等，2018. 森林生态学方法论 . 北京：中国林业出版社 .

（24）王兵，牛香，陶玉柱，等，2019. 森林生态学研究方法 . 北京：中国林业出版社 .

（25）国家林业和草原局，2020. 中国陆地生态系统质量研究报告（2020 年）——森林卷 . 北京：中国林业出版社 .

（26）陈志泊，崔晓晖，李巨虎，等，2021.“互联网＋生态站”：理论创新与跨界实践．北京：中国林业出版社．

（27）王兵，聂道平，郭泉水，等，2003.大岗山森林生态系统研究．北京：中国科学技术出版社．

（28）王兵，崔向慧，包永江，等，2003.生态系统长期观测与研究网络．北京：中国科学技术出版社．

（29）王兵，李海静，郭泉水，等，2005.江西大岗山森林生物多样性研究．北京：中国林业出版社．

（30）王兵，丁访军，宋庆丰，等，2012.森林生态系统长期定位研究标准体系．北京：中国林业出版社．

（31）蒋有绪，郭泉水，马娟，1998.中国森林群落分类及其群落学特征．北京：科学出版社．

（32）刘世荣，温远光，王兵，1996.中国森林生态系统水文生态功能规律．北京：中国林业出版社．

4.5.3 英文期刊文章

（33）Wang B，Yu C D，Bao K C，et al.，2009. Wood-rotting fungi in Eastern China 4. Polypores from Dagang Mountains，Jiangxi Province. Cryptogam Mycol，30（3）：233－241.

（34）Wang B，Cui B K，Li H J，et al.，2011. Wood-Rotting Fungi in Eastern China 5. Polypore Diversity in Jiangxi Province. Annales Botanici Fennici，48（3）：237－246.

（35）Wang B，Jiang Y，2011. Effects of forest type，stand age，and altitude on soil respiration in subtropical forests of China. Scandinavian Journal of Forest Research，26（1）：40－47.

（36）Niu X，Wang B，Liu S R，2012. Economical assessment of forest ecosystem services in China：Characteristics and Implications. Ecological Complexity，11：1－11.

（37）Wang B，Gao P，2012. Relationship of tree ring width of Cinnamomum camphora with climate factors in Southern China. African journal of agricultural research，7（15）：2297－2303.

（38）Wang B，Wei W J，Xing Z K，et al.，2012. Biomass carbon pools of Cunninghamia lanceolata（Lamb.）Hook. Forests in Subtropical China：Characteristics and Potential. Scandinavian Journal of Forest Research，27（6）：545－560.

（39）Niu X，Wang B，Wei W J，2013. Chinese Forest Ecosystem Research Network：A platform for observing and studying sustainable forestry. Journal of Food，Agriculture & Environment，11（2）：1008－1016.

（40）Wang B，Wang D，Niu X，2013. Past，present and future forest resources in China and the implications for carbon sequestration dynamics. Journal of Food，Agriculture & Environment，11（1）：801－806.

（41）Wang B，Wei W J，Liu C J，et al.，2013. Biomass and carbon stock in Moso Bamboo forests in subtropical China：Characteristics and Implications. Journal of Tropical Forest Science，25（1）：137－148.

（42）Xue P P，Wang B，Niu X，2013. A simplified method for assessing forest health，with application to Chinese fir plantations in Dagang Mountain，Jiangxi，China. Journal of Food Agriculture and Environment，11（2）：1232－1238.

（43）Pang H，Dai W，Wang B，et al.，2013. Organic carbon content and mineralization characteristics of soil in a subtropical Pinus massoniana forest. Journal of Chemical & Pharmaceutical Research，5（12）：1363－1369.

（44）Wang D，Wang B，Niu X，2013. Forest carbon sequestration in China and its benefits. Scandinavian Journal of Forest Research，29（1）：51－59.

（45）Niu X，Wang B，2014. Assessment of forest ecosystem services in China：A methodology. Journal of Food Agriculture and Environmen，11（3）：2249－2254.

（46）Xue P P，Wang B，Niu X，2015. Using minirhizotrons to estimate fine root turnover rate as a forest ecosystem health indicator in Moso bamboo forests in Dagang Mountain. Plant Biosystems，149（4）：747－756.

（47）Wei W J，You W，Zhang H，et al.，2016. Soil respiration during freeze-thaw cycles in a temperate Korean Larch（Larix olgensis Herry.）plantation. Scandinavian Journal of Forest Research，31（8）：742－749.

（48）Song Q，Wang B，et al.，2016. Endangered and endemic species increase forest conservation values of species diversity based on the Shannon-Wiener index. iForest-Biogeosciences and Forestry，9（1）：469－474.

（49）Jiang Y，Wang B，Niu X，et al.，2016. Contribution of soil fauna respiration to CO2 flux in subtropical Moso bamboo（Phyllostachys pubescens）forests：a comparison of different soil treatment methods. Environmental Earth Sciences，75（13）：1－11.

（50）Wang B，Gao P，Niu X，et al.，2017. Policy-driven China's Grain to Green Program：Implications for ecosystem services. Ecosystem Services，27：38－47.

（51）Zhang W K，Wang B，Niu X，2017. Relationship between Leaf Surface Characteristics and Particle Capturing Capacities of Different Tree Species in Beijing. Forests，8（3）：92.

（52）Niu X，Wang B，Wei W，2017. Roles of ecosystems in greenhouse gas emission and haze reduction in China. Polish Journal of Environmental Studies，26（3）：955－959.

（53）Zhang Q，Che J，Wang S，et al.，2018. Vegetation and Soil Carbon Storage of Some Typical Subtropical Evergreen Broad-leaved Forest in Dagang Mountain// 2018 7th International Conference on Energy，Environment and Sustainable Development（ICEESD 2018）.

（54）Liu X，Luan Y，Dai W，et al.，2018. Factors affecting soil organic carbon in a Phyllostachys edulis forest. Journal of Forestry Research，30（1）：1487－1494.

（55）Wang H，Wang B，Niu X，et al.，2018. Distribution of Carbon and Nitrogen and Ecological Stoichiometry of the Plant-Litter-Soil Continuum in an Evergreen Broad-Leaved Forest，Preprints，2018.

（56）Sun J N，Gao P，Li C，et al.，2019. Ecological stoichiometry characteristics of the leaf-litter-soil continuum of Quercus acutissima Carr. and Pinus densiflora Sieb. in Northern China. Environmental Earth Sciences，78（1）：20.1－20.13.

（57）Liu S T，Gao P，Liu P W，et al.，2019. The Response of Chinese Fir Forest Tree Ring Growth to Climate Change in China's Dagangshan Region. Polish Journal of Environmental Studies，28（4）.

（58）Huang L，Wang B，Niu X，et al.，2019. Changes in ecosystem services and an analysis of driving factors for China's Natural Forest Conservation Program. Ecology and Evolution，9（7）：3700－3716.

（59）Wang H，Wang B，Niu X，et al，2020. Distribution and eco-stoichiometry of carbon and nitrogen of the plant-litter-soil continuum in evergreen broad-leaved forest. Energy Sources Part A Recovery Utilization and Environmental Effects（8）：1－12.

（60）Zhang X Q，Cao Q V，Wang H C，et al.，2020. Projecting Stand Survival and Basal Area Based on a Self-Thinning Model for Chinese Fir Plantations. Forest Science，66（3）：361－370.

（61）Zhang X Q，Wang Z，Cnhin S，et al.，2020. Relative contributions of competition，stand structure，age，and climate factors to tree mortality of Chinese fir plantations：Long-term spacing trials in southern China. Forest Ecology and Management，465：118103.

（62）Sun J N，Gao P，Xu H D，et al.，2020. Decomposition dynamics and ecological stoichiometry of Quercus acutissima and Pinus densiflora litter in the Grain to Green Program Area of northern China. Journal of Forestry Research，31（5）：1613－1623.

（63）Wang H，Wang B，Niu X，et al.，2020. Distribution and eco-stoichiometry of carbon and nitrogen of the plant-litter-soil continuum in evergreen broad-leaved forest. Energy Sources Part A Recovery Utilization and Environmental Effects（8）：1－12.

（64）Wang H，Wang B，Niu X，et al.，2020. Study on the change of negative air ion concentration and its influencing factors at different spatio-temporal scales. Global Ecology and Conservation，23（8）：e01008.

（65）Wei W，Wang B，Niu X，2020. Soil Erosion Reduction by Grain for Green Project in Desertification Areas of Northern China. Forests，11（4）：473.

（66）Wei W，Wang B，Niu X，2020. Forest Roles in Particle Removal during Spring Dust Storms on Transport Path. International Journal of Environmental Research and Public Health，17（2）：478.

（67）Qiao H，Luan Y，Wang B，et al，2020. Analysis of spatiotemporal variations in the characteristics of soil microbial communities in Castanopsis fargesii forests. Journal of Forestry Research，31（5）：1975－1984.

（68）Niu X，Wang B，Wei W，2020. Response of the particulate matter capture ability to leaf age and pollution intensity. Environmental Science and Pollution Research，27（16）：34258－34269.

（69）Wang B，Niu X，Wei W，2020. National Forest Ecosystem Inventory System of China：Methodology and Applications. Forests，11（7）：732.

4.5.4　中文期刊文章

（70）喻龙华，陈珍明，厉月桥，等，2021. 大岗山天然南方红豆杉种子雨与土壤种子库动态研究．安徽农学通报，27（15）：82－86＋171.

（71）白浩楠，牛香，王兵，等，2021. 大岗山常绿阔叶林不同生活型树种多度分布格局．热带生物学报，12（1）：49－56.

（72）王兵，牛香，宋庆丰，2021. 基于全口径碳汇监测的中国森林碳中和能力分析．环境保护，49（16）：30－34.

（73）王兵，牛香，宋庆丰，2020. 中国森林生态系统服务评估及其价值化实现路径设计．环境保护，48（14）：28－36.

（74）李智超，张勇强，厚凌宇，等，2020. 杉木人工林土壤微生物对林分密度的响应．浙江农林大学学报，37（1）：76－84.

（75）宋庆丰，王兵，牛香，等，2020. 江西大岗山低海拔常绿阔叶林物种组成与群落结构特征．生态学杂志，39（2）：384－393.

（76）郭志文，赵文霞，罗久富，等，2019. 大岗山亚热带常绿阔叶林 16 种木本植物功能性状的变异特征．福建师范大学学报（自然科学版），35（1）：82－87.

（77）李智超，张勇强，宋立国，等，2019. 江西大岗山不同林龄杉木人工林土壤碳氮储量．中南林业科技大学学报，39（10）：116－122.

（78）伍汉斌，段爱国，张建国，等，2019. 杉木地理种源长期选择效果研究．林业科学研究，32（3）：9－17.

（79）陈传松，司芳芳，2018. 江西大岗山地区杉木直径分布模型的研究．林业科技通讯，（12）：17－19.

（80）陈传松，司芳芳，2018. 江西大岗山地区杉木树高曲线模型的研究．林业科技通讯，（11）：16－18.

（81）高瑶瑶，王兵，宋庆丰，2018. 江西大岗山常绿阔叶林的降水再分配．温带林业研究，1（2）：20－25.

（82）刘潘伟，高鹏，刘晓华，等，2018. 大岗山流域土壤碳氮要素空间分布特征及影响因素．中国水土保持科学，16（2）：73－79.

（83）袁雅琪，谭新建，钟秋平，等，2018. 不同种源地杉木良种选择与评价．中南林业科技大学学报，38（9）：77－81＋88.

（84）夏晨，范慧涛，彭博，等，2017. 大岗山针叶与阔叶林林分结构比较分析．河北林果研究，32（1）：17－21.

（85）赵雨虹，范少辉，罗嘉东，2017. 毛竹扩张对常绿阔叶林土壤性质的影响及相关分析．林业科学研究，30（2）：354－359.

（86）钟文斌，谭新建，王财英，等，2016. 江西大岗山木荷天然林群落物种多样性分析．绿色科技（21）：63－64.

（87）李超，赵广东，王兵，等，2016. 中亚热带樟科 3 种植物幼苗叶结构型性状的种间差异及其相关性．植物科学学报，34（1）：27－37.

（88）刘希珍，范少辉，刘广路，等，2016. 毛竹林扩展过程中主要群落结构指标的变化特征．生态学杂志，35（12）：3165－3171.

（89）钟文斌，谭新建，王财英，等，2016. 江西大岗山木荷天然林群落物种多样性分析．绿色科技（21）：63－64.

（90）赵雨虹，范少辉，夏晨，2015. 南方三种典型林分水源涵养价值个案分析——以江西大岗山毛竹林、常绿阔叶林及其混交林为例．林业经济，37（11）：118－120.

（91）赵雨虹，范少辉，夏晨，2015. 亚热带 4 种常绿阔叶林林分枯落物储量及持水功能研究．南京林业大学学报（自然科学版），39（6）：93－98.

（92）刘彩霞，焦如珍，董玉红，等，2015. 模拟氮沉降对杉木林土壤氮循环相关微生物的影响．林业科学，51（4）：96－102.

（93）宋庆妮，杨清培，欧阳明，等，2015. 毛竹扩张的生态后效：凋落物水文功能评价．生态学杂志（8）：207－213.

（94）刘希珍，封焕英，蔡春菊，等，2015. 毛竹向阔叶林扩展过程中的叶功能性状研究．北京林业大学学报，37（8）：8－17.

（95）刘胜涛，高鹏，李肖，等，2015. 江西大岗山杉木人工林降雨截留特征及修正 Gash 模型的模拟．水土保持学报，29（2）：172－176.

（96）刘彩霞，焦如珍，董玉红，等，2015. 杉木林土壤微生物区系对短期模拟氮沉降的响应．林业科学研究，28（2）：271－276.

（97）蔡飞，邹斌，郑景明，等，2014. 亚热带常绿阔叶林 11 个树种的细根形态及碳氮含量研究. 西北农林科技大学学报（自然科学版），42（5）：45－54.

(98) 李道宁，王兵，蔡体久，等，2014. 江西省大岗山主要森林类型降雨再分配特征．应用生态学报，25 (8)：2193-2200.

(99) 王致远，赵广东，王兵，等，2014. 丝栗栲、苦槠和青冈幼苗叶片光合生理指标对人工增温和施氮的响应．水土保持学报，28 (4)：293-298.

(100) 喻志强，赵广东，王兵，等，2013. 人工控制增温和施氮对丝栗栲和苦槠幼苗生长状况的影响．江西农业大学学报，35 (1)：102-107.

(101) 王致远，赵广东，王兵，等，2014. 丝栗栲、苦槠和青冈幼苗叶片功能性状对增温和施氮的响应．东北林业大学学报，42 (12)：43-49.

(102) 殷卓，王兵，蔡体久，等，2013. 江西大岗山不同密度杉木林林冠截留特征研究．安徽农业科学，41 (36)：13945-13948.

(103) 薛沛沛，王兵，牛香，2013. 大岗山不同海拔毛竹林土壤肥力的灰色关联度分析．浙江农业学报，25 (6)：1354-1359.

(104) 宋庆妮，杨清培，余定坤，等，2013. 赣中亚热带森林转换对土壤氮素矿化及有效性的影响．生态学报，33 (22)：7309-7318.

(105) 潘勇军，王兵，陈步峰，等，2013. 江西大岗山杉木人工林生态系统碳汇功能研究．中南林业科技大学学报，33 (10)：120-125.

(106) 沈爱民，丁进义，杨清培，等，2013. 江西大岗山常绿阔叶林土壤有效氮季节动态特征．北京农业，(27)：44-45.

(107) 宋庆妮，杨清培，刘骏，等，2013. 毛竹扩张对常绿阔叶林土壤氮素矿化及有效性的影响. 应用生态学报，24 (2)：338-344.

(108) 王栋栋，王兵，刘苑秋，等，2013. 雨雪冰冻灾害对江西大岗山森林水文效应的影响．林业资源管理 (3)：112-118.

(109) 薛沛沛，王兵，牛香，2013. 大岗山杉木人工林生态系统冰冻雨雪灾害后健康经营研究．江西农业学报，25 (3)：26-29.

(110) 薛沛沛，王兵，2013. 大岗山杉木人工林大径材培育优化技术．浙江农业科学 (3)：297-299.

(111) 刘骏，杨清培，宋庆妮，等，2013. 毛竹种群向常绿阔叶林扩张的细根策略．植物生态学报，37 (3)：230-238.

(112) 桂俊生，汪志宏，贾佑改，等，2013. 毛竹林向阔叶林扩张过程中细根生物量变化．农业与技术，33 (1)：51.

(113) 宋庆妮，杨清培，王兵，等，2013. 水分变化对毛竹林与常绿阔叶林土壤N素矿化的潜在影响．生态文明建设中的植物学：现在与未来——中国植物学会会员代表大会暨八十周年学术年会．

(114) 余定坤，杨清培，杨光耀，等，2013. 竹林—阔叶林界面土壤与植物磷素异质性研究．生态文明建设中的植物学：现在与未来——中国植物学会会员代表大会暨八十周年学术年会．

(115) 祁红艳，杨清培，陈伏生，等，2013. 毛竹向阔叶林扩张策略：根际效应．生态文明建设中的植物学：现在与未来——中国植物学会第十五届会员代表大会暨八十周年学术年会论文集——第2分会场：植物生态与环境保护．

(116) 宋庆妮，杨清培，刘骏，等，2013. 毛竹扩张对常绿阔叶林土壤氮素矿化及有效性的影响. 应用生态学报，24 (2)：338-344.

(117) 赵磊，王兵，蔡体久，等，2013. 江西大岗山不同密度杉木林枯落物持水与土壤贮水能力研究．水土保持学报，27 (1)：203-208+246.

(118) 薛沛沛，王兵，牛香，2012. 大岗山常绿阔叶林近自然经营技术模式研究．重庆林业科技

(3)：4.

(119) 薛沛沛，王兵，牛香，等．森林生态系统健康评估方法的现状与前景．中国水土保持科学，10 (5)：109-115.

(120) 孙武，牛树奎，赵蓓，等，2012. 大岗山地区主要林型可燃物调查与林火行为．江西农业大学学报，34 (6)：1171-1179.

(121) 杨清培，王兵，郭起荣，等，2012. 大岗山毛竹林中主要树种生态位及DCA排序分析．江西农业大学学报，34 (6)：1163-1170+1185.

(122) 赵蓓，郭泉水，牛树奎，等，2012. 大岗山林区几种常见灌木生物量估算与分析．东北林业大学学报，40 (9)：28-33.

(123) 吴永铃，王兵，戴伟，等，2012. 杉木人工林土壤酶活性与土壤性质的通径分析．北京林业大学学报，34 (2)：78-73.

(124) 安晓娟，李萍，戴伟，等，2012. 亚热带几种林分类型土壤有机碳变化特征及与土壤性质的关系．中国农学通报，28 (22)：53-58.

(125) 杨清培，王兵，郭起荣，等，2011. 大岗山毛竹扩张对常绿阔叶林生态系统碳储特征的影响．江西农业大学学报，33 (3)：529-536.

(126) 王兵，杨清培，郭起荣，等，2011. 大岗山毛竹林与常绿阔叶林碳储量及分配格局．广西植物，31 (3)：342-348.

(127) 吴永铃，王兵，赵超，等，2011. 杉木人工林不同发育阶段土壤肥力综合评价研究．西北农林科技大学学报（自然科学版)，39 (1)：69-75.

(128) 宋庆妮，杨清培，杨光耀，等，2011. 亚热带毛竹林土壤氮素矿化与吸收动态特征．霍山：中国竹业学术大会．

(129) 王丹，王兵，戴伟，等，2011. 杉木生长及土壤特性对土壤呼吸速率的影响．生态学报，31 (3)：680-688.

(130) 王丹，王兵，戴伟，等，2011. 杉木人工林土壤系统有机碳相关变量的通径分析．土壤通报，42 (4)：822-827.

(131) 王丹，王兵，戴伟，等，2011. 杉木人工林土壤有机质相关变量的敏感性分析．北京林业大学学报，33 (1)：78-83.

(132) 乔磊，王兵，郭浩，等，2011. 江西大岗山地区7—9月降水量的重建与分析．生态学报，31 (8)：2272-2280.

(133) 丁访军，王兵，赵广东，2011. 毛竹树干液流变化及其与气象因子的关系．林业科学，47 (7)：73-81.

(134) 姜艳，王兵，汪玉如，等，2010. 亚热带林分土壤呼吸及其与土壤温湿度关系的模型模拟. 应用生态学报，21 (7)：1641-1648.

(135) 王小明，曹永慧，周本智，等，2010. 雨雪冰冻灾害干扰对不同海拔毛竹林凋落物的影响. 经济发展方式转变与自主创新——第十二届中国科学技术协会年会．

(136) 姜艳，王兵，汪玉如，2010. 江西大岗山毛竹林土壤呼吸时空变异及模型模拟．南京林业大学学报（自然科学版)，34 (6)：47-52.

(137) 王丹，戴伟，王兵，等，2010. 杉木人工林不同发育阶段土壤性质变化的研究．北京林业大学学报，(3)：59-63.

(138) 刘骏，杨清培，等，2010. 大岗山毛竹林向阔叶林扩张过程中细根生物量变化．南昌：中国林学会竹子分会四届四次全委会暨中国竹业学术大会．

(139) 王燕，刘苑秋，曾炳生，等，2010. 江西大岗山常绿阔叶林土壤养分特征研究．江西农业大学学报，32（1）：96-100.

（140）李萍，王兵，戴伟，等，2010. 亚热带几种林分类型的土壤肥力评价研究．北京林业大学学报（3）：52-58.

（141）陈双林，杨清平，郭子武，等，2010. 海拔对毛竹林土壤物理性质和水分特性的影响．林业工程学报，24（1）：72-75.

（142）郭浩，汪玉如，王兵，2010. 中国栎林生态服务功能评估．中山大学学报（自然科学版），49（3）：79-85.

（143）时培建，郭世权，杨清培，等，2010. 毛竹的异质性空间点格局分析．生态学报，30（16）：4401-4407.

（144）王燕，刘苑秋，杨清培，等，2009. 江西大岗山常绿阔叶林群落特征研究．江西农业大学学报，31（6）：1055-1062+1068.

（145）王兵，王燕，郭浩，等，2009. 江西大岗山毛竹林碳贮量及其分配特征．北京林业大学学报，31（6）：39-42.

（146）林英华，孙家宝，张夫道，2009. 我国重要森林群落凋落物层土壤动物群落生态特征．生态学报，29（6）：2938-2944.

（147）王兵，高鹏，郭浩，等，2009. 江西大岗山林区樟树年轮对气候变化的响应．应用生态学报，20（1）：71-76.

（148）王兵，郭浩，2009. 影响丝栗栲树干液流速度的环境因子分析．南京林业大学学报（自然科学版），33（01）：43-48.

（149）王丹，王兵，戴伟，等，2009. 不同发育阶段杉木林土壤有机碳变化特征及影响因素．林业科学研究，22（5）：667-671.

（150）郑秋红，王兵，2009. 稳定性同位素技术在森林生态系统碳水通量组分区分中的应用．林业科学研究，22（1）：109-114.

（151）王兵，王燕，赵广东，2008. 江西大岗山三种主要植被类型枯落物水文性能研究．水土保持研究，15（6）：197-199.

（152）魏文俊，王兵，郭浩，2008. 基于森林资源清查的江西省森林贮碳功能研究．气象与减灾研究，31（6）：18-23.

（153）丁访军，王兵，郭浩，2008. 江西大岗山森林生态系统水源涵养功能及其时空分布格局．江西科学（5）：714-718.

（154）李素艳，黄瑜，张建国，2008. 人工杉木林间伐对水土流失影响的研究．北京林业大学学报（3）：120-123.

（155）马向前，王兵，郭浩，等，2008. 江西大岗山森林生态系统健康研究．江西农业大学学报（1）：59-63.

（156）王燕，王兵，赵广东，等，2008. 江西大岗山3种林型土壤水分物理性质研究．水土保持学报（1）：151-153+173.

（157）王兵，魏文俊，李少宁，等，2008. 中国杉木林生态系统碳储量研究．中山大学学报（自然科学版，1）：93-98.

（158）李少宁，王兵，郭浩，等，2007. 大岗山森林生态系统服务功能及其价值评估．中国水土保持科学（6）：58-64.

（159）林英华，刘海良，张夫道，等，2007. 江西大岗山杉木凋落层土壤动物群落动态及多样性. 林业科学研究（5）：609-614.

（160）陈滨，赵广东，冷泠，等，2007. 江西大岗山杉木人工林生态系统土壤呼吸研究．气象与减灾研究（3）：12－16.

（161）王兵，魏文俊，2007. 江西省森林碳储量与碳密度研究. 江西科学，5（6）：681－687.

（162）张连举，王兵，刘苑秋，等，2007. 大岗山四种林型夏秋季土壤呼吸研究. 江西农业大学学报（1）：72－76＋84.

（163）林英华，杨德付，张夫道，等，2006. 栎林凋落层土壤动物群落结构及其在凋落物分解中的变化. 林业科学研究（3）：331－336.

（164）王兵，李少宁，2006. 数字化森林生态站构建技术研究. 林业科学（1）：116－121.

（165）沈静，陈志泊，2006. 基于 WebGIS 的森林生态站信息管理系统——以江西大岗山森林生态站为例. 林业资源管理，（2）：92－96.

（166）崔向慧，李海静，王兵，2006. 江西大岗山常绿阔叶林生态系统水量平衡的研究. 林业科学（2）：8－12.

（167）王旭琴，戴伟，夏良放，等，2006. 亚热带不同人工林土壤理化性质的研究. 北京林业大学学报 28（6）：56－59.

（168）王兵，李海静，李少宁，等，2005. 大岗山中亚热带常绿阔叶林物种多样性研究. 江西农业大学学报（5）：678－682＋699.

（169）王兵，李少宁，李利学，等，2005. 大岗山森林生态系统优化管理模式研究. 江西农业大学学报（5）：683－688.

（170）王兵，赵广东，李少宁，等，2005. 江西大岗山常绿阔叶林优势种丝栗栲和苦槠栲光合日动态特征研究. 江西农业大学学报（4）：576－579.

（171）李海静，王兵，李少宁，等，2005. 江西大岗山森林植物区系研究. 江西植保（2）：56－62.

（172）王兵，李少宁，崔向慧，2005. 大岗山森林生态系统优化管理模式研究. 中国生态学会、安徽生态省建设领导小组办公室. 循环·整合·和谐——第二届全国复合生态与循环经济学术讨论会论文集. 中国生态学会、安徽生态省建设领导小组办公室：中国生态学学会，374－381.

（173）赵广东，王兵，李少宁，等，2005. 江西大岗山常绿阔叶林优势种丝栗栲和苦槠栲不同叶龄叶片光合特性研究. 江西农业大学学报（2）：161－165.

4.5.5 学位论文

（174）何相宜，2019. 江西大岗山杉木人工林和毛竹林土壤肥力特征及影响因素. 北京：北京林业大学.

（175）高瑶瑶，2019. 江西大岗山林区小气候和空气质量变化特征及影响因子研究. 南昌：江西农业大学.

（176）刘潘伟，2018. 基于 NDVI 和地形因子的江西大岗山流域土壤碳氮空间分布特征. 泰安：山东农业大学.

（177）常宏，2018. 丝栗栲、香樟和银木荷幼树水分生理、叶片磷组分和生物量分配对施氮和减水的响应. 北京：中国林业科学研究院.

（178）李肖，2017. 基于 DEM 的大岗山森林流域分布式水文模型及其验证. 泰安：山东农业大学.

（179）麻泽宇，2017. 江西大岗山毛竹林土壤有机碳及其影响因素的研究. 北京：北京林业大学.

（180）任超，2017. 基于遥感影像的江西省典型亚热带常绿阔叶林碳储量的估测研究. 南昌航空大学.

（181）袁雅琪，2017. 不同种源地的杉木良种选择与评价. 长沙：中南林业科技大学.

（182）张令珍，2017. 大岗山常绿阔叶林优势种功能性状的变异及相关关系研究．北京：北京林业大学．

（183）刘彩霞，2017. 杉木幼林土壤微生物对氮沉降的响应及固氮菌株的研究．北京：中国林业科学研究院．

（184）刘胜涛，2016. 大岗山杉木林降水截留及年轮生长与气象因子的响应关系研究．泰安：山东农业大学．

（185）巩晟萱，2016. 丝栗栲林下土壤活性碳、可矿化碳含量季节变化及影响因素的研究．北京：北京林业大学．

（186）赵文霞，2016. 亚热带常绿阔叶林常见树种根茎叶功能性状研究．北京：北京林业大学．

（187）李超，2016. 中亚热带九种常绿阔叶树种幼苗叶结构型性状相关性与叶经济谱分析．北京：中国林业科学研究院．

（188）张正，2016. 森林生态站数据挖掘系统研建．北京：北京林业大学．

（189）赵雨虹，2015. 毛竹扩张对常绿阔叶林主要生态功能影响．北京：中国林业科学研究院．

（190）王丹，2015. 江西大岗山三种典型林分土壤固碳过程及机理研究．北京：中国林业科学研究院．

（191）熊光康，2015. 不同密度造林对杉木生长和林下植被的影响．南昌：江西农业大学．

（192）王致远，2014. 丝栗栲、苦槠和青冈幼苗叶片气体交换和功能性状对增温和施氮的响应．北京：中国林业科学研究院．

（193）殷卓，2014. 江西大岗山不同密度杉木林对降雨再分配的比较研究．哈尔滨：东北林业大学.

（194）李道宁，2014. 江西省大岗山主要森林类型水源涵养功能研究．哈尔滨：东北林业大学．

（195）蔡飞，2014. 杉木和木荷细根在江西大岗山天然常绿阔叶林中的分解动态研究．北京：北京林业大学．

（196）祁红艳，2014. 氮磷根际效应：毛竹扩张的潜在策略．南昌：江西农业大学．

（197）杨添，2014. 丝栗栲为主要建群种的常绿阔叶林土壤有机碳及组分特征研究．北京：北京林业大学．

（198）潘勇军，2013. 基于生态 GDP 核算的生态文明评价体系构建．北京：中国林业科学研究院.

（199）宋庆妮，2013. 毛竹向常绿阔叶林扩张对土壤氮素矿化及有效性的影响．南昌：江西农业大学．

（200）刘武，2013. 雨雪冰冻干扰对江西大岗山常绿阔叶林影响研究．南昌：江西农业大学．

（201）赵磊，2013. 江西大岗山不同密度杉木林水源涵养功能研究．哈尔滨：东北林业大学．

（202）孙武，2013. 江西大岗山地区森林可燃物载量与潜在火行为研究．北京：北京林业大学．

（203）赵蓓，2012. 大岗山林区几种灌木生物量及其价值研究．北京：北京林业大学．

（204）张钊，2012. 江西不同密度和年龄杉木人工林净生产力与土壤有机质和全氮特征研究．南昌：江西农业大学．

（205）塔娜，2012. 杉木人工林不同发育阶段土壤纤维素酶活性变化规律及机理的研究．北京：北京林业大学．

（206）喻志强，2012. 丝栗栲和苦槠幼苗生长状况和气体交换特征对增温和施氮的响应．北京：中国林业科学研究院．

（207）王栋栋，2011. 冰冻灾害对江西大岗山三种林型主要水文过程影响研究．南昌：江西农业大学．

（208）赵超，2011. 不同海拔毛竹林土壤特征及肥力评价的研究．北京：北京林业大学．

（209）石小兰，2011. 基于 SWAT 模型的江西大岗山森林生态站小流域径流的模拟研究．呼和浩特：内蒙古农业大学．

（210）周薇，2010. 江西大岗山毛竹林生态系统氮沉降季节及年际变化的研究．呼和浩特：内蒙古农业大学．

（211）邓伦秀，2010. 杉木人工林林分密度效应及材种结构规律研究．北京：中国林业科学研究院．

（212）王丹，2010. 不同发育阶段杉木林土壤碳素及其影响因素的研究．北京：北京林业大学．

（213）刘晓彬，2010. Century 模型在江西省大岗山地区杉木人工林植被碳储量研究中的适用性分析．北京：中国林业科学研究院．

（214）姜艳，2010. 毛竹林土壤呼吸及其三个生物学过程的时空格局变化研究．北京：中国林业科学研究院．

（215）乔磊，2010. 基于树木年轮学的历史气候数据重建与特征分析．呼和浩特：内蒙古农业大学．

（216）李萍，2010. 毛竹林土壤有机碳变化及其与土壤性质的关系．北京：北京林业大学．

（217）肖玲，2009. 江西大岗山主要森林生态效益价值量的评价研究．北京：北京林业大学．

（218）陈双林，2009. 海拔对毛竹林结构及生理生态学特性的影响研究．南京：南京林业大学．

（219）王燕，2008. 江西大岗山毛竹林生态系统碳平衡研究．北京：中国林业科学研究院．

（220）包青春，2008. 江西大岗山毛竹林及其三种林下植被光合特性研究．呼和浩特：内蒙古农业大学．

（221）王艳辉，2008. 大岗山栎类次生林林分结构及生长规律研究．长沙：中南林业科技大学．

（222）陈滨，2007. 江西大岗山杉木人工林生态系统土壤呼吸与碳平衡研究．北京：中国林业科学研究院．

（223）冷泠，2007. 大岗山丝栗栲和樟树年轮宽度对气候变化响应研究．北京：中国林业科学研究院．

（224）李少宁，2007. 江西省暨大岗山森林生态系统服务功能研究．北京：中国林业科学研究院．

（225）魏文俊，2007. 江西省暨大岗山林区森林碳密度与碳储量的研究．呼和浩特：内蒙古农业大学．

（226）沈静，2006. 基于 WebGIS 的数字化森林生态站信息管理系统——以江西大岗山森林生态站为例．北京：北京林业大学．

（227）李海静，2005. 江西大岗山常绿阔叶林植物区系及多样性研究．北京：北京林业大学．

附录

附录 1　数据资源目录

1　森林水文监测数据资源目录

数据集名称：森林土壤水分
数据集摘要：站区常绿阔叶林、杉木人工林、毛竹林综合观测场样地剖面不同深度土壤质量含水量、体积含水量
数据集时间范围：2006—2015 年

数据集名称：森林土壤水分常数
数据集摘要：站区常绿阔叶林、杉木人工林、毛竹林不同深度土壤水分常数（土壤完全持水量、土壤田间持水量、土壤凋萎持水量、土壤孔隙度、容重）
数据集时间范围：2010 年

数据集名称：森林树干茎（径）流和穿透降水量
数据集摘要：站区常绿阔叶林、杉木人工林、毛竹林树干茎流量、穿透降水量数据
数据集时间范围：2007—2014 年

数据集名称：森林地表径流量
数据集摘要：站区针阔混交林、常绿阔叶林、综合测流堰地表径流量数据
数据集时间范围：2006—2015 年

数据集名称：森林蒸散量
数据集摘要：站区针阔混交林、常绿阔叶林、毛竹林的土壤水分变化量、降水量、地表径流量、森林蒸散量数据
数据集时间范围：2009—2015 年

数据集名称：森林水面蒸发量
数据集摘要：站区各月水面月蒸发量、月均水温数据
数据集时间范围：2006—2015 年

数据集名称：森林枯枝落叶层含水量
数据集摘要：站区常绿阔叶林枯枝落叶层含水量数据
数据集时间范围：2005—2015 年

数据集名称：森林地表水、地下水水质

数据集摘要：站区常绿阔叶林综合观测场、杉木人工林综合观测场、毛竹林综合观测场地表水水质和地面标准气象观测场地下水水质数据（水温、酸碱度、HCO_3^-浓度、矿化度、COD 等）

数据集时间范围：2005—2015 年

数据集名称：森林雨水水质

数据集摘要：站区 1 月和 6 月雨水 pH、Ca^{2+}浓度、Mg^{2+}浓度、K^+浓度、Na^+浓度、CO_3^{2-}浓度、HCO_3^-浓度等数据

数据集时间范围：2005 年、2010 年和 2015 年

2 森林土壤监测数据资源目录

数据集名称：森林土壤交换量

数据集摘要：站区三种典型林分（常绿阔叶林、杉木人工林和毛竹林）监测样地 0～20 cm 土层交换量数据

数据集时间范围：2011—2015 年

数据集名称：森林土壤养分

数据集摘要：站区常绿阔叶林、杉木人工林和毛竹林监测样地土壤（0～20 cm 和>20～40 cm）的养分含量（有机质、全磷、有效磷、全钾、有效钾、速效钾、全氮、有效氮）数据

数据集时间范围：2007—2012 年

数据集名称：森林土壤有效微量元素

数据集摘要：站区三种典型林分类型（常绿阔叶林、毛竹林和杉木人工林林）监测样地土壤有效微量元素数据

数据集时间范围：2005 年、2010 年和 2015 年

数据集名称：森林剖面土壤机械组成

数据集摘要：站区三种典型林分类型（常绿阔叶林、杉木人工林和毛竹林）监测样地剖面（0～20 cm、>20～40 cm）土壤的机械组成（1～0.05 mm、0.05～0.001 mm、<0.001 mm）数据

数据集时间范围：2005—2015 年

数据集名称：森林剖面土壤容重

数据集摘要：站区三种典型林分类型（常绿阔叶林、杉木人工林和毛竹林）监测样地剖面（0～10 cm、>10～20 cm、>20～40 cm、>40～60 cm、>60～80 cm）土壤的容重数据

数据集时间范围：2006—2011 年

数据集名称：森林剖面土壤重金属全量

数据集摘要：站区三种典型林分类型（常绿阔叶林、杉木人工林和毛竹林）监测样地剖面土壤的 4 种重金属（铅、铬、镍和镉）全量数据

数据集时间范围：2015 年

数据集名称：森林剖面土壤微量元素

数据集摘要：站区三种典型林分类型（常绿阔叶林、杉木人工林和毛竹林）监测样地剖面土壤的土壤微量元素（全铁、全硼、全铜、全锰、全锌、全钼和全硫）数据

数据集时间范围：2015 年

数据集名称：森林剖面土壤矿质全量

数据集摘要：站区三种典型林分类型（常绿阔叶林、杉木人工林和毛竹林）监测样地剖面土壤的矿质全量（SiO_2、Fe_2O_3、MnO、TiO_2、Al_2O_3、CaO、K_2O、Na_2O、P_2O_5）数据

数据集时间范围：2015 年

3 森林气象监测数据资源目录

数据集名称：森林气压

数据集摘要：站区自动气象站气压观测数据

数据集时间范围：2005—2015 年

数据集名称：森林气温

数据集摘要：站区自动气象站气温观测数据

数据集时间范围：2005—2015 年

数据集名称：森林相对湿度

数据集摘要：站区自动气象站相对湿度观测数据

数据集时间范围：2005—2015 年

数据集名称：森林地表温度

数据集摘要：站区自动气象站地表温度观测数据

数据集时间范围：2005—2015 年

数据集名称：森林降水量

数据集摘要：站区自动气象站降水量观测数据

数据集时间范围：2005—2015 年

数据集名称：森林太阳辐射

数据集摘要：站区自动气象站太阳辐射观测数据

数据集时间范围：2005—2015 年

4 森林生物多样性监测数据资源目录

数据集名称：植物名录

数据集摘要：大岗山国家野外站站区植物名录

数据集时间范围：2005—2015 年

数据集名称：森林植物群落物种组成和特征

数据集摘要：站区典型群落类型不同层次主要物种组成数据
数据集时间范围：2005 年、2010 年和 2015 年

数据集名称：昆虫名录
数据集摘要：大岗山国家野外站站区昆虫名录
数据集时间范围：2005—2015 年

5　台站特色研究数据资源目录

数据集名称：森林植被层碳储量
数据集摘要：站区常绿阔叶林、毛竹林和杉木人工林典型林分植被各层次碳储量以及林区主要树种不同器官碳含量数据
数据集时间范围：2006—2015 年

数据集名称：森林土壤有机碳库
数据集摘要：站区典型林型（常绿阔叶林、杉木林、毛竹林等）土壤有机碳含量数据
数据集时间范围：2007—2015 年

数据集名称：森林土壤有机碳组分
数据集摘要：站区丝栗栲林、毛竹林和马尾松林土壤有机碳组分（活性炭、缓效碳和惰性碳库）的分布特征及丝栗栲林不同生长季土壤碳组分分配数据
数据集时间范围：2012 年

数据集名称：森林植被层氮素分配
数据集摘要：站区典型树种不同器官氮含量数据
数据集时间范围：2008—2015 年

数据集名称：森林土壤氮库
数据集摘要：站区典型树种土壤氮组分分配特征和动态变化数据
数据集时间范围：2010—2015 年

数据集名称：森林土壤氮素年矿化与植被吸收
数据集摘要：站区不同林分类型的土壤矿化速率和植被吸收速率数据
数据集时间范围：2010—2011 年

数据集名称：森林大气氮沉降
数据集摘要：站区森林各月降水量及氮沉降变化情况的监测数据
数据集时间范围：2008—2009 年

数据集名称：森林土壤呼吸
数据集摘要：站区典型林分土壤总呼吸速率及三个生物学过程特征组分的动态变化特征
数据集时间范围：2005—2012 年

数据集名称： 森林土壤呼吸相关模型
数据集摘要： 站区典型林分土壤总呼吸速率与环境影响因子之间的各种关系模型数据
数据集时间范围： 2006—2008 年

数据集名称： 土壤微生物呼吸
数据集摘要： 站区不同林分土壤微生物数量及呼吸数据
数据集时间范围： 2008—2011 年

数据集名称： 土壤酶活性
数据集摘要： 站区不同林分类型土壤酶活性变化特征
数据集时间范围： 2005—2009 年

数据集名称： 树木年轮
数据集摘要： 站区典型林分树木年轮综合年表
数据集时间范围： 2006—2014 年

数据集名称： 树木年轮与气候因子的相关性
数据集摘要： 站区典型林分树木年轮综合年表与气候因子相关分析
数据集时间范围： 2015 年

数据集名称： 大岗山国家野外站出版物
数据集摘要： 收集台站科研人员研究发表的专著和论文
数据集时间范围： 1996—2021 年

附录2　中华人民共和国国家标准《森林生态系统长期定位观测指标体系》（GB/T 35377—2017）

森林生态系统长期定位观测指标体系

1　范围

本标准规定了森林生态系统长期定位观测的指标，包括森林水文要素、森林土壤要素、森林气象要素、森林小气候梯度要素、微气象法碳通量、大气沉降、森林调控环境空气质量功能、森林群落学特征、森林动物资源、竹林生态系统和其他11类观测指标。

本标准适用于全国范围内森林生态系统长期定位观测研究。

2　术语和定义

下列术语和定义适用于本文件。

2.1　土壤有机碳组分　soil organic carbon fraction

土壤不同类型有机碳的含量。

2.2　树干茎流量　amount of stemflow

林冠截留的降雨经树叶转移到树枝，再从树枝转移到树干而流向林地地面的雨量。

2.3　穿透水　throughfall

大气降水量与树冠截留量、树干茎流量之差。

2.4　径流量　volume of runoff

指一定时段内通过流域某一断面的总水量。

2.5　森林蒸散量　forest evapotranspiration

森林植被蒸腾量和林冠下土壤蒸发量之和。植被蒸腾量分为单木树干液流量、单个体分蒸散量和多个林分蒸散量。

2.6　叶面积指数　leaf area index

单位土地面积上植物叶片总面积与土地面积的比值。

2.7　土壤呼吸　soil respiration

土壤与外界大气之间进行气体交换，并将土壤中的二氧化碳排入大气的过程。

2.8　水汽通量　H_2O flux

地面或水面的蒸发通量、植被冠层截留的降水蒸发通量和植物的蒸腾通量的总和。

2.9　二氧化碳通量　CO_2 flux

单位时间通过单位面积的二氧化碳量。森林生态系统二氧化碳通量则是森林生态系统与大气界面之间 CO_2 的交换量。

2.10　干沉降　dry deposition

到达地面的依靠重力沉降且不随降水输入的大颗粒和依靠湍流交换的小颗粒以及痕量气体。

2.11　湿沉降　wet deposition

大气中的污染物通过降水（降雨、冰雹、雪）携带到达地面的过程。

2.12　人为干扰　human disturbance

由人类生产、生活和其他社会活动形成的干扰体对自然环境和生态系统施加的各种影响。

2.13　粗木质残体　coarse woody debris

粗头直径不小于 10 cm、长度不小于 1 m 的倒木、枯立木和大枯枝，以及直径不小于 10 cm、长度小于 1 m 的根桩和直径不小于 1 cm 的地下粗根。

3　观测指标

3.1　森林水文要素观测指标

各类观测指标见表 1。

表 1　森林水文要素观测指标

指标类别	观测指标	单位	观测频度
水量	降水量	mm	每次降水时观测
	降水强度	mm/h	
	穿透水量	mm	
	树干茎流量		
	坡面径流量		
	壤中流量		
	地下径流量		
	枯枝落叶层含水量		至少每月 1 次
	森林蒸散量		连续观测
	地下水位	m	每月 1 次
	雪盖面积[a,b]	hm^2	每月 1 次
	冰川融雪水[a,b]	mm	
	流域产水量[a,b]		每次降水时观测
	流域产沙量[a]	t	
水质	pH		每月 1 次
	色度	度	
	浊度		
	悬浮固体浓度	mg/dm^3	
	碱度		
	溶解氧		
	化学需氧量		
	五日化学需氧量（COD5）		
	生物化学需氧量		
	可溶性有机碳		
	总有机碳		
	可溶性有机氮		
	可溶性无机氮		

（续）

指标类别	观测指标	单位	观测频度
水质	电导率（TDS、总盐、密度）	μS/cm	每月1次
	氧化还原电位	mV	
	叶绿素、蓝绿藻	μg/dm³	
	Ca^{2+}、Mg^{2+}、K^{+}、Na^{+}、CO_3^{2-}、HCO_3^{-}、SO_4^{2-}、NO_3^{-}、Cl^{-}、总P、总N	mg/dm³ 或 μg/dm³	
	微量元素（B、Mn、Mo、Zn、Fe、Cu）		无本底值、当年监测；有本底值后，每5年1次
	重金属元素（Cd、Pb、Ni、Cr、Se、As、Ti）		

[a]参照 LY/T 1688—2007，在干旱半干旱地区观测。

[b]参照 LY/T 1722—2008，在寒温带、青藏高原等存在冻结现象的观测指标。

3.2 森林土壤要素观测指标

各类观测指标见表2。

表2 森林土壤要素观测指标

指标类别	观测指标	单位	观测频度
土壤物理性质	母质母岩	定性描述	每5年1次
	土壤层次、厚度、颜色		
	土壤颗粒组成	%	
	土壤容重	g/cm³	
	土壤含水量	%	连续观测
	土壤饱和持水量	mm	
	土壤田间持水量	mm	
	土壤总孔隙度、毛管孔隙度及非毛管孔隙度	%	
	土壤入渗率	mm/min	
	土壤导水率	%	
	土壤质地	定性描述	
	土壤结构		
	土壤紧实度	Pa	
	风沙侵蚀量	t	每年1次
	土壤侵蚀模数	t/（km²·年）	
	土壤侵蚀强度	级	
	土壤风沙侵蚀量	t/hm²	

（续）

指标类别	观测指标		单位	观测频度
土壤物理性质	冻土基本性质	冻土分类		每5年1次
		冻土深度	m	
		粒度	μm	每年1次
		密度	g/cm³	
		冻土容重	g/cm³	
		冻土含水量	%	
		冻土中未冻水含量	%	
		冻胀率	%	
		冻土水势	kPa	
		导湿系数	cm/s	
		导热系数	W/（m·K）	
		冻结温度	℃	
		融化温度	℃	
		10 cm深度土壤温度	℃	
		冻土活动层深度	m	
		多年冻土上限深度	m	
		最大季节冻结深度	m	
		最大季节融化深度	m	
		土壤冻结及解冻时间	年-月-日	
		季节性冻土深度及上下限深度[b]	m	
	冻融侵蚀	侵蚀强度	级	
	雪的特性	雪被厚度	cm	每月1次
		雪温度	℃	冬季连续观测
		雪/水当量	mm	每月1次
		雪密度	g/cm³	
		太阳高度（计算雪反射率用）	°	冬季连续观测
		雪面反射率	%	每月1次
		雪粒直径	μm	每5年1次
		融雪期下渗量	mm	融雪期每周1次
		融雪期渗透量	mm	
		融雪期径流量	m³	融雪期连续观测

（续）

指标类别	观测指标	单位	观测频度
土壤化学性质	土壤 pH		每年 1 次
	土壤阳离子交换量	cmol/kg	每 5 年 1 次
	土壤交换性钙和镁（盐碱土）		
	土壤交换性钾和钠		
	土壤交换性酸量（酸性土）		
	土壤交换性盐基总量		
	土壤碳酸盐量（盐碱土）		
	土壤有机质	%	
	土壤水溶性盐分（盐碱土中的全盐量，碳酸根和重碳酸根，硫酸根，氯根，钙离子，镁离子，钾离子，钠离子）	%，mg/kg	
	土壤全氮、水解氮、硝态氮、铵态氮	%，mg/kg	
	土壤氮素转化速率（氨化速率、硝化速率、反硝化速率）	mg/（kg·年）	
	土壤全磷、有效磷	%，mg/kg	
	土壤全钾、速效钾、缓效钾		
	土壤全镁、有效镁		
	土壤全钙、有效钙		
	土壤全硫、有效硫		
	土壤全硼、有效硼		
	土壤全锌、有效锌		
	土壤全锰、有效锰		
	土壤全钼、有效钼		
	土壤全铜、有效铜		
土壤碳	枯落物碳储量	t/hm^2	每 5 年 1 次
	土壤有机碳组分（活性碳、惰性碳、缓效碳含量）	%或 g/kg	
	土壤有机碳密度	kg/m^2	
	土壤有机碳储量	t/hm^2	
	土壤无机碳储量		
	土壤年固碳量		
土壤呼吸	土壤总呼吸量	g/（m^2·年）	连续观测
	土壤动物呼吸量		
	微生物呼吸量		
	植物根系呼吸量		
土壤温室气体通量	CO_2、CH_4、N_2O、CHF_3、$C_2H_2F_4$、$C_2H_4F_2$、CF_4、C_2F_6、SF_6 等	g/mol	
土壤酶活性	土壤脲酶活性	mg/（kg·h）	每 5 年 1 次
	土壤磷酸酶活性	mg	
	土壤蔗糖酶活性		
	土壤多酚氧化酶活性	mL	
	土壤过氧化氢酶活性		

（续）

指标类别	观测指标	单位	观测频度
土壤动物	土壤动物种类和数量	个/m^2	每5年1次
土壤微生物	土壤微生物种类和数量	个/g	
	土壤微生物生物量碳	mg/kg	
	土壤微生物生物量氮		
凋落物	厚度	mm	每年1次
	储量（包括粗木质残体储量）	kg/hm^2	
	林地当年凋落量		
	分解速率		
	非正常凋落量[c]	kg/（hm^2·次）	热带气旋和异常的冰雪灾害影响前后观测

[a]参照LY/T 1722—2008，在寒温带、青藏高原等土壤层存在冻结现象的观测指标。
[b]土壤开始冻结至次年土壤完全解冻期间，季节性冻土上下限深度观测频率。
[c]参照LY/T 1687—2007，在热带和亚热带地区增加此观测指标。

3.3 森林气象要素观测批标

各类观测指标见表3。

表3 森林气象要素观测指标

指标类别	观测指标	单位	观测频度
天气现象	云量、风、雨、雪、雷电、沙尘、雾、霾、能见度		每日1次
天气现象	气压	Pa	每日1次
灾害天气	干旱、暴雨、冰雹、龙卷风、雨雪冰冻、霜冻、沙尘暴		每日1次
风	林冠以上3 m处风速	m/s	连续观测
	林冠以上3 m处风向（E、S、W、N、SE、NE、SW、NW）	°	
空气温湿度	最低温度	℃	每日1次
	最高温度		
	定时温度		连续观测
	相对湿度	%	
土壤温湿度	地表定时温度	℃ %	
	地表最低温度		
	地表最高温度		
	5 cm深度土壤温湿度[a]		
	10 cm深度土壤温湿度		
	20 cm深度土壤温湿度		
	40 cm深度土壤温湿度		
	80 cm深度土壤温湿度		

（续）

指标类别	观测指标	单位	观测频度
辐射	总辐射量	MJ/m^2 W/m^2	连续观测
	净辐射量		
	分光辐射		
	UVA/UVB 辐射量		
	长波辐射量		
	光合有效辐射量		
	日照时数	h	每日 1 次
降水	降水总量	mm	连续观测
	降水强度	mm/h	
水面蒸发	蒸发量	mm	每日 1 次
干燥程度[b]	干燥度（干燥指数）		每年 1 次

[a]在热带地区，其变幅非常微小，可减少观测层次或频度。

[b] 参照 LY/T 1688—2007，在干旱半干旱地区增加此观测指标。

3.4 森林小气候梯度要素观测指标

各类观测指标表 4。

表 4 森林小气候梯度要素观测指标

指标类别	指标	单位	观测频度
天气现象	气压	Pa	连续观测
风速和风向	冠层上 3 m 处风向	°	
	地被层处风向	°	
	冠层上 3 m 处风速	m/s	
	距地面 1.5 m 处风速		
	冠层中部风速		
	地被层处风速		
空气温湿度	冠层上 3 m 处温湿度	℃ %	
	冠层中部温湿度		
	距地面 1.5 m 温湿度		
	地被层处温湿度		
树干温度	胸径处（1.3 m）温度	℃	
土壤温湿度	地表温度	℃	
	5 cm 深度土壤温湿度	℃ %	
	10 cm 深度土壤温湿度		
	20 cm 深度土壤温湿度		
	40 cm 深度土壤温湿度		
	80 cm 深度土壤温湿度		
辐射量[a]	总辐射量	W/m^2 MJ/m^2	
	净辐射量		
	直接辐射		
	反射辐射		

（续）

指标类别	指标	单位	观测频度
辐射量[a]	紫外辐射	W/m^2 MJ/m^2	连续观测
	光合有效辐射		
	光照时数		
土壤热通量	5 cm 深度土壤热通量	h W/m^2	每日一次
	10 cm 深度土壤热通量		连续观测
降水量	林内降水量	mm	
痕量气体	CO、N_2O、SO_2、O_3、CH_4、NO、NO_x、NH_3、H_2S	mg/m^3	

[a]辐射量观测位置：冠层上 3 m、冠层中部、距地面 1.5 m、地被层（4 个高度，总辐射或光合有效辐射任选一种，在冠层上可增加净辐射观测）。

3.5 微气象法碳通量观测指标

各类观测指标见表 5。

表 5　微气象法碳通量观测指标

指标类别	观测指标	单位	观测频度
风速	X 轴水平风速	m/s	连续观测
	Y 轴水平风速		
风速	Z 轴垂直风速	m/s	连续观测
温度	脉动温度	℃	连续观测
水汽浓度	水汽浓度	g/m	
CO_2 浓度	CO_2 浓度	mg/m^3	
CO_2 垂直通量	CO_2 垂直通量	mg/（m^2·s）	

3.6 大气沉降观测指标

各类观测指标见表 6。

表 6　大气沉降观测指标

指标类别	观测指标		单位	观测频度
大气降尘	大气降尘总量		t/km^2	连续观测
大气干沉降	大气降尘组分	非水溶性物质、非水溶性物质的灰分、非水溶性可燃物质、水溶性物质、水溶性物质灰分、水溶性可燃物质、苯溶性物质、灰分重量、可燃性物质总量、pH 值、硫化物、硫酸盐和氯化物含量、固体污染物总量等	mg/m^2	
	大气降尘元素浓度	Cu、Zn、Se、As、Hg、Cd、Cr（六价）、Pb、Ca、Mg、Na、K、N	mg/L	

（续）

指标类别	观测指标		单位	观测频度
大气湿沉降	大气湿沉降通量		kg/hm^2	每次降水时观测
	元素浓度	总 N、NH_4^+ - N、NO_3^- - N、总 P、Cu、Zn、Se、As、Hg、Cd、Cr（六价）、Pb、硫化物、硫酸盐、氯化物、Ca、Mg、Na、K	mg/L	
	电导率		S/cm	
	pH			

[a]包括林内外的观测。

3.7 森林调控环境空气质量功能观测指标

各类观测指标见表 7。

表 7 森林调控环境空气质量功能观测指标

指标类别	指标		单位	观测频度
森林环境空气质量	TSP、PM10、PM2.5		$\mu g/m^3$	连续观测
	N_xO（NO、NO_2）			
	SO_2		mg/m^3	
	O_3			
	CO			
空气负离子	浓度		个/cm^3	
植被吸附滞纳颗粒物量	单位叶面积吸附滞纳量	TSP、PM_{10}、$PM_{2.5}$	$\mu g/cm^2$	按照物候期观测
	一公顷林地吸附滞纳量		g/hm^2	
植被吸附氮氧化物量	N_xO（NO、NO_2）		kg/hm^2	每 5 年 1 次
植被吸附二氧化硫量	SO_2			
植被吸附氟化物量	HF			
植被吸附重金属量	镉（Cd）、汞（Hg）、银（Ag）、铜（Cu）、钡（Ba）、铅（Pb）、砷（Se）		mg/kg	

3.8 森林群落学特征观测指标

各类观测指标见表 8。

表 8　森林群落学特征观测指标

指标类别	观测指标		单位	观测频度
森林群落主要成分	起源			只观测一次
	乔木	林龄	年	每 5 年 1 次
		种名		
		树高	m	
		胸径	cm	
		坐标	m	
		编号		
		密度	株/hm^2	
		郁闭度	%	
		枝下高	m	
		冠幅（东西、南北）	m	
		立木状况		
		叶面积指数		
	灌木	种名		每 5 年 1 次
		株数/丛数		
森林群落主要成分	灌木	平均基径	cm	每 5 年 1 次
		平均高度	cm	
		盖度	%	
		多度		
		生长状况		
		分布状况		
	草本	种名		
		株数/丛数		
		盖度	%	
		高度	cm	
		生长状况		
		分布状况		
	幼树和幼苗	种名		
	幼树和幼苗	密度	株/hm^2	
		高度	cm	
		基径	cm	
		生长状况		
	藤本	种名		
		藤高	cm	
		蔓数		
		基径	cm	
	附（寄）生植物	种名		
		数量		

（续）

指标类别	观测指标	单位	观测频度
森林群落乔木层生物量和林木生长量	树高年生长量	m	每5年1次
	胸径年生长量	cm	
	乔木层各器官（干、枝、叶、果、花、根）的生物量[a]	kg/hm^2	
	灌木层、草本层地上和地下部分生物量[a]	kg/hm^2	
根系	根系长度	cm	
	根系直径	mm	
	根系年生长量与年死亡量	$mm/(cm^2 \cdot 年)$	每年1次
森林群落的养分	C，N，P，K，Fe，Mn，Cu，Ca，Mg，Cd，Pb	kg/hm^2	每5年1次
植被碳储量	乔木层碳储量	t/hm^2	
	灌木层碳储量		
	草本层碳储量		
	藤本植物碳储量		
	凋落物碳储量		

3.9 森林动物资源观测指标

各类观测指标见表9。

表9 森林动物资源观测指标

指标类别	观测指标		单位	观测频度
昆虫	种类			每5年1次
	数量		只	
	栖居生境及质量			
鸟类	种类			
	数量		只	
	性别			
两栖类	种类			
	成体			
	幼体			
	卵			
	数量		只/个	
	生境状况			
兽类	实体	种类		
		数量	只	
		性别		
	痕迹	类别		
		数量	处	
能量代谢	CO_2排放量		$mg/(g \cdot min)$	
	O_2消耗量			

3.10　竹林生态系统观测指标

各类观测指标见表10。

表10　竹林生态系统观测指标

指标类别	观测指标	单位	观测频度
竹林	种类		每年1次
	竹龄	年	
	胸径	cm	
	竹高	m	
	冠幅（E-W、N-S）	m	
	郁闭度	%	
灌木	按照表8执行		
草木			
竹笋	笋高20 cm时地径	cm	每年1次
	出笋数	个/hm^2	
	退笋数		
	成竹率	%	
	退笋笋重	t/hm^2	
	展枝高度	m	

3.11　其他观测指标

其他观测指标见表11。

表11　其他观测指标

指标类别	观测指标	单位	观测频度
病虫害的发生与危害	有害昆虫与天敌的种类		每年1次
	受到有害昆虫危害的植株		
	占总植株的百分率	%	
	有害昆虫的植株虫口密度和森林受害面积	个/hm^2，hm^2	
	植物受感染的菌类种类受到菌类感染的植株占总植株的百分率	%	
	受到菌类感染的森林面积	hm^2	
森林鼠害的发生与危害	鼠口密度和发生面积	只/hm^2，hm^2	
土地沙化、盐渍化[a]	土壤沙化面积	km^2	每5年1次
	土壤沙化程度	级	
	土壤盐渍化面积	km^2	
	土壤盐渍化程度	级	
与森林有关的灾害的发生情况	森林流域每年发生洪水、泥石流的次数和危害程度以及森林发生其他灾害的时间和程度，包括冻害、雪害、风害、干旱、火灾等		每年1次

（续）

<table>
<tr><th>指标类别</th><th colspan="2">观测指标</th><th>单位</th><th>观测频度</th></tr>
<tr><td rowspan="6">生物多样性</td><td colspan="2">国家或地方保护动植物的种类、数量</td><td></td><td rowspan="6">每5年1次</td></tr>
<tr><td colspan="2">珍稀濒危物种种类、濒危等级及数量（珍稀濒危指数）</td><td></td></tr>
<tr><td colspan="2">地方特有物种的种类、数量（特有种指数）</td><td></td></tr>
<tr><td colspan="2">动植物编目、数量</td><td></td></tr>
<tr><td colspan="2">多样性指数（Shannon - Wiener index）</td><td></td></tr>
<tr><td colspan="2">古树年龄等级（古树年龄指数）</td><td></td></tr>
<tr><td rowspan="2">人为干扰状况[b]</td><td colspan="2">人为干扰面积</td><td>hm^2</td><td rowspan="2">每年1次</td></tr>
<tr><td colspan="2">人为干扰强度</td><td>级</td></tr>
<tr><td rowspan="2">年轮</td><td colspan="2">年轮宽度、早材宽度、晚材宽度</td><td>mm</td><td rowspan="3">每5年1次</td></tr>
<tr><td colspan="2">早材密度、晚材密度、年轮密度、最大年轮密度、最小年轮密度、早材晚材界线密度</td><td>g/cm^3</td></tr>
<tr><td>稳定同位素</td><td colspan="2">13C丰度值（13C）、15N丰度值（15N）、18O丰度值（18O）、D丰度值（D）、2H丰度值（2H）</td><td>‰</td></tr>
<tr><td rowspan="3">物候</td><td>乔木和灌木</td><td>树液流动开始日期、芽膨大开始日期、芽开放期、展叶期、花蕾或花序出现期[c]、开花期[c]、果实或种子成熟期[c]、果实或种子脱落期[c]、新梢生长期、叶变色期、落叶期</td><td rowspan="3">年-月-日</td><td rowspan="3">连续观测</td></tr>
<tr><td>草本植物</td><td>萌芽期/返青期（萌动期）、展叶期、分蘖期、拔节期、抽穗期[c]、现蕾期[c]、开花期[c]、结荚期[c]、二次或多次开花期[c]、成熟期[c]、种子散布期[c]、黄枯期</td></tr>
<tr><td>气象</td><td>初终霜、初终雪、严寒开始、水面结冰、土壤表面冻结、河上厚冰出现、河流封冻、土壤表面解冻、春季解冻、河流春季流水、雷声[c]、闪电[c]、虹及植物遭受自然灾害[c]</td></tr>
</table>

[a] 参照LY/T 1688—2007，在干旱半干旱地区增加此观测指标。

[b] 在认为干扰较重地区重点观测此指标。

[c] 在常绿阔叶林所需观测的物候指标。